高等学校水利学科专业核心课程教材
"十四五"时期水利类专业重点建设教材
一流专业与一流课程建设系列教材
智慧水利专业系列教材

水利信息技术

主　编　陈帝伊　马孝义　张智韬　王斌

中国水利水电出版社
www.waterpub.com.cn
·北京·

内 容 提 要

通过对水利科学与信息技术交叉领域知识体系内在逻辑性、发展脉络、前沿性进行梳理，本书系统介绍了水利信息技术的概念、理论、方法、应用及最新进展和发展趋势。全书共分5章。第1章介绍了水利信息技术的概念、发展概况和发展趋势；第2章详细叙述了水文信息、农业用水信息和水利工程信息的采集技术；第3章叙述了水文预报、农业用水信息和水利工程信息预报技术，以及大数据技术在水利信息预报中的作用；第4章叙述了农业用水调度与信息管理、水力发电系统控制、泵站系统控制、水库调度管理信息化、水库大坝日常管理信息化以及水库水情信息发布与管理；第5章介绍了4个智慧水利工程案例。

本书具有一定的深度和广度，可以作为农业水利工程和水利水电工程专业的专业基础课教材以及水文及水资源工程和智慧水利专业等相关专业本科生专业核心课程教材使用，也可供相关专业研究生、教师和科研工作者参考。

图书在版编目（CIP）数据

水利信息技术 / 陈帝伊等主编. -- 北京 ：中国水
利水电出版社，2024.6
高等学校水利学科专业核心课程教材 "十四五"时
期水利类专业重点建设教材 一流专业与一流课程建设系
列教材 智慧水利专业系列教材
ISBN 978-7-5226-2446-4

Ⅰ．①水… Ⅱ．①陈… Ⅲ．①水利工程－信息技术－
高等学校－教材 Ⅳ．①TV

中国国家版本馆CIP数据核字(2024)第088439号

书　　名	高等学校水利学科专业核心课程教材 "十四五"时期水利类专业重点建设教材 一流专业与一流课程建设系列教材 智慧水利专业系列教材 **水利信息技术** SHUILI XINXI JISHU	
作　　者	主编 陈帝伊 马孝义 张智韬 王 斌	
出版发行	中国水利水电出版社 （北京市海淀区玉渊潭南路1号D座 100038） 网址：www.waterpub.com.cn E-mail：sales@mwr.gov.cn 电话：（010）68545888（营销中心）	
经　　售	北京科水图书销售有限公司 电话：（010）68545874、63202643 全国各地新华书店和相关出版物销售网点	
排　　版	中国水利水电出版社微机排版中心	
印　　刷	北京印匠彩色印刷有限公司	
规　　格	184mm×260mm 16开本 15.5印张 377千字	
版　　次	2024年6月第1版 2024年6月第1次印刷	
印　　数	0001—2000册	
定　　价	**45.00元**	

凡购买我社图书，如有缺页、倒页、脱页的，本社营销中心负责调换

《水利信息技术》编委会

序

    水利信息技术是水利科学与信息技术相互交叉的一门新兴前沿研究领域。从信息科学的角度来讲，分为信息快速获取、传输、分析与处理以及管理和决策。从水利科学与工程角度来看，可分为农业水利工程、水文及水资源工程以及水利水电工程。水利信息技术作为一新兴前沿交叉领域，随着国家对智慧水利建设的大力推进，为更好地完善构建水利类相关专业知识结构和体系，以及更好地统筹水利科学与工程视角和信息科学技术内在逻辑，本书编委会将该新型领域的知识体系内在逻辑性、发展脉络和前沿性进行梳理，编写了这本符合教育规律和学生认知规律的教材，旨在为统筹水利科学与工程视角和信息科学技术内在逻辑提供全新的科学视角与工具。

    该教材通过大量启发式问题，引导学生从多角度、多层次辩证性思考和解决问题，符合教育规律与学生认知规律，利于培养学生创新思维和创新能力。为了增强教材的趣味性和可读性，呈现形式上引入了视频、图片等资源，扫码即可观看、浏览。为了培养工程意识和工程能力，引入丰富水利工程案例，并通过科学与工程问题研讨、问题驱动和总结反思等章节，提高学生从工程角度思考分析和解决复杂工程问题的能力。

中国工程院院士

2023 年 8 月

前　言

水利信息技术是信息技术在水利领域应用的一门科学。随着信息技术的不断发展，信息技术的研究和观测已不再局限于定性的描述以及点尺度数据的获取与分析，而是对面尺度数据的快速获取、处理、分析、管理和决策并作出符合科学实际的预测和预报。目前，信息技术已在气象、生态、环保、农业、林业等领域得到广泛应用，但在水利研究方面的应用，不管是深度上还是广度上都不及上述领域。鉴于此，迫切需要在水利技术研究和应用中加强信息技术的应用，对高校水利类专业，它是一门应被十分重视的工具课程。本书正是为了满足这些需要而编写的。

本书的内容主要侧重于信息技术在水利领域的应用，在水利信息技术原理方面，一般只作概念上的介绍或只给出公式，其目的是让读者结合实例了解和掌握各种常用的水利信息技术方法。全书共分为5章，第1章介绍了水利信息技术的概念、发展概况和发展趋势；第2章详细叙述了水文信息、农业用水信息和水利工程信息的采集技术；第3章叙述了水文预报、农业用水信息和水利工程信息预报技术，以及大数据技术在水利信息预报中的作用；第4章叙述了农业用水调度与信息管理、水力发电系统控制、泵站系统控制、水库调度管理信息化、水库大坝日常管理信息化以及水库水情信息发布与管理；第5章叙述了农业水利物联网智能管控系统、西咸新区海绵城市、福州城区水系科学调度系统及TN8000水电机组状态监测与故障诊断系统4个典型案例。每章都以二维码的形式附有相应的图片、PPT、讲解视频、习题及答案，供读者参考。

本教材由陈帝伊、马孝义、张智韬、王斌任主编。陈帝伊、马孝义、王斌、张刘东、马超、俞晓东、李天宵、许珊、许贝贝、林丽编写第1章、第2章、第4章，周叶、侯精明、张挺、雷晓辉、龙岩、龙燕、毛秀丽、吴凤娇编写第 3 章、第 5 章，王斌、吴凤娇对全书进行了统稿。书中参阅了国内外相关著作与文献资料，在此对其作者表示衷心的感谢。

本书通俗易懂，具有一定的深度和广度，可以作为农业水利工程和水利水电工程专业的专业基础课教材以及水文及水资源工程和智慧水利专业等相关专业本科生专业核心课教材使用，也可供相关专业研究生、教师和科研工作者参考。

由于编者水平有限和资料的局限性，本书难免会有不妥之处，敬请读者批评指正，以便日后修订完善。

编者

2023 年 8 月

数 字 资 源 清 单

序号	资源名称	资源类型
资源 1.1	2008—2017 年我国人均水资源量	图片
资源 1.2	2011—2017 年中国水利信息化市场规模	图片
资源 1.3	农田多源数据获取	图片
资源 1.4	3S 技术	图片组
资源 1.5	第 1 章习题答案	拓展资料
资源 2.1	降水量观测	图片组
资源 2.2	流速仪测流	图片
资源 2.3	旋进式流量计	图片
资源 2.4	水质监测	视频
资源 2.5	水质监测现场	图片组
资源 2.6	1998 年特大水灾——武汉某地区灾前卫星影像	图片
资源 2.7	雷达图观雨	图片
资源 2.8	土壤水分监测设备	拓展资料
资源 2.9	灌区取用水监测	拓展资料
资源 2.10	灌区泵站自动监测	拓展资料
资源 2.11	大坝安全监测	拓展资料
资源 2.12	大坝变形监测	拓展资料
资源 2.13	设备图片举例	图片
资源 2.14	第 2 章习题	拓展资料
资源 2.15	第 2 章习题答案	拓展资料
资源 3.1	城市内涝	拓展资料
资源 3.2	大坝安全预警模型	拓展资料
资源 3.3	水库水雨情测报	拓展资料
资源 3.4	关于推进水利大数据发展的指导意见	拓展资料
资源 3.5	智慧水务与大数据综合管理平台	拓展资料
资源 3.6	实例	拓展资料

序号	资源名称	资源类型
资源 3.7	第 3 章习题	拓展资料
资源 3.8	第 3 章习题答案	拓展资料
资源 4.1	引水量计算	拓展资料
资源 4.2	灌区节水灌溉信息化系统	拓展资料
资源 4.3	灌区用水管理决策支持系统	拓展资料
资源 4.4	灌区三维 GIS 管理信息系统设计与开发	拓展资料
资源 4.5	三峡－葛洲坝梯级枢纽调度管理数据业务流程	拓展资料
资源 4.6	第 4 章习题	拓展资料
资源 4.7	第 4 章习题答案	拓展资料
资源 5.1	节水灌溉预测控制系统	视频

目　录

序

前言

数字资源清单

第 1 章

绪论

知识单元 与知识点	1. 水利信息技术的概念 2. 水利信息技术发展概况 3. 水利信息技术存在的问题 4. 先进水利技术在水利领域的应用
重难点	重点：大数据技术在水利领域的应用 难点：人工智能在水利领域的应用
学习要求	1. 熟悉水利信息技术概念、内涵 2. 了解水利信息技术发展概况 3. 熟悉大数据技术、人工智能在水利领域的应用 4. 能发现智慧水利在日常生活中的渗透和应用

随着我国科技与经济的发展，水利工程在人们的日常生活中发挥着越来越重要的作用，与现代农业、工业等更是息息相关，所以必须重视水利工程建设。近些年来，我国在水利工程方面投入较大，各地的水利系统都进行着水利工程现代化改进。水利工程的现代化建设核心是水利信息化与自动化技术。水利信息化与自动化是以第三次工业革命的成果信息为基础进行的，其核心目标是通过使用电子信息技术将水利信息集成化，并在水利生产方面进行信息化与自动化的管理模式，从而促进水利工程的发展。水利信息化与自动化是当今世界水利领域发展的大趋势，也是我国水利行业结构优化升级和实现现代化的关键技术环节，其中水利信息技术的研究发展推动着水利信息化的进步。

1.1 水利信息技术的概念

水利信息技术指的是充分利用现代化信息技术，深入发展和广泛利用水利信息资源，包括水利信息的采集、传输、存储、处理和服务，全面提高水利事业活动效率和效能的技术。

水利信息技术可以提高水利信息的采集、传输、存储、处理和服务的时效性，其主要任务是发展水利信息技术以及在全国水利业务中广泛应用现代信息技术，建设水利信息基础设施、普及水利信息技术，解决水利信息资源不足和有限资源共享困难等突出问题，提高防汛减灾、水资源优化配置、水利工程建设管理、水土保持、水质监测、农村水利水电和水利政务等水利业务中信息技术应用的整体水平，推动水利现代化和信息化。

1.2　水利信息技术的发展概况与存在的问题

1.2.1　发展历程

资源 1.1

　　在我国，水利信息化起步较晚，水利信息化雏形可以追溯到 20 世纪 70 年代初期。随着多个五年计划的推进，我国水利信息化进程得到了跨越式发展，取得了诸多突破性成果。中华人民共和国成立以来，中共中央、国务院高度重视水利信息化工作，水利事业进入了一个前所未有的快速发展阶段。2003 年，首次全国水利信息化工作会议暨国家防汛抗旱指挥系统工程建设会议在上海成功召开。同年，水利部正式颁布了《全国水利信息化规划》，其中针对水利信息技术的发展做了部署和指导。从此我国水利信息化建设进入快速发展阶段。2017 年，我国水利信息化投资规模约 212.9 亿元，同比增长 16.9%。2023 年，水利信息化建设规模在 450 亿元左右。2003—2022 年我国水利信息化建设及水利信息技术发展的重大事件见表 1.1。

表 1.1　　2003—2022 年我国水利信息化建设及水利信息技术发展的重大事件

年份	重　大　事　件
2003	1. 首次全国水利信息化工作会议暨国家防汛抗旱指挥系统工程建设会议成功召开 2. 水利部正式颁布《全国水利信息化规划》 3. 《水利部信息化建设管理暂行办法》正式颁布实施 4. 水利部正式颁布《水利信息化标准指南（一）》 5. 全国 30 个大型灌区的信息化建设试点工作全面展开 6. 黄河水量总调度中心正式启用
2004	1. 水利电子政务综合应用平台和 7 个流域电子政务系统（一期）建设全面启动 2. 覆盖全国 7 个流域和 31 个省（自治区、直辖市）的水利信息骨干网络与中央网络中心基本建成
2005	1. 《全国水利信息化发展“十一五”规划报告》编制完成，《全国水利通信规划》通过水利部审查 2. 水利部出台《关于进一步推进水利信息化工作的若干意见》 3. 国家防汛抗旱指挥系统一期工程项目建设被正式批准并开工和建设 4. “十五”期间水利信息化重点工程建设取得新进展
2006	1. 水利部正式颁布《水利信息网运行管理办法》和《水利部政务内网管理办法》 2. 全国 15 个省（自治区、直辖市）的 18 个城市开展了城市水资源实时监控与管理系统试点建设 3. 水利系统第一家高性能计算中心——黄河超级计算中心在郑州挂牌成立
2007	1. 防汛抗旱异地会商视频会议系统广泛应用 2. 水利部组织开展了水利行业信息系统的安全等级保护工作 3. 《国家水资源管理系统项目建议书》编制完成
2008	1. 国家自然资源与地理空间数据库建设全面实施 2. 水利部和 7 个流域机构电子政务综合应用平台、CA 身份认证系统和综合办公系统正式联通运行 3. 全国水土保持监测网络和信息系统一期工程竣工 4. 水利部印发《加快水利信息化资源整合与共享指导意见》 5. 水利部印发《水利网络与信息安全事件应急预案》

续表

年份	重大事件
2009	1.《水利信息系统运行维护定额标准》（水财务〔2009〕284号）颁布实施 2.《水利信息化发展"十二五"规划》编制正式启动 3. 国家防汛抗旱指挥系统一期工程全部单项工程全部竣工验收 4. 全国水土保持监测网络和信息建设二期工程正式启动 5. 水利部正式颁布《水利数据中心建设指导意见和基本技术要求》
2010	1.《水利电子政务建设基本要求》和《水利网络与信息安全体系建设基本技术要求》通过审查 2.《水利信息化》杂志正式出版发行 3.《中共中央国务院关于加快水利改革发展的决定》明确了新形势下水利的战略地位
2012	1.《国家水利信息化发展"十二五"规划》正式颁布 2. 新一代水利卫星通信平台正式投入运行 3. 水利网络信息化资源整合共享取得初步成效 4. 国家防汛抗旱指挥系统工程技术研究与应用荣获国家科学技术进步奖二等奖
2014	1. 水利信息化资源整合与共享取得新进展 2. 水利网络与信息安全工作不断强化 3. 水利部软件正版化工作积极推进 4. 云计算技术应用取得积极成果 5. "基于大数据的水利数据中心建设关键技术研究"获大禹水利技术奖一等奖
2017	1. 水利部网信领导小组审议通过《关于推进水利大数据发展是指导意见》 2.《水利部推进使用正版软件工作方案（2017—2019）》印发实施 3.《智慧水利总体方案编制》项目获水利部批复 4. 水利部信息中心顺利完成机构改革
2019	2019年省水利学会信息化专委会年会暨水利信息化技术论坛在福州成功举办
2022	水利部发文开展数字孪生流域、数字孪生水利工程、数字灌区先行先试

　　我国早在公元前20世纪就有了洪水记录，公元前16世纪已有了水旱信息的记载，而在科学技术迅猛发展的今天，计算机技术和通信技术相结合的信息技术在水利行业逐步得到推广与应用。

　　近年来，随着社会经济的不断进步、信息技术的迅猛发展和水利事业的全面推进，水利信息化建设逐步深入，已经初步形成了由基础设施、应用系统和环境组成的水利信息综合体系，有力地支撑了水利勘测、规划、设计、科研、建设、管理、改革等各项工作，特别是在应对频繁发生的洪涝台风干旱灾害、防范汶川特大地震次生灾害、抗御南方低温雨雪冰冻灾害以及黄河水量统一调度、珠江压咸补淡应急调水、北京奥运会供水安全保障、解决太湖蓝藻暴发的供水危机、水土保持科学考察等工作中，发挥了极其重要的作用，推动了水利发展方式的深刻转变。2009年全国水利信息化工作会议从信息采集和网络设施建设、水利业务应用系统开发、水利信息资源开发利用、水利信息安全体系、信息化新技术应用、水利信息化行业管理等六个方面总结了我国水利信息化建设取得的重大进展。2010年中央一号文件是中华人民共和国成立以来中央文件首次对水利工作进行的全面部署，《中共中央国务院关于加快水利改革发展的决定》明确了新形势下水利的战略地位，制定和出台了一系列针对性强、覆盖面广、含金量高的加快水利改革发展的新举措。2012年颁布的《国家水利信息化发展"十二五"规划》完善了"十一五"规划水利地理信息系统,在已建城市防洪三维 GIS 地理信息系统的基础上扩展开发水利二维地理信息系统,扩建防汛信息采集系统。2017 年,水利部网信领导小组召开全体会议,审议通过《关于推进水利大数据发展的指导意见》,水利信息化标准体系日趋完善。同时,全国水利厅局长会议明确将智慧水利建设作为今后一个时期重点工作。2022 年,水利部印发《水利部关于开展数字孪生流域建设先行先试工作的通知》,正式启动数字孪生流域先行先试工作。数字孪生流域建设是加快智慧水利建设的核心与关键,通过数字孪生流域和数字孪生工程建设,可提升水利的数字化、网络化、智能化,提升水利决策与管理的科学化、精准化、高效化能力和水平,实现水安全风险从被动应对向主动防控的转变。

几十年来,当今的水利发展离不开水利人智慧的结晶,他们在水利改革发展中顺势而为,不断应用新思想、新理论、新技术助推水利事业发展。党的十八大以来,按照中央和地方的水利改革发展方针思路,在水利信息化、科技创新、对外交流等方面取得了阶段性成效,为全国水利转型升级发展和构建水安全体系提供了信息化和科技的支撑。大力推进信息水利建设,"云、网、端、台"基础建设取得重大突破,信息水利态势初步形成,带动基础设施水网加快升级、调控能力持续提高、管理效率大幅提升,服务水平不断优化,行业面貌大为改善,发展后劲明显增强,信息水利基本进入初步融合的发展新阶段。

历史发展的脉络是连续的,基于水利信息技术发展脉络,我国还有哪些水利信息化建设及水利信息技术发展的重大事件?

思考

1.2.2 发展现状及存在的问题

资源 1.2

水利信息技术不断发展,涵盖了智能水务系统、远程监控与控制、水文模型和大数据分析、地理信息系统、虚拟现实和增强现实、云计算和大数据平台,以及人工智能和机器学习等领域。这些技术的综合应用提高了水资源管理、水质监测、水利工程设计和运行的效率。通过物联网、传感器和云计算,智能水务系统实现了对水资源实时监测和数据分析,远程监控技术使工程人员能够随时随地监测和控制水利设施。地理信息系统在水域规划和水质监测站点管理中发挥作用。同时,虚拟现实和增强现实优化了工程设计和培训效果。云计算和大数据平台提供强大的计算和存储能力,支持水文数据的存储、处理和分析。人工智能和机器学习技术应用于洪水预测和系统优化。这些创新技术推动了水利决策的科学化和智能化,有望在未来进一步提升水资源管理的水平。同时水利信息技术存在的问题有以下几个方面。

(1) 我国水利信息化基础设施及水利信息化技术受经济和技术等条件的限制,还处在十分薄弱的状态,特别是信息资源的开发严重落后,水利信息的采集和传输至今也未能形成覆盖全国的信息网络。

(2) 缺乏统一的规划和规范化的建设管理。除了防汛方面情况较好外,对于全行业来说,缺乏统筹规划,在建设和管理上还存在着条块分割和低水平重复开发等现象。

（3）尚未形成全国的水利会商信息平台。信息化具有系统性强、集成度高和技术更新周期短的特点，水利信息化对信息的规范化和标准化有严格要求，否则难以实现网络的互联互通和信息的大规模集成。我国尚未形成一个集信息源和基础数据库为一体的水利信息公用平台，无法真正实现全行业资源共享的目标。

思考

除了上述存在的问题，你认为还存在哪些问题？谈谈你的想法。

1.3 先进水利技术在水利领域的应用

价值观

习近平总书记讲："我们必须把创新作为引领发展的第一动力，把人才作为支撑发展的第一资源，把创新摆在国家发展全局的核心位置，不断推进理论创新、制度创新、科技创新、文化创新等各方面创新，让创新贯穿党和国家一切工作，让创新在全社会蔚然成风。"

作为年轻学子，也要敢于探索和尝试将先进技术应用到水利领域，更好推动水利信息技术的发展，造福人民。

信息化是当今世界发展的大趋势，我国正处在信息化快速发展的历史进程中。"十二五"时期，在党中央"促进新型工业化、信息化、城镇化、农业现代化同步发展"要求的指导下，紧紧围绕水利中心工作，水利信息化取得长足发展，"以水利信息化带动水利现代化"成为共识并全面落实，水利信息化综合体系更趋完善，水利信息化作用日益显著，在促进和带动传统水利向现代水利转变、服务和支撑水利改革发展方面发挥了重要作用。

"十三五"时期是我国全面建成小康社会的决胜阶段，也是水利工作全面落实中央新时期水利工作方针、有效解决新老水问题、提升国家水安全、保障能力、加快推进水利现代化的重要时期，水利信息化作为水利现代化的基础支撑和重要标识，必须加强立体化监测、精准化管理、规范化监督、智能化决策和便捷化服务能力建设，以水利信息资源共享为核心，以水利业务应用推进为重点，以水利网络安全为保障，以水利信息化环境保障为基础，进一步完善水利信息化综合体系，推进水利信息化全面渗透、深度融合、加快创新、转型发展，推动"数字水利"向"智慧水利"的转变，推动水治理体系和水治理能力现代化。

（1）国家防汛抗旱指挥系统成为掌握信息和指挥调度的主平台。国家防汛抗旱指挥系统工程、中小河流水文监测系统、山洪灾害监测预警系统等项目建设，初步形成了覆盖县级以上水利部门的防汛抗旱指挥调度信息保障体系。

（2）水资源管理信息系统成为最严格水资源管理的重要支撑。截至2021年，随着国家水资源监控能力建设一期、二期项目的相继验收，共建成 1.9 万个取用水户约 4.3 万个取用水在线监测点、630 个地表水饮用水水源地、620 个水质在线监测站，对 501 个重要省际河流省界断面进行水量在线监测。

（3）全国水土保持监测网络与管理信息系统成为水土流失治理的重要平台。2019 年，全国水土保持监测网络与管理信息系统二期工程建设和管理通过了水利部的审查，并完成了二期工程可行性研究报告。

（4）全国农村水利管理系统成为农村饮水安全和灌区管理的有效手段。全国农村水利管理系统实现了对 10 类农村水利建设项目的全程管理。

（5）全国水库移民管理信息系统成为加强移民管理和服务的重要抓手。以浙江省为例，全国水库移民后期扶持资金管理信息系统投入应用后，"十三五"期间，新建水库移民搬迁 2.1 万人，其中共有大中型水库农村移民 1414801 人，其中核定到人 924474 人、统计到村 490327 人。2021 年规划纳入移民后期扶持范围的大中型水库 199 座，其中大型水库 35 座、中型水库 164 座。为维护库区和移民区社会稳定发挥了重要作用。

（6）信息化成为加强水利建设项目前期工作的基础平台。水利部建成水利建设信用信息平台，截至 2021 年，工程业绩信息 27 万余项，良好行为记录信息 7.4 万余条；公布不良行为处理决定 347 个，涉及 662 家市场主体。水利安全生产信息上报系统覆盖了乡镇以上 6 万多家水管单位和近 30 多万个水利工程，成为各级水利部门进行安全生产管理主平台，扭转了水利安全监管被动局面。

（7）电子政务成为水利日常办公和服务公众的主渠道。水利部门在综合办公、规划计划、人事管理、财务管理、科技管理、国际合作、远程教育、行政审批等方面广泛应用信息系统，提高了工作效能和公众服务水平。截至 2021 年，水利财务管理信息系统覆盖 347 个直属各级单位，实现了水利部所有财务业务的集中管理和监控；水利教育培训网发布课件超过 500 门约 2000 学时，用户数超过 1 万人。

 文中给出水利信息技术的发展概况，从你的角度来讲，你认为未来还有哪些发展趋势？

思考

1.3.1 3S 技术在水利领域的应用

1.3.1.1 3S 技术

资源 1.3

"3S"是遥感技术（remote sensing，RS）、地理信息技术（geographic information system，GIS）和全球定位技术（global positioning system，GPS）的统称。3S 技术在水利行业中广泛应用于水资源调查、旱情监测、灌溉面积监测与规划、水环境评估、防洪减灾、水土保持、河口与河道及河势演变动态监测、水利工程选址、水库库容与湖泊动态变化监测、水库移民等方面的工作。随着计算机技术的飞速发展，3S 技术在水利领域应用越来越广泛和深入，将来的发展方向一定是具有海量数据存储功能、地理信息建模功能和无线通信功能的 3S 集成系统。

1. 遥感技术

遥感技术是指从远距离高空及外层空间的各种平台上利用光学或者电子光学（称为遥感器或波探测仪）通过接收地面反射或接收的电磁波信号，并以图像胶片或数据磁带形式记录下来，传送到地面，经过信息处理、判读分析与野外实地验证，最终服务于资源勘测、环境动态监测与有关部门的规划决策。是通过摄影或扫描、信息响应、传输和处理，用于研究地面物体的形状、大小、位置，以及其在环境、环境监测、地球资源勘探及军事侦察等各个领域中的应用。20 世纪 70 年代遥感技术开始用于水利。

2. 地理信息技术

地理信息技术是近年发展起来的一种在计算机软硬件技术支持下对信息采集、存储、查询、综合分析和输出，并为用户提供决策支持的综合性技术的空间信息管理系统，是分析与处理海量地理数据等地理环境有关问题的通用技术。广泛应用于资源调查、环境评估、区域发展规划、公共实施管理、交通安全等领域，目前在水利领域发挥越来越重要的作用。

3. 全球定位技术

全球定位技术是一种可以定位与测距的空间交汇的导航系统，通过接收卫星信息来给出（记录）地球上任意地点的三维坐标以及载体的运行速度，同时它还可以给出准确的时间信息，具有记录地物属性的功能。因其提供全天候实时、高精度三维位置、速度及精密的时间信息，已经被广泛应用于陆地、海航空摄影测量、运载工具导航与管理、地壳运动检测、工程变形检测、资源勘测、地球动力学等，20 世纪 90 年代后开始应用于水利行业。

1.3.1.2　3S 技术的主要应用

3S 技术就像一座多功能水库，对信息起着集中、调节和净化的作用，它兼容并蓄各种来源的信息，按地理空间坐标进行数据管理、查询和检索，通过地学分析、空间分析、相关分析、模拟和预测等手段进行科学加工与决策，提供多层次和多功能的信息服务。因此 3S 技术在水利信息化也就是水利现代化中起着并将继续起着至关重要的作用。3S 技术主要应用在以下几个方面。

资源 1.4

（1）防洪减灾。

1）在雨情、水情、工情、险情与灾情等方面的数据采集与提取。

2）数据与信息的储存、管理与分析方面，即防洪、救灾的信息管理系统。

3）防汛决策支持方面，如灾情评估、避险迁安、抢险救灾路线、气象卫星降雨定量预测等。

（2）水资源生态环境管理。3S 技术在水资源与生态环境调查、动态监测水资源、生态环境变化、管理水资源与生态环境数据等方面发挥重要作用。RS 可以提供动态更新数据源，GIS 提供空间数据库管理、分析、应用的工具，GPS 提供水利设施等空间定位基础。

（3）水土保持。RS 为土壤侵蚀调查提供信息源；GIS 分析土壤侵蚀因子，进行侵蚀类型、程度的评价及侵蚀量估算。

（4）河道、河口、河势动态监测。对泥沙淤积、泥沙分布的河道、河口、河势进行动态监测。

（5）水库库容与湖泊动态变化监测。对湖泊面积容量变化及泥沙含量等进行监测。

（6）水环境监测、评价与管理。水质监测、水环境信息管理、水环境遥感监测。

（7）旱情监测、灌溉面积监测与规划。对旱情预报、动态监测及抗旱决策提供技术支持，进行有效灌溉面积与实际灌溉面积监测及灌区规划与动态管理。

（8）水利水电工程建设和管理。3S技术是水利水电工程选址、规划乃至设计、施工管理中十分重要的工具。例如移民安置地环境容量调查、调水工程选线及环境影响评价、梯级开发的淹没调查、水库高水位运行的淹没调查、大中型水利工程的环境影响评价、防洪规划、大型水利水电工程抗震安全、河道管理、大型水利水电工程物料储运管理、蓄滞洪区规划与建设等。

（9）灾情评估。

1）灾前评估：可能造成的经济损失；可能的受灾人口（涉及社会因素）；迁安能力（人数、道路、车辆调度）；重点保护区（交通大动脉、重要工业基地、军事要地）；抢险物资储运。

2）灾中评估：确定灾情及发展趋势；救灾物数量与运输路线；为后续洪水调度方案决策提供依据；迁安人员的安置；灾后重建的准备。

3）灾后评估：上报损失的核实；为防洪规划提供信息；为灾后重建提供方案。

思考

3S技术在水利领域除了以上几方面的应用，还有哪些应用？

1.3.2　大数据技术在水利领域的应用

大数据分为三个层次，即数据生成、数据处理、认知决策，通过收集具有规模性（volume）、高速性（velocity）、多样性（variety）、价值性（value）"4V"特征的数据产品，对这些海量、多源、异构数据按数据采集、数据存储、数据关联分析和数据可视化等流程进行自动化处理，可以掌握已有现象或发生事件的时空特征，全面认识现象或事件，从而找到有利于创造新价值的决策信息，这样能够改变人们对已有现象或发生事件的固有认知，建立新的思维方式和观察视角。

传统的对水利管理对象描述的数据多是孤立无序、缺乏群体性的，难以实现全面完整的系统认识，而水利大数据可以充分利用大数据的全样本描述、擅长规律分析和关联分析、快速实时处理等优势，面向洪水、干旱、水资源开发利用、水土保持、河湖监管、水利工程安全运行等业务需求，能够融合多来源、多类型、多尺度的水文数据、水资源数据、水环境数据、水工程数据、社会经济数据、社交媒体数据等水利数据，加以科学的分类、优化的管理、集成的分析、高效的利用，以期突破传统方式难以处理的管理瓶颈，为治水现代化目标实现提供科学的综合决策、精准的协同监管、便捷的公共服务的全方位支撑。

1.3.3 数字孪生技术在水利领域应用

方法论　仿真和模拟的方法是利用模型复现实际系统中发生的本质过程，并通过对系统模型的实验来研究存在的或设计中的系统，有助于我们更好地认识客观事物。在对客观规律进行探索时，同学们也可以利用仿真和模拟的方法，并结合实验进行比对分析。

数字孪生是一个系统、过程或服务的动态虚拟模型，是充分利用物理模型、传感器更新、运行历史等数据，集成多学科、多物理量、多尺度、多概率的仿真过程，在虚拟空间中完成映射，而反映相对应的实体装备的全生命周期过程，将带有三维数字模型的信息拓展到整个生命周期中的影像技术，从而实现对物理实体的了解、分析、预测、优化、控制决策。随着物联网的出现，数字孪生技术得到越来越多的应用，主要集中在大型、复杂、资金密集的设备上。水利行业与数字孪生的结合尚处于初级阶段，目前应用主要集中于通过地理信息、感知测量等实现水流状态的映射以及对工程构造的虚拟模型建设实现水场景的可视化展现。

水利工程数字孪生技术就基础组成来讲，主要分为两个部分，即物理实体和虚拟体。物理实体提供水利工程的实际运行状态给虚拟体，虚拟体以物理实体的真实状态为初始条件或边界约束条件进行决策模拟仿真。经决策仿真验证后的操作方案将会反馈到物理实体的信息化系统，从而实现对物理实体（如闸、泵等设备）的控制操作。

物理实体从广义上讲包括信息化系统和数据质量管理系统。信息化系统主要包括闸泵监控、水情监测、工程安全监测、水质监测等子系统。物理实体的状态数据来源于信息化系统的监控采集值，但由于传感器异常、通信故障等原因，工程上一般会出现监控采集值的异常，导致监控采集值并不能反映物理实体的真实状态，这将导致虚拟体的决策错误。因此，物理实体还应包含专门的数据质量管理系统，能够对异常数据自动筛选、剔除，并能提供人机交互的数据修正功能。

虚拟体从广义上讲包括数字模型和决策算法。数字模型主要包括产汇流模型、河网水动模型、水质模型等，以及黑箱模型，如神经网络模型、时间序列模型等。但是，仅有数字模型还不足支撑对水利工程的调度决策，因此对虚拟体来讲，还必须有决策算法做支撑。这些算法不仅包括传统的线性规划、动态规划算法等，还包括遗传算法、粒子群算法等智能算法，能满足大规模并行计算技术手段。

数字孪生技术在水利工程运行管理中的应用研究主要包括以下几个方面。

（1）数字双重复杂程度（或成熟程度）。主要指在前期工程中创建的传统虚拟样机，支持概念设计和初步设计的决策。水利水电工程地质数字孪生体系的功能架构可以分为三部分内容：

1）主要通过物联网实现工程项目地质勘查现场物理空间的感知与数据传输。

2）主要通过三维实景技术与地质三维模型实现虚拟空间对真实物理空间的仿真模拟。

3）主要通过物联网、大数据、云计算等实现虚拟空间与物理空间的动态交互。

（2）数字孪生。数字孪生虚拟系统模型包含来自物理孪生体的性能、健康和维护数据。虚拟表示是通用系统模型的实例化，它接收物理系统的批量更新，用于支持概念设计、技术规范、初步设计和开发中的决策。数字孪生技术以虚拟模型为数字化载体，并以智能化的方式实时指导物理实体。

（3）自适应数字孪生。自适应数字孪生为物理和数字孪生提供了自适应的用户界面（本着智能产品模型的精神）。自适应用户界面对用户/操作员的偏好和优先级非常敏感。在这个层次上，一个关键的能力是能够在不同的环境中学习人类操作人员的偏好和优先级。利用一种基于神经网络的监督机器学习算法重新获得了这些特征，这个数字孪生体中的模型是根据实时从物理孪生体中"提取"的数据不断更新的。这种数字双功能支持实时规划和决策，在维护过程中发挥重要作用。地质矢量数据的提取，矢量数据通常由点、线、面来表达地理实体。

（4）智能数字孪生。智能数字孪生具有自适应数字孪生的所有功能（包括监督机器学习）。此外，它还具有无监督的机器学习能力。识别操作环境中遇到的对象和模式，并在不确定、部分可观测的环境中加强系统和环境状态的学习。这个级别的数字结对具有高度的自治性。在这个层次上，数字孪生可以分析更多的颗粒性能，维护和监测数据，如在工程地质方面的应用主要体现为可应用于地形生成与测量中。

1.3.4 云计算技术在水利领域的应用

云计算，即立足于互联网服务，利用互联网提供动态的资源，这些资源具有虚拟化特征，显著改善了服务的交互模式。云计算形成了健全的结构，其主要囊括终端的处理、大数据处理以及数据资源。

云计算程序在实际运行的过程中，仅仅依靠一台计算机难以完成，而需利用网络和多台计算机连接在一起，借此组成的群一同完成。如此，便可以将分布运算的功能顺利实现，促进整体效率提升，降低系统硬件要求。由于云计算虚拟化的特点，能通过相应平台减少服务器数量，有利于提高系统经济效益。其特点主要体现在下述几个方面：

（1）提供简单易用的服务，用户通过简单的操作就能够加强服务机制的透明性。

（2）更好地对资源进行整合，降低成本。借助虚拟化平台有效整合桌面、接口和数据等，把诸多分散的资源整合在一起。

（3）借助冗余计算方式使可靠性得到保证。通过冗余计算、分布式存储等方式，夯实连续开展业务的基础，同时可以更加方便、快捷地应对突发事件。

（4）显著提高了性能。云计算架构具备强大的计算能力，可存储大量的数据，进而让性能更加灵活。

（5）如果计算系统部分节点出现问题，系统可迅速地对其予以排除，且不会妨碍系统正常运行。

对于水利工程而言，存在着地域差异大、流程复杂等特点，因此实际施工前，有关人员应对各江域、河流的数据信息进行搜集和整合，同时需要处理勘测到的坑塘和井等数据。除此之外，因为河流以及江域等包含的数据信息十分广泛，若是采用传统方法展开收集与处理，既会导致工作难以开展，同时不能使信息的实效性和真实性得到保证。虽然水利行业中的单位大多都有自己的平台，但各平台之间不能交流和共享资源，不利于其价值的发挥。

现阶段，计算机技术和互联网技术得到了迅猛发展，水利行业充分把握此机遇，借助现代化的方式，建立相应系统，诸如遥感系统、水利普查系统等，构建这些系统，可以有效解决水利工程施工中存在的问题，但怎样将这些系统的使用价值最大化发挥出来，促使工程建设目标顺利达到，还需要技术人员深入探究。通过对云计算的合理运用，除了可以解决传统工作中的问题之外，还能够让各部门实现良好的交流，有效共享资源，同时还能把各级水利部门的软件资源和硬件资源整合为一体，进一步强化各系统之间的联系，以坚实的基础助推今后工程顺利施工。这样，能够在加强水利工程质量的基础上，全面推进信息化建设。

云计算技术在水利信息化建设中的应用包括以下两个方面。

（1）云储存的应用。现阶段，云存储已广泛应用于水利信息化建设中。云存储指的是通过集群的方式，对各类存储设备进行运用，以存储海量数据的一种技术。数据管理和存储是云计算系统中的重要内容，云存储能够立足于网络，实现虚拟化的存储服务。对于水利行业而言，涉及许多数据信息，且不同管理单位的信息会有一定区别。通过云存储的方式，能够共享信息。如果出现山洪或水污染等突发情况，可结合云存储中的相关数据信息，指导有关部门做出正确的决策。最近几年，云存储已开始运用到水情数据库，与水情信息交互系统建设过程中，能够通过全国水利骨干网，协助不同地区对水情信息予以交换，进而给予上级部门帮助，确保其防洪抗旱等决策的制定有据可循。

（2）云桌面的应用。其属于运用云计算的一个桌面平台，运用高度加密算法和分布式存储技术，让客户能够获取到个性化服务，进而协调统一各部门工作。在水利信息化建设过程中，应用云桌面可以提供给水利部门水利工程的建设和管理、防汛抗旱、水土保持和监测、水资源管理与保护等相关服务，以坚实的基础助推水利信息化建设。而水利部门也可以立足于个人的操作习惯、业务的不同以及需求状况，定制个性化云桌面，也可以就一些通用和常用的业务选择默认服务，进而更加高效地整合、处理数据，确保数据管理、存储环境的良好性，提高水利部门工作质量以及效率。

1.3.5　人工智能在水利领域的应用

人工智能是指利用计算机模拟人类处理问题的方法实现对问题的智能化处理和决策等，其跨越计算机科学、信息论和控制论等多个领域，主要包括机器学习、深度学习、自然语言处理、计算机视觉以及智能控制五种。

近年来，随着人工智能技术的不断发展与应用，人工智能在水利行业中的应用逐渐得到了广泛的关注。人工智能技术可以帮助水利行业从业者更好地管理、保护和利用水资源，包括水利灌溉、水体识别、水位监测和水质分析和预测等方面。此外，人工智能技术还可以结合物联网、大数据等技术，实现水利行业的数字化转型和智能化升级，从而提高水资源利用效率和水利行业的管理化水平。未来，人工智能在水利行业中的应用会更加广泛，尤其是结合区块链和数字孪生技术的发展与应用，将为水利行业带来更多的机遇与挑战。

上述五种技术未来会有什么融合发展的趋势？融合之后将会带来哪些新的变化？

课 后 阅 读

[1] 《水利信息系统中的 GIS 技术》，苗作华、刘耀林，《测绘科学》，2005 年。

[2] 《当前水利问题及对策》，杨海波、李纪人、黄诗峰，《水电能源科学》，2008 年。

[3] 《3S 技术在数字水利中的应用》，王仁礼、陈波、杨阳等，《测绘科学》，2008 年。

[4] 《基于无人机与 3S 技术的鹤地水库水政监管系统开发与应用》，陈亮雄、杨静学、李兴汉等，《长江科学院院报》，2020 年。

[5] 《水利信息化建设中大数据的应用研究——评〈水利工程建设管理信息化技术应用〉》，刘秋生、崔久丽，《人民黄河》，2021 年。

[6] 《大数据背景下的灌区信息化建设》，代颖、陈伟华，《灌溉排水学报》，2021 年。

[7] 《基于云计算的水肥一体化控制体系研究》，张宾宾、李家春、蔡秀等，《农机化研究》，2020 年。

[8] 《大数据技术在水利行业中的应用探讨》，陈蓓青、谭德宝、田雪冬等，《长江科学院院报》，2016 年。

[9] 《人工智能图像识别在水利行业的应用进展》，李涛、徐高、梁思涵等，《人民黄河》，2022 年。

[10] 《基于人工智能的堤防工程大数据安全管理平台及其实现》，饶小康、马瑞、张力等，《长江科学院院报》，2019 年。

[11] *A real-time and open geographic information system and its application for smart rivers: a case study of the Yangtze River.* Chen Z, Chen N. *International Journal of Geo-Information*, 2019.

[12] *Orienting the camera and firing lasers to enhance large scale particle image velocimetry for streamflow monitoring.* Tauro F, Porfiri M, Grimaldi S. *Water Resources Research*, 2015.

[13] *Distributed hydrological modeling with GIS and remote sensing datasets: a case study in Qingjiang River basin, China.* Ling F, Zhang Q, Wang C. *Proceedings of SPIE-The International Society for Optical Engineering*, 2006.

[14] *Research on data sharing of water conservancy informatization based on data mining and cloud computing.* LI Daqian. *Journal of Physics: Conference Series*, 2021.

[15] *Practice and key technologies of integration and sharing of water resources and data resources based on cloud computing.* Li Fang, Xie Luofeng, Huang Weidong. *Wireless Communications and Mobile Computing*, 2022.

[16] *Digital twin: from concept to practice.* Agrawal Ashwin, Fischer Martin, Singh Vishal. *Journal of Management in Engineering*, 2022.

课 后 思 考 题

（1）简述水利信息技术定义。

（2）简述水利信息技术的内涵。

（3）简述水利信息技术在水利信息化进程中发挥的作用。

（4）水利信息技术在水利领域有哪些应用？

资源 1.5

第 2 章

水利信息采集

知识单元 与知识点	1. 水文信息采集 2. 农业用水信息采集 3. 水库大坝安全监测 4. 水雨情测报
重难点	重点：降水量、水位、流速、流量、作物需水量的监测 难点：灌区旱情的监测、水雨情测报
学习要求	1. 了解水利采集主要构成部分 2. 掌握降水量、水位、流速、流量、作物需水量主要监测技术 3. 熟悉水库大坝安全监测技术 4. 了解未来水利信息采集技术变革方向

2.1 水文信息采集

水文信息采集又称水文测验，是系统地收集和整理水文资料的技术工作的统称。狭义的水文信息采集指水文要素的观测。水文信息采集是水文学的基础。水文信息工作分信息采集和信息传输两部分内容，其中水文信息采集由各类技术成熟的传感器完成。

水文信息有两种：一种是对水文事件当时发生情况下实际观测的信息；另一种是对水文事件发生后进行调查所得的信息。在水文信息采集中，以第一种采集为主，它是水文年鉴的重要数据来源。国家在全国布置了大小各类水文站，其主要工作便是收集第一种情况下的各类数据。但受自然界地理环境和水文现象随机性等影响，仅靠站网布局的定位观测，有时难以观测到全面而真实的水文资料。以暴雨观测为例，由于暴雨中心降落位置游移不定，雨量站网所布局的雨量站，不一定观测到每场暴雨的最大暴雨量，这便需要第二种信息采集方法。但第二种数据采集没有时效性，其数据可能受很多因素影响而不准确。两种水文信息采集情况之间的矛盾影响了水文信息的准确性。

价值观

"没有调查，没有发言权"，数据采集就是开展"调查"的重要手段之一。"科学是实实在在的，来不得半点虚假"，调查研究是唯物主义认识路线的具体体现，是发挥人的主观能动性把握客观规律的具体途径，是一切从实际出发的根本方法，是贯彻实事求是思想路线的必然要求。

数据采集系统包括各类传感器，每一个传感器就像我们身边的大多数人一样平凡，但都不可或缺。只要坚持螺丝钉精神，立足岗位，兢兢业业，同样能发光发热，体现自己独有的人生价值。

2.1.1 降水量观测

2.1.1.1 基本概念

1. 降水量

降水量是指一定时间内，从天空降落到地面上的液态或固态（经融化后）水，未经蒸发、渗透、流失，而在水平面上积聚的深度，以 mm 为单位，气象观测中取一位小数。在标明降水量时一定要指明时段，常用的降水时段有分、时、日、月、年等，相应的水量称为时段水量、日水量、月水量、年水量等。降水量是气候系统中的一个重要参数，是气候和水文模型的重要组成部分，同时在生态系统、农业、水资源等领域的研究都有重要地位。

2. 降水强度

降水强度是指单位时间内的降水量，以 mm/h 或 mm/min 为单位。

3. 降水量过程线

降水量过程线表示降水量随时间变化的特征，常以降水量柱状图和降水量累积曲线表示（图 2.1 和图 2.2）。

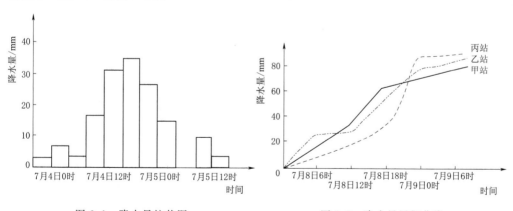

图 2.1　降水量柱状图　　　　　　图 2.2　降水量累积曲线

降水量柱状图（或称降水量直方图）以时段降水量为纵坐标、时段次序为横坐标绘制而成，时段可根据需要选择分、时、日、月、年等，它显示降水量随时间的变化特征。降水量累积曲线是以逐时段累积降水量为纵坐标、以时间为横坐标绘制的，它不仅可以反映降水量在时间上的变化，而且还可以反映时段平均雨强随时间的变化。

4. 雨强历时曲线

记录一场降雨过程，选择不同历时，统计不同历时内的最大平均雨强为纵坐标，以历时为横坐标点绘曲线，即雨强历时曲线。

思考　　降水量的观测除了上述四个指标之外，你认为未来还有可能增加哪些新的指标？为什么？

2.1.1.2　降水量观测方法

资源 2.1

降水量观测仪器按传感原理分类，常用的可分为直接记录（雨量器）、液柱测量（主要为虹吸式，少数是浮子式）、翻斗测量（单翻斗与双翻斗）等传统仪器（图2.3），还有采用新技术的光学雨量计以及雷达探测和气象卫星云图估算。器测法用来测量降水量，雷达探测和气象卫星云图一般用来预报降水量。

1. 器测法

（1）雨量器。如图 2.3（a）所示，雨量器由盛水器、漏斗、储水筒、储水瓶和筒盖等组成，并配有专用量杯。承雨器口径为 20cm，安装时器口一般距地面 70cm，筒口保持水平。雨量器下部放储水瓶收集雨水。观测时将雨量器里的储水瓶迅速取出，换上空的储水瓶，然后用特制的雨量杯测定储水瓶中收集的雨水。

用于观测固态降水的雨量器，配有无漏斗的盛雪器，或采用漏斗与盛雪器分开的雨量器。当降雪时，仅用外筒作为盛雪器具，待雪融化后计算降水量。

思考　　请尝试阐述雨量器器测法变成自动测量的技术路线。

（2）虹吸式雨量计。虹吸式雨量计利用虹吸原理测量雨量，主要由盛水器、浮子室、虹吸管、自记钟、记录笔、外壳等组成，如图 2.3（b）所示。盛水器将承接的雨量导入浮子室，浮子随着注入雨水的增加而上升，并带动自记笔在附有时钟的转筒上的记录纸上画出曲线。当降水量累计达 10mm 时，雨量计会虹吸排水一次。

思考　　请思考虹吸式雨量计的技术难点和测量的关键技术是什么？

（3）浮子式雨量计。采用浮子累积式传感器，机械传动，图形记录或电量输出，用固态存储器采集降水量数据，记录和采集数据的分辨率为 0.5mm 或 1mm。仪器外壳分为上、下两部分，上外壳内包括承雨器、承雨漏斗等；下外壳内包括进水玻璃

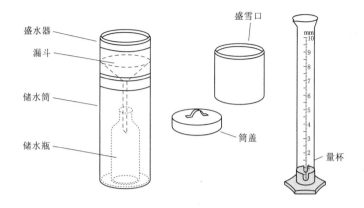

（a）雨量器

（b）虹吸式雨量计

（c）浮子式雨量计

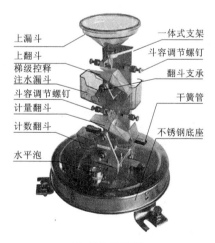

（d）翻斗式雨量计

图 2.3　雨量计

管，浮子室、浮子。记录器部分由走纸机构、记录机构等组成，置于下外壳顶部，由上外壳罩住即组成整机，如图 2.3（c）所示。

（4）翻斗式雨量计。翻斗式雨量计是由感应器及信号记录器组成的遥测雨量仪器，感应器由上翻斗、计量翻斗、计数翻斗、干簧管等构成，如图 2.3（d）所示；记录器由计数器、录笔、自记钟、控制线路板等构成。其工作原理为：雨水由最上端的承水口进入盛水器，落入接水漏斗，经漏斗口流入翻斗，当积水量达到一定高度（比如 0.1mm）时，翻斗失去平衡翻倒。而每一次翻斗倾倒，都会使开关接通电路，向记录器输送个脉冲信号，记录器控制自记笔将雨量记录下来，如此往复即可将降雨过程测量下来。

翻斗式雨量计记录方式可分为划线模拟记录和固态存储记录。

思考　　请分析总结上述四种器测法的优缺点，并说明未来可能的技术变革包括哪些方面。

2. 雷达探测

雷达探测即利用雷达发射无线电波并用接收设备显示气象目标所反射的回波判定气象情况的过程。1941 年 2 月 20 日，在英国海岸第一次用雷达跟踪十几公里以外的一场阵雨，从此以后雷达作为一种人类认识自然的先进手段，越来越多地被用于气象探测。近 30 年来，雷达技术已成为研究气象科学的得力工具，随之产生了气象科学的一个分支——雷达气象学。当雷达发射出的无线电波在远处遇到云、雨、雪时，就会被反射回来，显示在雷达的荧光屏上，描绘出云、雨、雪等天气现象的整个面貌和内部结构，包括云层的面积、高度、强度等。用于水文方面的雷达，有效范围一般是 40～200km。雷达的回波可在雷达显示器上显示出来，不同形状的回波反映着不同性质的天气系统、云和降水等。根据雷达探测到的降水位置、移动方向、移动速度和变化趋势等资料，可预报出探测范围内的降水、强度以及开始和终止时刻。

3. 气象卫星云图

气象卫星云图利用气象卫星设备捕捉大气中云层的分布情况，如图 2.4 所示。除此之外还可以用来观测海冰分布、确定海面温度等与中长期天气预报相关的海洋资料。气象卫星云图能够在单一影像上展示多种尺度的天气现象，可为天气分析与预报提供遥测资料。

气象卫星按其运行轨道分为极轨卫星和地球静止卫星两类。目前地球静止卫星发回的高分辨率数字云图资料有两种，一种是可见光云图，另一种是红外云图。可见光云图

图 2.4　气象卫星云图

的亮度反映云的反照率。反照率强的云，云图上的亮度就大，颜色较白；反照率弱的云，亮度低，色调灰暗。红外云图能反映云顶的温度和高度。一般情况下，云层的温度越高，高度越低，云层发出的红外辐射越强。在卫星云图上，一些天气系统也可以根据特征云型分辨出来。

用卫星资料估计降水的方法很多，目前投入水文业务应用的是利用地球静止卫星短时间间隔云图图像资料，再用某种模型估算。这种方法可引入人机交互系统，自动进行数据采集、云图识别、降水量计算、雨区移动预测等工作。

2.1.2 水位监测

水位是指河流、湖泊、水库及海洋等水体的自由水面相对于某一基面的高程，单位为 m。水位是最基本的观测项目，其资料可单独提供使用，也可配合其他项目使用。

（1）水位影响因素主要有以下两个方面。

1）直接影响因素。直接影响因素是指由水体自身水量变化直接产生的影响，如降水、融雪、融冰、蒸发、渗漏等。

2）间接影响因素。间接影响因素是指由水体约束条件的改变间接产生的影响，如冲淤、人类活动的影响（如闸门开关、河道工程等）、特殊情况下的水位意外变化（如垮坝、分洪、冰塞、冰坝的产生与消失）及水体受干扰（如干支流汇合产生的顶托、潮汐的周期变化、河道横比降、风浪作用）等。

水位是水利建设、防汛抗旱的重要依据。在水利建设中，堤防、水库、电站、堰闸、灌溉、排涝等工程的规划、设计、施工、管理运用都要应用水位资料，其他工程建设如航道、桥梁、船坞、港口、给水、排水等也需要了解水位情况。在防汛抗旱中，水位是掌握水文情报和进行水文预报，直接为水利、水运、防洪、防涝工程设计提供具有单独使用价值的资料，如用于确定堤防高程、坝高、桥梁及涵洞过水断面、公路路面标高等；同时，可为工程的运行调度、防汛、水资源调配、水情预报等提供间接资料。

（2）确定水位和高程的起始水平面叫基面。观测基面可以分为四类。

1）绝对基面。绝对基面是以河口海滨地点的特征海平面（多年平均海水面）为准，记为 0.00m。我国曾用过大连、大沽、黄海、废黄河口、吴淞、珠江等基面，现在统一规定的基面为青岛黄海基面。优点是各站水位值可以直接比较，缺点是数字串长，如西藏某站的水位为 3312.87m。

2）假定基面。假定某特定点高程数值，则此高程的零点就是假定基面。优点是可以在一时无法与国家水准点连接的情况下使用，如 1989 年 11 月在黄壁庄水库测悬浮质沉积物高程时，由于天津市水利勘察设计院在整个流域重新布设水准点，其平差结果要到 1990 年 2 月才公布，这时，只好先用他们设定的水准点，但必须假定其高程。缺点是无法通用。

3）测站基面。测站基面为河流历年最低水位或河床最低点以下 0.5～1.0m 处的水平面，是水文测站的一种专用基面。优点是数字简单，克服了绝对基面的缺点，缺点是不同测站的水位之间无法直接比较，需要进行基面换算。

4）冻结基面。取测站第一次使用的基面，一直沿用不再变动（称为冻结）。优点是位置不会变动，资料具有历史连续性，且同站水位之间可以直接比较，也是水位测站的一种专用基面。缺点是不同测站的水位之间无法直接比较，需要进行基面换算。

思考

水位观测基面分为四类，每类基面直接和间接影响因素有哪些？

2.1.2.1 水位监测方法

按照自动化程度，水位监测方法可以分为以下四类。

1. 人工监测

在选定的地点设立水尺，直接监测水尺读数，加上水尺零点高程即为水位。水尺是水文测站必备的基本设施。根据岸边地形，岸壁组成以及受航运、漂木、流冰等影响的情况，水尺可设置成直立式、倾斜式、悬锤式和矮桩式。水尺的安装必须稳定牢固，保证其零点高程不易变动。

2. 自记水位计记录

利用自记水位计，以图形或数字的形式记录或显示水位。这种方法可以连续地记录水位变化的完整过程，节省人力。凡有条件安装自记水位计的测站，应尽可能采用自记方法。

3. 水位数据编码存储

采用适当的水位传感器感应水位变化，再利用机械或电子编码器将传感器输出的水位信号进行数字编码，转换成数字信号，连同相应的时间编码一起存储于穿孔纸带、磁带或固态存储器中。其存储周期一般为一年。这种水位记录可直接用计算机进行整编，并便于保存。这种测记方式主要适用于需长期收集水位资料而又无报汛任务的测站。

4. 水位自动测报系统

这是利用遥感、现代通信和计算机等技术手段，独立完成水位数据的收集和处理的系统装置，由 1 个中心站、若干个遥测站以及通道三个部分组成。其一般工作过程是：遥测站的水位传感器将水位信号转换成电信号，经过数字编码、调制、发射，通过传输线或者通过微波中继站、卫星传送到中心站。中心站将接收的信号进行解调、译码和鉴别后，还原为水位记录，并将收集的数据进行适当的处理。必要时还可以反过来由中心站对各遥测站实行遥控调节。这种方法具有快速、高效等优点，但技术性强，投资大。目前在我国还处于少量试点阶段，主要适用于重要的防汛、引水和水库系统的优化调度等方面。

思考

上面介绍了四种水位监测方法，请总结这几种方法各有什么优缺点。

2.1.2.2 水位直接监测设备

1. 直立式水尺

直立式水尺由水尺靠桩和水尺板组成（图2.5）。一般沿水位观测断面设置一组水尺桩，同一组的各支水尺设置在同一断面线上。使用时将水尺板固定在水尺靠桩上，构成直立水尺。水尺靠桩可采用木桩、钢管、钢筋混凝土等材料制成，水尺靠桩要求牢固，打入河底，避免发生下沉。水尺靠桩布设范围应高于测站历年最高水位及低于测站历年最低水位0.5m。水尺板通常由长1m、宽8～10cm的搪瓷板、木板或合成材料制成。水尺的刻度必须清晰，数字清楚，且数字的下边缘应放在靠近相应的刻度处。水尺的刻度一般是1cm，误差不大于0.5mm。相邻两水尺之间的水位要有一定的重合，重合范围一

图2.5 直立式水尺

般要求为0.1～0.2m，当风浪大时，重合部分应增大，以保证水位连续观读。

水尺板安装后，需用四等水准测量的方法测定每支水尺的零点高程。水尺板上读得的水位数值加上该水尺的高程就是水位高程。

思考

测量水位时，使用直立式水尺应注意哪些问题？

2. 倾斜式水尺

当监测河段岸边有规则平整的斜坡时，可采用此种水尺。此时，可在岩石或水工建筑物的斜面上，直接涂绘水尺，如图2.6所示。设 ΔZ 代表直立水尺最小刻划的长度，$\Delta Z'$ 代表边坡系数为 m 的斜坡水尺最小刻划长度，则 $\Delta Z'=\sqrt{1+m^2}\,\Delta Z$。

图2.6 倾斜式水尺

同直立式水尺相比，倾斜式水尺具有耐久、不易冲毁、水尺零点高程不易变动等优点；缺点是要求条件比较严格，在多沙河流上水尺刻度容易被淤泥遮盖。

根据倾斜式水尺的工作原理，总结其适用的场合有哪些？

3. 矮桩式水尺

对受航运、流冰、浮运影响严重，不宜设立直立式水尺和倾斜式水尺的测站，可改用矮桩式水尺。矮桩式水尺由矮桩及测尺组成。矮桩的入土深度与直立式水尺相同，桩顶一般高出河床线 5～20cm，桩顶加直径为 2～3cm 的金属圆钉，以便放置测尺。两相邻的桩顶高差宜为 0.4～0.8m，平坦岸坡宜为 0.2～0.4m，测尺一般用硬质木料做成。为减少壅水，测尺截面可做成菱形。观测水位时，将测尺垂直放于桩顶，读取测尺读数，加桩顶的高程即得水位。

矮桩式水尺在测量水位过程中要注意的问题有哪些？

4. 悬垂式水尺

悬垂式水尺是指由一条带有重锤的绳或链所构成的水尺，通常设置在坚固的陡岸、桥梁或水工建筑物上，被大量用于地下水位和大坝渗流水位的测量。它通过测量水面以上某一已知高程的固定点离水面的竖直高差来计算水位。悬锤的重量应能拉直悬索，悬索的伸缩性应当很小，在使用过程中，应定期检查测索的有效长度与计数器或刻度盘的一致性，其误差不超过 ±1cm。

上面介绍了四种直接水位监测设备，请总结这几种设备各自的适用场合及优缺点？

2.1.2.3　水位间接监测设备

1. 浮子式水位计

浮子式水位计（图 2.7）有光电编码、数字编码、机械编码等类型，主要适用能修建专用静水测井的水位测站，要求测验河段岸坡稳定、河床冲淤小且含沙量低。该类水位测站前期的土建工程建设投资较大，但由于技术成熟、稳定、可靠，设备安装维护简单等特点，实际运用最为广泛。

浮子式水位计的主要特点是什么？

2. 投入式压力水位计

投入式压力水位计（图 2.8）是压力式水位计的一种，压力传感器直接安装在水下，其原理是通过测量压力传感器上的静水压力来计算水深和水位。由于探头设置于水下，易受雷电干扰，不适用于泥沙淤积较大的地区，而且对气压、温漂等影响需要有完善的补偿措施，对于流速大的河段需要有良好的静水措施和装置，否则测量误差较大。

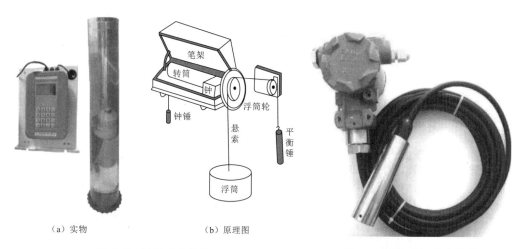

（a）实物　　　　　　　　（b）原理图

图 2.7　浮子式水位计　　　　　　　图 2.8　投入式压力水位计

测量水位时，使用投入式压力水位计的技术难点是什么？

3. 气泡式压力水位计

气泡式压力水位计按供气方式又可分为气泵气泡式压力水位计和外部供气气泡式压力水位计（恒流）两种。前者适用于没有惰性气体条件、水位变幅较小（小于 15m）、边滩窄（小于 150m）的测站，后者适用于边滩较宽、水位变幅大的测站。

不同类型的气泡式压力水位计测量水位过程中应如何选择？

4. 气介式超声水位计

气介式超声水位计的测量原理是将超声波探头安装在水面上，超声波垂直向下发射，通过水面反射后计算超声波探头距水面距离推算出水位。

思考

气介式超声水位计的关键技术是什么？

5. 雷达和激光水位计

雷达和激光水位计（图 2.9）是从测距仪演变而来的，利用电波反射测距原理制成，工作频率约为 2GHz，测量量程大，精度较高。两种水位计均具有测量精度高（毫米级），量程大（90m 以上），不需要建造水位井，无时漂、温漂，性能可靠等特点，但使用中应注意水面漂浮物，以免影响测量精度。

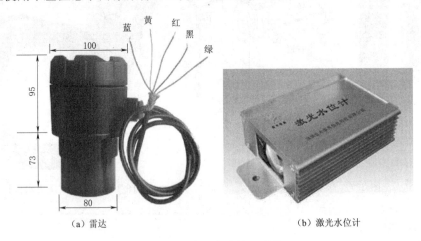

蓝 黄 红 黑 绿

（a）雷达　　　　　　　　　　　　　　　　（b）激光水位计

图 2.9　雷达和激光水位计（单位：mm）

思考

前面介绍了多种不同的水位间接监测设备，请总结对比这几种监测设备各自的优缺点，谈一谈未来水位监测技术改进的方向。

2.1.2.4　河流水位监测

1. 测深杆测深

用刻有读数标志的测深杆垂直放入水中直接进行河流水位的测量，适用于水深较浅、流速较小的河流，可用于船测或涉水进行。

思考

测深杆测河流水位需要注意什么？

2. 测深锤测深

用测深锤（铁砣）上系有读数标志的测绳放入水中进行测深（图 2.10），适用于水库或水深较大但流速较小的河流。

测深锤测河流水位的注意点是什么？

思考

3. 悬索测深

悬索测深是用悬索（钢丝绳）悬吊铅鱼，测定铅鱼自水面下放至河底时悬索放出的长度，如图 2.11 所示。该法适用于水深流急的河流，应用范围广泛，是目前江河断面测深的主要方法。

图 2.10　测深锤测深

图 2.11　悬索测深

悬索测深过程中着重要注意的问题是什么？

思考

4. 超声波测深

利用超声波在不同介质的界面上具有定向反射的这一特性，从水面垂直向河底发射一束超声波，声波即通过水体传播至河底，并以相同时间和路径返回水面，如图 2.12 所示。

根据声波在水中的速度，测定往返所需传播时间，便可计算出水深。从图 2.12（a）中可知，声波往返距离为

$$AB + BE = 2L \tag{2.1}$$

往返所需历时为 t，则

$$2L = ct \tag{2.2}$$

因 $L = \sqrt{d^2 + b^2}$，当 b 相当小时，可忽略。则有 $L = d$，故

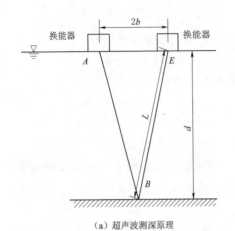

（a）超声波测深原理　　　　　　　　　（b）超声波测深现场操作

图 2.12　超声波测深

$$d = \frac{1}{2}ct \tag{2.3}$$

式中：d 为水面到河底的垂直距离（水深），m；t 为传播时间，s；c 为声波在水中的速度，一般为 1500m/s。

思考　　请总结对比上述四种河流水位测深方法各自的优缺点。谈一谈未来河流水位测深技术的改进方向。

2.1.2.5　地下水位监测

1. 地下水特性

地下水（图 2.13）是水资源的重要组成部分。干旱地区与半干旱地区人们的生活用水、农业灌溉用水及工业用水主要靠开采利用地下水。随着人们生活水平的不断提高，对水质的要求更高。目前，有很多地区在大量开采深层地下水，这说明地下水是一项十分有价值的资源。由于地下水具有流动性和可调用性及开采后恢复性慢的特性，如果合理地开采利用可成为人们长期利用的资源；但如果盲目开采，使地下水不能得到恢复，会造成地下水枯竭，甚至更严重的影响。因此，为了合理地开采和管理地下水资源，必须了解地下水的动态变化规律，开展地下水的监测工作。

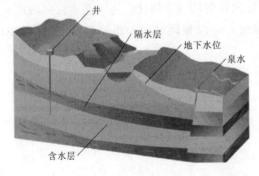

图 2.13　地下水

2. 地下水位监测仪器

地下水位监测方法主要包括人工观测与自动监测两种。

（1）地下水人工观测仪器。人工观测地下水位基本上应用测盅和电接触悬锤式水尺，还有更简单的代用措施。

1）地下水位测盅。测盅是最古老的地下水位测具，测盅盅体是长约 10cm 的金属中空圆筒，直径数厘米，圆筒一端开口，另一端封闭，封闭端系测绳，开口端向下。测量时，人工提测绳，将测盅放至地下水面，上下提放测盅。测盅开口端接触水面时会发出撞击声，由此判断水面位置，读取测绳上刻度，得到地下水埋深值。

此方法很简单，目前还一直在较大范围使用。由于判断测盅接触水面会产生误差，同时测绳的长度也存在误差，水位观测值不会很准确，并且测盅没有正规产品，此方法不应再继续使用。

2）电接触悬锤式水尺。这种地下水位测量设备也常被称为"悬锤式水位计""水位测尺"，如图 2.14 所示。

图 2.14　电接触悬锤式水尺

这种仪器简单，便于携带，对使用者的技术水平要求不高，可以用于各种地下水位的观测。能够准确地指示地下水面的位置，水位测量准确性较高。测尺是专门制作的，高质量的产品可以达到 ±1cm/100m 的准确度（刻度）。定期按规定进行计量或校核后能保证地下水位测值的准确性。测尺的长度基本不受限制，可以用于不同的地下水位埋深变幅。

国内和国外都有这类产品，其技术性、结构都差不多。测尺都是覆盖塑料涂层的钢卷尺，刻度 1mm；水位测锤用不锈钢材质制造，带触点，直径小于 20mm；水位指示用音响、灯光、指针形式，都是直流电池供电，准确度（刻度）能达到 ±2cm/100m 或 ±1cm/100m。有些产品可测井深，可以选配温度传感器测量地下水温。

思考

使用电接触悬锤式水尺测地下水位时，可以从哪些方面保证测量结果的准确性？

（2）地下水位自动监测仪器。能自动测量地下水位的仪器主要有浮子式和压力式两种地下水位计，曾经也应用自动跟踪式悬锤水尺。大口径测井、埋深不大时，可以应用所有类型的地表水位计。

1）浮子式地下水位计。浮子式地下水位计的结构和测地表水位用的浮子式水位计相同。感应水位变化的都是浮子、悬索、水位轮系统，一般也都有平衡锤，或者用自收悬索机构取代平衡锤。早期的长期水位记录用长图纸带划线方式，目前已基本不生产。现在的产品用编码器将水位值编码输出供固态存储记录或遥测传输。一般产品的编码器在地面上，先进产品的整个仪器，包括水位感应、编码器、固态存储、电源等所有部分都悬挂在井中水面上自动工作。

浮子式地下水位计一般都能在 10cm 口径的测井管中工作，有些可装在 5cm 口径的井内工作，水位轮、浮子、平衡锤的直径都很小。小浮子感应水位变化的灵敏度较差。地下水埋深较大，悬索长，也影响水位感应灵敏度。因此，在记录地下水位计的过程中，为了确保准确性，需要注意一些重要细节。首先，为了使编码器的阻力降到最小，应选择阻力较小的编码器型号。此外，还应避免悬索与水位轮之间的滑动现象，以确保测量的准确性。在选择悬索材料时，建议优先考虑使用带有球状钢丝绳或者穿孔带，这些材料具有较好的抓取和稳定性，有助于提高地下水位计的性能表现。为了适用于小口径测井，可以采用自收悬索的方法，而不应使用放入井中的平衡锤。

应用于地表水的浮子式自记水位计可以直接测量井径较大（大于 40cm）、地下水埋深较浅的地下水位。浮子式地下水位计结构简单、可靠，便于操作维护。只要测井口径满足安装要求，可以用于所有地点，水位测量的准确性也较高。水位编码器的性能各异，选用时要注意。地下水埋深较大时，尤其要注意悬索、水位轮的配合，了解和控制可能产生的误差。

思考

浮子式地下水位计测量地下水位的准确性受哪些因素影响？

2）压力式地下水位计。压力式地下水位计的原理结构和测量地表水的压力水位计一致。仪器测量水面以下某一点的静水压力，再根据水体的密度换算得到此测量点以上水位的高度，从而得到水位。水面上承受着大气压力，所以水下测点测到的压力是测量点以上水柱高度形成的水压力与水体表面的大气压力之和。换算成水位高度时应减去大气压力，或者应用补偿方式自动减掉大气压力。在应用的仪器设备中，这一补偿过程是自动进行的。压力式地下水位计包括压力传感器和水位显示记录器、专用电缆、电源等，也可以是一体化的，如图 2.15 所示。

浮子式地下水位计的水位准确性会受小测井的影响，而压力式地下水位计不存在该问题，因此可以用于直径 5cm 的地下水位测井，甚至 10cm 直径的测井。因此可以认为，使用压力式地下水位计对测井口径没有要求，而且基本上可以适用于任何埋深。

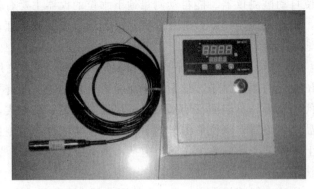

图 2.15　压力式地下水位计

压力式地下水位计测量地下水位过程中的注意点是什么?

3)自动跟踪式悬锤水尺。应用电接触悬锤式水尺时,需要人工下放测锤,观测灯光、音响信号,以判别测锤是否正好接触水面。自动跟踪式悬锤水尺(图 2.16)用电机自动下放测锤,测锤接触水面时,导通信号控制电机停止转动。测尺下放时联动编码器,或者用步进电机下放测尺,测得接触水面时测尺的下放长度。此长度数据编码输出,或由步进电机输出,就能自动测得地下水位。

这类仪器结构较复杂,可动部件较多,可靠性差,水位测量误差也较大。

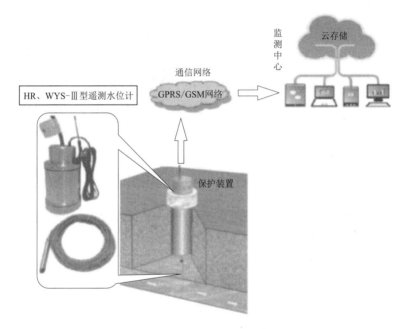

图 2.16　自动跟踪式悬锤水尺

请总结对比上述四种地下水位监测仪器各自的优缺点。谈一谈未来地下水位监测技术的改进方向。

2.1.2.6　国内外地下水位监测仪器的比较

1. 国内外人工观测地下水位仪器的比较

国外大量应用电接触悬锤式水尺人工观测地下水位。国内外均有该类产品,其性能差别不大。

2. 国内外自动监测地下水位计仪器的比较

(1)浮子式地下水位计。国内的此类产品主要是兼用于地表水位测量的仪器。共同特点是浮子较小，直径一般为 6~10cm；另一特点是水位记录装置或编码器体积较大，阻力也偏大，均安装在地面上。大多数产品并不是专门为地下水位测量而设计的，因此还没有设计成能较大范围地应用于各种地下水位测井的水位计。国外产品都是专门设计用于地下水位测量的，其浮子很小，有些产品的浮子连同平衡锤可以安装在 5cm 直径的测井内。典型的产品其编码器和存储记录器是一体化、小型化的，可以吊装在测井内。悬索采用带球钢丝绳，使用标准接口，可以接入自动化系统。

（2）压力式地下水位计。国内有几款专门设计用于地下水位自动测量、非一体化结构的压力式地下水位计产品，可以长期自动测量地下水位，也可以用固态存储方式存储，且都能以标准接口输出接入自动化系统。有的可以自动测量水温，并同时对水位进行修正。水位测量准确性可基本满足规范要求。压力式地下水位计的结构和使用方法如图 2.17 所示。

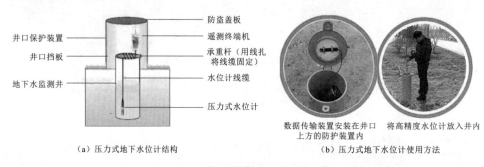

（a）压力式地下水位计结构　　　　　　（b）压力式地下水位计使用方法

图 2.17　压力式地下水位计的结构和使用方法

国外的压力式地下水位计产品种类很多，在国内销售的典型产品各有特点，但它们的综合性能、各项指标都不同程度地超过国产产品。

思考　文中对国内外地下水位监测仪器进行了简单的比较，但随着技术的变革，有些监测仪器现在的劣势可能变成优势。请同学们查阅文献、资料，通过小组研讨的方式，以辩证的思维去总结各类国内外地下水位监测仪器目前的应用情况和未来的技术改进方向。

2.1.3　流速监测

2.1.3.1　流速定义

流速是流体的流动速度。表示流体在单位时间内所经过的距离，通常用横断面平均流速来表示该断面水流的速度。流速的常用单位为 m/s、m/h。渠道和河道里的水流各点的流速是不相同的，靠近河（渠）底、河边处的流速较小，河中心近水面处的流速最大。当流速很小时，流体分层流动，互不混合，称为层流，或称为片流；逐渐增加流速，流体的流线开始出现波浪状的摆动，摆动的频率及振幅随流速的增加而增加，此种流况称为过渡流；当流速增加到很大时，流线不再清楚可辨，流场中有许多小漩涡，称为湍流，又称为乱流、扰流或紊流。

资源 2.2

2.1.3.2　流速仪

用流速仪测流速时，必须在断面上布设测速垂线和测速点，以测量断面面积和流速测流的方法为根据布设垂线。根据测点的繁简程度可分为精测法、常测法和简测法。根据测速方法的不同，又可分为积点法和积深法两种。

2.1.3.3　流速仪的分类

1.转子式流速仪

转子式流速仪是利用水流作用到水中流速仪的迎水面，由于感应元件（转子）的各部分所受水压力不同，产生压力差而使流速仪转子转动。转子的转速与水流速度成正比，测定转子的转速即可推求得水流速度。按转动部分的形状，分为旋杯式流速仪和旋桨式流速仪。

（1）旋杯式流速仪。旋杯式流速仪适用于含沙量较小的河流，转轴是垂直的，结构简单，拆装方便。图2.18为我国水文仪器厂生产的旋杯式流速仪。美国普莱斯流速仪、日本松井式流速仪均属于旋杯式流速仪。旋杯式流速仪主要由4部分组成：

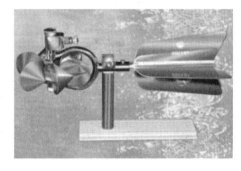

图2.18　旋杯式流速仪

1）感应部分。有6个圆锥形旋杯，对称地固定在旋转盘上，安装在垂直的竖轴上，起感应水流作用。

2）支承系统。将竖轴连同旋杯支承在轭架上，竖轴的下端有一顶窝，其轴承为一顶针，竖轴的全部重量支承在顶针上。由于采用轴尖轴承，故减少了摩擦，能保证转子灵活转动，稳定仪器性能。但由于顶针和顶窝安装在油室内，当油室密封不好时，在含沙量大、流速急的河流中，油室易进水进沙，影响仪器性能。

3）信号系统。原理是电路闭合一次，输出一个电信号。信号系统是依靠一个齿轮与转轴咬合，利用蜗轮蜗杆原理，转轴转动一圈，拨动一齿，在齿轮旁有接触丝，每5转与触点接触一次，输出一个电信号，接触点与仪器外壳相连，接触丝与绝缘接线柱相连，电源线一端接绝缘柱。

4）尾翼。尾翼是一个十字形舵，起确定方向、保持平衡作用。

思考　旋杯式流速仪在测量流速时注意点是什么？

（2）旋桨式流速仪。旋桨式流速仪的旋轴是水平的。旋转轴在球形轴承中转动，比较灵活，有2个桨叶。旋桨式流速仪主要由旋转部件、身架和尾翼组成，如图2.19所示。

1）旋转部件。旋转部件包括螺旋桨、支承系统和信号系统3部分。螺旋桨安装在水平转轴上，桨叶的回旋直径为120mm；支承系统由转轴和轴承组成，并配有防沙管，以防泥沙侵入，转轴固定在身架上不动，桨叶随同轴套一起在转轴上灵活转动；信号系统利用闭合电路原理，轴套内侧有螺纹，螺纹与旋转齿轮啮合，桨叶每转

资源2.3

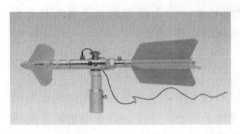

图 2.19 旋桨式流速仪

动 1 周，螺纹拨动 1 齿，旋转齿轮上有 20 个齿，齿轮转动 1 周，电路闭合 1 次，输出 1 个电信号，代表螺旋桨转动 20 转。

2) 身架。身架为支承仪器工作和悬吊设备相连的部件，身架前部与旋转部件的反牙螺丝套合，构成许多曲折通道，形成迷宫，目的在于防止水沙侵入油室。身架中间的垂直孔供安装转轴使用，上部有 2 个接线柱，供连接导线，后部有安装尾翼的插孔。

3) 尾翼。尾翼是一个水平舵，垂直安装在身架上，作用是确定方向和保持仪器平衡。

思考

旋桨式流速仪的关键技术是什么？

2. 非转子式流速仪

非转子式流速仪是利用声、光、力、电、磁作用于水流的效应测定水流通过的速度，按感应部分的工作原理可分为超声波流速仪、电波流速仪、电磁流速仪、激光流速仪等。

（1）超声波流速仪。利用超声波在水中的传播特性来测定流速的仪器，称为超声波流速仪，如图 2.20 所示。超声波测速的主要方法是时差法和多普勒法。

思考

超声波流速仪的适用条件是什么？

（2）电波流速仪。电波流速仪也是一种利用多普勒原理的测速仪器，可以称为微波多普勒测速仪，如图 2.21 所示。电波流速仪使用的电磁波频率高，达 10GHz，属

图 2.20 超声波流速仪

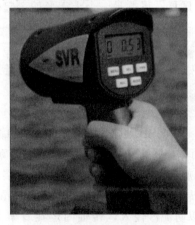

图 2.21 电波流速仪

于微波波段，可以很好地在空气中传播，衰减较小。因此，使用电波流速仪测量流速时，仪器不必接触水即可测得水面流速，属非接触式测量，适合桥测、巡测。

思考　　　电波流速仪的关键技术是什么？

（3）电磁流速仪。地球存在着地磁场，水流也是导体，它在地磁场内流动，符合法拉第定律中导线切割磁力线会产生电动势的原理，测出电动势，可以计算出流速。实际上地磁场太弱，要用人工制造出一个磁场，使河流处在这一个磁场范围内，就可以测得较大的电动势，再计算出河流中的平均流速。这样的仪器必须放入水中，测速精度比转子式流速仪低，价格也很高，所以天然河流的测速都不使用电磁流速仪（图2.22）。

思考　　　电磁流速仪的关键技术是什么？

（4）激光流速仪。这种仪器可以利用光学观察成像的方法，观察流动的水面，测出流速（图2.23）。

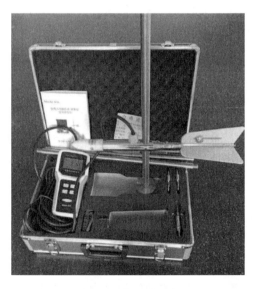

图 2.22　电磁流速仪

图 2.23　激光流速仪

激光流速仪的测速原理和电波流速仪类似，它的测量部分不接触水体。如果水是较透明的，激光流速仪可以测得水中某一点的流速。激光流速仪主要用于实验室中水力试验的水流速度测量。它测速快，测量精度很高，可以测得速度分布，数据也全部自动化处理，但它的价格非常昂贵，不是水文测站所能承受的，一般也不用于天然河流的测速。

请查阅国内外流速监测设备的知名公司，并谈一谈未来流速监测技术的改进方向。

学习拓展

2.1.4　流量监测

2.1.4.1　概述

流量是单位时间内流过江河某一横断面的水量，常用单位为 m^3/s。流量是根据河流水情变化的特点，在水文站上用适当测流方法进行流量测验取得实测数据，经过分析、计算和整理而得的重要水情信息。

流量是反映水资源和江河、湖泊、水库等水体水量变化的基本数据，也是河流最重要的水文特征值。主要用于研究掌握江河流量变化的规律。

选择测量测定地点时，要认真考虑以下几个条件，并尽可能选择那些符合条件的地点作为测定点。

（1）在测定地点的上下游至少要有一段相当于河面宽度几倍距离的直流部分，且不是形成堆积和冲刷的地点。

（2）河床状况必须良好，应避免选择形状明显不规则的河床和多岩石的地方。

（3）具有足够的水深和流量。为了把流速计带来的水流紊乱影响降到最小，最好选择那些水深和宽度至少相当于流速计旋转直径 8 倍的地点。

（4）在测定点上的水流横断面与其上下游的水流横断面之间不应有很大的差异。

（5）无桥梁和其他建筑物的影响，且没有漩涡或逆流。

（6）选择对测定作业没有明显危险的地方。

一般情况下，流速约为 22m/s 的河流最大流量的测定误差为 2.3%。缩小误差的关键性因素是测定横断面的选定问题。在测定流速时，要把流速计沉降到指定深度，且把流速计置于正对水流方向进行测定。

2.1.4.2　测流方法分类

测流方法很多，按其工作原理，可分为下列几种类型。

1. 流速面积法

通过实测断面上的流速和水道断面面积来推求流量，是目前国内外广泛使用的主要方法。其特点是按一定原则，沿河宽取若干垂线，将过水断面划分为若干部分，在各垂线上测流速，计算垂线平均流速，再与部分面积相乘得部分流量。各部分流量之和即全断面流量。

根据测定平均流速的方法不同，又可分为积点法、积分法和浮标法。

（1）积点法是将流速仪停留在垂线的预定点上，进行逐点测速的方法，是目前检验其他方法测验精度的基本方法。

（2）积分法是流速仪以运动的方式测取垂线或断面平均流速的测速方法。根据流速仪运动形式的不同，可分为积深法、积宽法和动船法等。

1）积深法测速是将仪器以某一固定速度沿垂线均匀移动（从河面到河底，或从河底至水面）测取平均流速，由于积深法具有快速简便、精度优良等优点，国内已据此得出不少研究成果。

2）积宽法测速是将流速仪放在预定的水深位置，沿断面线等移动，连线进行全断面测速。

3）动船法测速是将一特制的能读瞬时流速的流速仪置于船头定水深 0.4～1.2m 处，测船沿着预定航线横渡河而进行测量的方法。此法适用于大江大河（河宽大于 300m 水深大于 2m）的流量测验，特别适用于不稳定流的河口河段、洪水泛滥期，以及巡测或临测、水资源调查、河床演变观测中汊道河段分流比的流量测验。

（3）浮标法是利用水上标志物显示流速的测流方法，按形状浮标分为双浮标、浮杆、积深浮标、水面浮标等。

思考

流速面积法中不同测量方法各自的适用条件和优缺点是什么？

2. 水力学测流法

测量水力因素，代入适当的水力学公式算出流量的方法，称为水力学测流法。

在明渠或天然河道上专门修建的测量流量的水工建筑物叫测流建筑物。它是通过实验按水力学原理设计的，建筑物尺寸要求准确，工艺要求严格，因此系数稳定，测量精度高。通过建筑物控制断面的流量，是堰上水头和率定系数的函数，率定系数与控制断面形状、大小及行近水槽的水力特征有关，可通过模型试验对比求出。因此只要测得堰上水头，即可求得所需流量。测流建筑物的形式很多，概括分为两类：一类为测流堰，包括薄壁堰、三角形剖面堰、宽顶堰等；另一类为测流槽，包括文德里槽、驻波水槽、自由溢流槽等。

河流上各种形式的水工建筑物，如堰闸、涵管、水电站和抽水站等，它们不但是控制与调节江湖水量的水工建筑物，也是用作水文测验的测流建筑物。只要合理选择有关水力学公式和参数，已知水位即可求得过闸流量。

比降面积法通过测量上下两水尺的水位求出比降，选用水力学公式算出流速，如已知断面面积即可求得流量。由于糙率不易选准确，所以这种方法一般只用作调查估算。

思考

水力学法中不同测量方法各自的适用条件和优缺点是什么？

3. 化学法

化学法又叫稀释法、溶液法、混合法及离子法等。将一定浓度已知量的指示剂注入河水中，由于扩散稀释后的浓度与水流的流量成反比，所以测定水中指示剂的浓度，就可算出流量。

化学法适用于乱石壅塞、水流湍急，不能用流速仪测流的地方，而且不需测断面面积，仅观测水位即可。化学法所用溶液指示剂主要有重铬酸钾、同位素、食盐、颜色染料、荧光染料等。

思考

化学法测流量需要注意哪些问题？

4. 物理法

物理法是利用某种物理量在水中的变化来测定流速。归纳起来可分为声学多普勒流速剖面仪流量测验方法、电磁法及光学法三大类型。

声学多普勒流速剖面仪（acoustic doppler current profiler，ADCP）是一种利用声学多普勒原理测量水流速度剖面的仪器。整个测量系统包括三个主要部分：①ADCP；②电脑；③数据采集软件。ADCP 通过跟踪水体中颗粒物的运动（称为"水跟踪"），所测量的速度是水流相对于 ADCP（即 ADCP 安装平台）的速度。在进行流量测量作业中，ADCP 实时测出水体相对于作业船的速度和作业船相对于河底的速度（即船速）。水体的真实流速则由相对速度减去船速（矢量差）来得到。ADCP 同时还测出水深（类似于声呐测深）。这些数据（包括流速、船速、水深等）由电脑在系统操作软件控制下实时采集处理，并实时计算每一微断面的流量，当作业船沿某断面从河一侧驶至另一侧时，即可得到河流流量。它比传统的河流流量测量方法的效率提高几十倍，标志着河流流量测量的现代化。

电磁法测流是在河底安设若干个线圈（或铺设电缆），线圈通入电流后即产生磁场。磁力线与水流方向垂直。当河水流过线圈，就是运动着的导电体切割与之垂直的磁力线，会产生电动势，其值与水流速度成正比。只要测得两极的电位差，就可以求得断面平均流速。

光学法测流目前有两种类型：一种是利用频闪效应，另一种是用激光多普勒效应。频闪效应是在高处用特制望远镜观测水的流动，调节电机转速，使反光镜移动速度和水流速度趋于同步，镜中观测的水面波动逐渐减弱，当水面呈静止状态时，即在转速计上读出摆动镜的角度。如仪器光学轴至水面的垂直距离已知，用三角关系即可算得流速数值。激光多普勒效应是将激光射向所测范围，经水中细弱质点散射形成低强信号，通过光学系统装置来检测散光，可得到两个多普勒信号，从而可推算流速。

思考

　　声学多普勒流速剖面仪、电磁法及光学法三种不同流量测量方法各自的适用条件和优缺点是什么？

2.1.4.3　流速仪法和 ADCP 流量测验方法的分析比较

1. 流速仪测流原理

流速仪测量河渠流量是利用面积-流速法，即用流速仪分别测出若干部分面积垂直于过水断面的部分平均流速，然后乘以部分过水面积，求得部分流量，再计算其代数，得出断面流量。

从水力学的紊流理论和流速分布理论可知，每条垂线上不同位置的流速大小不一，而且同一个点的流速具有脉动现象。所以用流速仪测量流速，一般要测算出点流速的时间平均值和流速断面的空间平均值，即通常说的测点时均流速、垂线平均流速和部分平均流速。

将流速仪放在测速垂线的测点上，记录流速仪旋转器总转数和测速历时，代入式(2.1) 计算点流速。

其中

$$V=Kn+C \tag{2.4}$$
$$n=N/T$$

式中：V 为点流速，m/s；K、C 为常数，可通过对仪器的检定求得；n 为流速仪转速；N 为旋转器总转数；T 为测速历时，s。

思考

　　流速仪测流的关键技术是什么？

2. 流速仪测流基本方法

在不同情况或要求下，流速仪测流可采用不同的方法。

(1) 根据垂线数目、测点多少、繁易程度分类。

1) 精测法。精测法是在断面上用较多的垂线，垂线上布置较多的测点，且使用消除脉动影响的测量方法测点流速，用以研究各级水位下测流断面的水流规律，为精简测流工作提供依据。

2) 常测法。常测法是在保证一定精度的前提下，在较少的垂线、测点上测速的一种方法。此法一般以精测资料为依据，经过精简分析，精度达到要求时，即可作为经常性的测流方法。

3) 简测法。简测法是在保证一定精度的前提下，经过精简分析，用尽可能少的垂线、测点测速的方法。例如在水流平缓、断面稳定的渠道上可选用单线法。

（2）根据测速方法的不同分类。

1）积点法。指在断面的各条垂线上将流速仪放在不同水深点处逐点测速，然后计算流速和流量。测速垂线上测速点的数目视流量精度的要求、水深及悬吊流速仪的方式等情况而定。测速点的数目越少，流速测验误差越大。按测速点的不同，有十一点法、六点法、五点法、三点法、二点法和一点法。

2）积深法。流速仪在垂线上均匀升降进而测定流速。

3）积宽法。将一架特制的一转多信号旋桨流速仪固定在水下某深度，沿测流横断面匀速移动进行连续施测流速。

3. ADCP 方法与传统流速仪法的不同

（1）传统流速仪法是静态方法，流速仪是固定的；ADCP 方法是动态方法，在测量船运动过程中进行测量。

（2）传统流速仪法要求测流断面垂直于河岸；ADCP 方法不要求测流断面垂直于河岸，测船航行的轨迹可以是斜线或曲线，大大方便了施测作业。

（3）一般一个河流断面只设 5～7 个测点，每个测点测 3～5 个不同深度的流速。常规流速仪是单点式测量仪器，无论是用什么原理测流，当它被布放在某一深度层时，都只能测出该层的流速；而 ADCP 在船只航行过程中的采样率很高，即可以测到非常多的"测点"，而在每个测点上可以测到几十个不同深度流速值，实际上它是用积分的方法求出的，因此在数据质量上有了很大的提高。

（4）传统的河流测量一直沿用测深杆测深、六分仪（或起点距标志牌）定位、流速仪（或浮标）测速的方法。手工计算费工费时且效率低；而 ADCP 测流突破了传统的以机械转动为基础的转子式传感流速仪的局限性，具有可直接测出断面流速、不扰动流场、测验历时短、测速快、范围大等优点。

思考

流速仪测流与 ADCP 测流各自的适用条件和优缺点是什么？

2.1.4.4　流量监测的工作内容

测流工作尽管方法繁多，但内容上基本一致，现以流速仪测流工作为例进行介绍。

（1）准备工作，测流前除对仪器测具进行检查准备外，还应对水情和本测次的要求有所了解，以便正确决定测量方法和相应措施，从而做到方法正确、测量及时、精度可靠。

（2）水位观测。除测流开始和终了观测外，在水位涨落急剧时，应根据计算相应水位的需要增加测次。

（3）水道断面测量。包括各测线及两岸水边起点距的测量，各垂线水深的测量。当悬索偏角大于 10°时，要测量悬索偏角。

（4）流速测量。在各垂线上测量所需的各点流速，如流向与断面垂直线的偏角大于 10°时，应测量流向。

（5）现场检查。测验时对水深、流速纵横向分布逐线逐点作合理性检查，这是保证成果精度的重要一环。

（6）计算、整理。测量成果要现场计算，及时整理，并作综合合理检查，评定精度。

2.1.5 水质监测

水质监测是监视和测定水体中污染物的种类、各类污染物的浓度及变化趋势，评价水质状况的过程。监测范围十分广泛，包括未被污染和已受污染的天然水（江、河、湖、海和地下水）及各种各样的工业排水等。主要监测项目可分为两大类：一类是反映水质状况的综合指标，如温度、色度、浊度、pH 值、电导率、悬浮物、溶解氧、化学需氧量和生化需氧量等；另一类是一些有毒物质，如酚、氰、砷、铅、铬、镉、汞和有机农药等。为客观地评价江河和海洋水质的状况，除上述监测项目外，有时需进行流速和流量的测定。

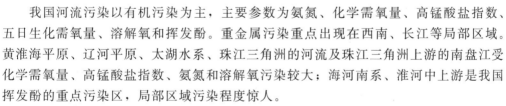

 思考　书中给出了部分水质指标，请大家思考，这些指标有没有可能进一步延伸，为什么？

2.1.5.1 地表水水质监测

我国点源污染不断加剧，非点源污染日趋严重，对水资源安全构成了严重的威胁。随着经济社会的发展，人类活动程度的加深和范围的扩大，非点源污染的影响日趋严重，总磷、总氮入河量的贡献率均超过了 60%。化学需氧量和氨氮入河量，全国仍以点源为主，但非点源贡献亦已经上升到 40% 左右，致使全国地表水水质汛期状况稍差于非汛期，个别区域，如松花江区，汛期水质状况远差于非汛期。

资源 2.4

我国河流污染以有机污染为主，主要参数为氨氮、化学需氧量、高锰酸盐指数、五日生化需氧量、溶解氧和挥发酚。重金属污染重点出现在西南、长江等局部区域。黄淮海平原、辽河平原、太湖水系、珠江三角洲的河流及珠江三角洲上游的南盘江受化学需氧量、高锰酸盐指数、氨氮和溶解氧污染较大；海河南系、淮河中上游是我国挥发酚的重点污染区，局部区域污染程度惊人。

资源 2.5

我国湖泊水库富营养化严重，严重威胁到供水安全和渔业生产，同时也严重削弱了景观娱乐功能的发挥。

我国江河湖库底质污染严重，重金属污染率高达 81%，总磷轻度及重度污染断面比例为 12.5%，总氮轻度及重度污染断面比例为 16.7%。底质污染控制已经成为点源、面源之外的又一必须关注的问题，应作出防患预案。

饮水水质直接关系人民的身体健康，也是反映一个国家文明程度的重要指标之一。我国饮用水水源地合格比例为 75.3%，部分经济水平较高、人口密度较大的区域水源地合格率较差，这与我国不断提高的人民生活水平对饮用水安全的要求还存在差距，是区域全面可持续发展的制约因素之一。

具有"三致"效应及干扰内分泌作用的有毒有机化合物已影响我国重要水源地水

质安全，严重威胁人民身体健康，常规处理办法难于去除。危害极大的有毒有机物污染必须引起有关部门的高度重视，并尽快在全国组织更全面、系统的监测调查和研究，以便及时制定防患对策。

我国水功能区达标状况不容乐观，部分水功能区已经丧失了其使用功能。我国水功能区现状水质与目标水质类别差 1 个级别，其中保护区、保留区和饮用水源区水质相对较好，以 Ⅱ 类为主，与水质目标差距最小，缓冲区、景观娱乐用水区现状水质与目标水质差距最大。

我国水功能区纳污能力与入河量的空间分异加剧了水环境状况的恶化，部分水功能区不堪重负，是类似"三江三湖"等严重污染区水质状况恶劣的主要原因。

水质趋势分析成果表明，部分项目的污染已经得到控制，但地表水资源质量总体在下降，水环境污染势头未能有效遏制，情势严峻。

1. 监测方法

水环境监测方法可以归为三类：①自动监测，执行我国生态环境部、美国环境保护署和欧盟认可的仪器分析方法，并按照我国生态环境部批准的水质自动监测技术规范进行；②常规监测，执行地表水环境质量标准中规定的标准分析方法；③应急监测，凡有国家认可标准方法的项目，必须采用标准方法，没有标准方法的项目应采用等效方法进行测定。

在水环境监测领域，针对不同的流域和管理需要一般采取两种监测方式：水质自动监测和常规监测，并将两种监测方式有机地结合起来。水质自动监测系统一方面保留了传统的自动仪器监测方式的优点，能连续、实时地对水质进行监测，节省大量的人力和时间，监测数据的偶然误差小，水环境受到污染时能及时报警。另一方面还发展了一些新的自动监测方法，如瑞典对海洋采用生物自动监测方式、利用雷达对海域的溢油进行实时监测等。但是占主导地位的监测方式仍然是常规监测。它能够克服自动监测的许多局限性，比如一次性投资大、能监测的指标少，主要以综合性指标为主，无法解决很多单项指标特别是有机污染物的监测问题。

2. 监测技术

当前，我国水环境水质监测技术取得了较快速度的发展，当前我国水质监测技术主要以理化监测技术为主，包括化学法、电化学法、原子吸收分光光度法、离子选择电极法、离子色谱法、气相色谱法、等离子体发射光谱（ICP - AES）法等。离子选择电极法（定性、定量）和化学法（重量法、容量滴定法和分光光度法）在国内外水质常规监测中仍被普遍采用。近几年来生物监测、遥感监测技术也被应用到了水质监测中。

（1）传统理化监测。在地表水水质监测中，由于监测仪器比较简单，因此，物理监测指标数据往往比较容易获得。常用的物理指标监测仪器有测定水浊度的浊度仪、测定色度所用的滤光光度计、测定电导率用电导率仪等，目前还有多功能的水质监测仪实现了同时测定多项物理指标的效果。

化学指标的监测是地表水监测的重点，随着国家对有毒有机物污染监测的重视，在仪器的引进及研发方面取得了一定的进步。一些监测站已经引进了大中型实验室监测仪，可现场监测 Zn、Fe、Pb、Cd、Hg、Mn 等重金属及卤族元素、铵态氮、亚硝态氮、氰化物、酚类、阴离子洗涤剂及 Se 等物质。

（2）生物监测。生物监测是水环境污染监测方法之一，它是利用生物个体、种群或群落对环境污染变化所产生的反应阐明环境的污染状况，具有敏感性、富集性、长期性和综合性等特点。目前在实际监测中已经应用的生物监测方法主要包括生物指数法、种类多样性指数法、微型生物群落监测方法、生物毒性试验、生物残毒测定、生态毒理学方法等，涉及的水生生物涵盖单细胞藻类、原生生物、底栖生物、鱼类和两栖类。

（3）遥感监测。内陆水体水质遥感监测是基于经验、统计分析或水质参数的光谱特性，选择遥感波段数据与地面实测水质参数数据进行数学分析，建立水质参数反演算法实现的。水质遥感监测方法可以反映水质在空间和时间上的分布情况和变化，发现一些常规方法难以揭示的污染源和污染物迁徙特征，而且具有监测范围广、速度快、成本低和便于长期动态监测的优势。

思考
　　书中介绍了主要的地表水水质监测技术和指标，你认为未来还有可能增加哪些监测指标？会有哪些新的监测技术？为什么？

2.1.5.2　地下水水化学监测

对地下水进行水化学监测是为了查明地下水水化学成分状况，掌握地下水水化学成分的变化趋势。为及时了解地下水水质状况，要定期进行地下水监测，防止地下水水质污染。

1. 地下水监测点网的布置原则

监测点网的布置应根据水文地质条件、地下水开发利用状况、污染源分布等环境因素综合考虑。只有在地下水污染调查的基础上，才能很好地布置监测点网。监测点网的布置应采取点面结合的方法，抓住重点，并对区域情况做适当控制。

按地下水观测网的用途可分为基本观测网和专用观测网。前者是掌握区域性大面积地下水在开发利用前后和开采过程中年内年际的动态变化规律和发展趋势，为区域性水资源统一规划、地下水资源评价、合理开发利用及地下水资源管理等提供依据；后者主要是为水源地和其他专门问题而布设的。

监测对象主要是排放量大危害性大的污染源、重污染区重要的供水水源地等观测点，布置方法主要应根据污染物在地下水中的扩散形式来确定。

地下水的供水水源地必须布设 $1\sim2$ 个监测点。当水源地面积大于 $5km^2$ 时，应适当增加监测点，如在水源分布区每 $5\sim10km$ 布设 1 个监测点。

对于点状污染源，可自排污点由密而疏布点，以控制污染带长度和观测污染物弥散速度。对线状污染源，基本未污染的地段可设 1 个断面或 1 个监测点以对面状污染源进行监测，可用网格法均匀布置监测点线。对不同类型的地下水或不同含水层组，应分别设置监测点。监测井孔最好选择常年使用的生产井，以确保水样能代表含水层真实的化学成分。

2. 水样的采集

在经常开采的井中采样时,必须进行抽水,待井中积水排除后再采样。地下水应考虑在不同类型、不同含水层及多层含水层分别取样,同一含水层厚度较大时应沿不同深度分段取样。地下水取样点密度取决于调查区水文地质条件的复杂程度、要求详细程度以及污染情况,目前尚无具体标准,可视具体情况而定。

水样的采集和保管方法尤为重要。正确的采样和保存水样,使样品保持各种物质原成分,是保证分析化验结果符合实际情况的重要环节。所采集样品不但要求有代表性,而且还要求样品在保存和运输期间不致有所变化,以免造成不客观的分析结果。

3. 地下水水化学成分

(1) 气体成分。地下水中常见的气体成分为 O_2、N_2、CO_2、CH_4 及 H_2S 等,以前 3 种为主。通常,地下水中气体含量不高,每升水中只有几毫克到几十毫克,但有重要意义。一方面,气体成分能够说明地下水所处的地球化学环境;另一方面,有些气体会增加地下水溶解某些矿物组分的能力。

(2) 主要离子成分。地下水中分布最广、含量较多的离子共 7 种,即氯离子(Cl^-)、硫酸根离子(SO_4^{2-})、重碳酸根离子(HCO_3^-)、钠离子(Na^+)、钾离子(K^+)、钙离子(Ca^{2+})及镁离子(Mg^{2+})。构成这些离子的元素,或是地壳中含量较高且较易溶于水的元素(如 O_2、Ca、Mg、Na、K),或是地壳中含量虽不很大,但极易溶于水的元素(如 Cl、以 SO_4^{2-} 形式出现的 S)。地壳中含量很高的 Si、Al、Fe 等元素,由于难溶于水,地下水中含量通常不大。

(3) 同位素组分。具有相同质子数、不同中子数的同一元素的不同核素,互为同位素(isotope)。地下水中存在多种同位素,最有意义的是氢(^1H、^2H、^3H)、氧(^{16}O、^{17}O、^{18}O)、碳(^{12}C、^{13}C、^{14}C)。同位素方法发展十分迅速,已经成为水文地质学不可缺少的技术手段。

(4) 其他组分。除了以上主要离子成分外,地下水还有一些次要离子,如 H^+、Fe^{2+}、Fe^{3+}、Mn^{2+}、NH_4^+、OH^-、NO_3^-、CO_3^{2-}、SiO_3^{2-} 及 PO_4^{3-} 等。地下水中的微量组分有 Br、I、F、Ba、Li、Sr、Se、Co、Mo、Cu、Pb、Zn、B、As 等。微量元素除了说明地下水来源外,其含量过高或过低,都会影响人体健康。

(5) 以未离解的化合物构成的胶体。主要有 $Fe(OH)_3$、$Al(OH)_3$、H_2SiO_3 以及有机化合物等。此类化合物难以分解为离子形式,以胶体形式存在于地下水中。胶体具有较大的比表面积,可以吸附细菌及有机物等,携带后者一起随水运移。

4. 地下水水化学分析方法

(1) 简分析。简分析用于了解区域地下水的化学成分的概貌。分析项目少但要求快且及时。分析项目除物理性质(温度、颜色、透明度、嗅味、味道等)外,还应定量分析以下各项:pH 值、游离二氧化碳、Cl^-、SO_4^{2-}、HCO_3^-、CO_3^{2-}、OH^-、K^+、Ca^{2+}、Mg^{2+}、总硬度及溶解性固体总量等。通过计算求得水中各主要离子含量及总矿化度,必要时还可对 NO_3^-、NH_4^+、Fe^{2+}、Fe^{3+}、H_2S 做定性分析。简分析适用于初步了解大面积范围内各含水层中地下水的主要化学成分及水质是否适于生活饮用。

(2) 全分析。全分析项目多，要求精度高。通常在简分析的基础上选择有代表性的水样进行全分析，以较全面地了解地下水水化学成分。其测定项目除简分析项目外，另增加 NH_4^+、Fe（Fe^{2+}、Fe^{3+}）、NO_3^-、F^-、PO_4^{3-}、H_2SiO_3、CO_2、H_2S、化学需氧量、悬浮物、灼烧残渣、灼烧减量等项目，上述项目按实际任务可略有增减。

5. 地下水水化学监测方法

(1) 滴定法。通过滴定法对水质检验的方法应用非常广泛，主要是利用化学反应生成沉淀、有颜色的新物质或是生成的新物质可以与另一种指示性物质发生化学反应呈现出颜色变化的原理，在样品中滴入某种特定物质，直到样品产生沉淀或颜色变化才停止滴入，最后通过测量并计算滴入物质量的变化计算出样品中某种或某些特定物质的含量的一种水质监测的方法。目前，实验室常采用的滴定方法是人工滴定法，这种方法因操作简单、实用性强、检测代价小而被广泛应用。应用滴定法可主要检测出地下水中的 Ca^{2+}、Mg^{2+}、Fe^{2+}、Cu^{2+} 等离子物质和其他一些胶体物质。

(2) 离子选择电极法。氟是一种极其活跃的非金属元素，在自然界的分布非常广泛，且多以氟化物（包括金属氟化物和氟化氢等）形式存在。氟化物是一种对动植物和人类健康有着严重危害的物质，广泛地存在于钢铁厂、磷肥厂、电解铝厂、玻璃陶瓷厂及氟塑料生产厂附近的水和空气中，对环境和水源造成严重的污染。

目前对于地下水中氟化物含量检测最有效和最常用的方法是离子选择电极法。其原理是：将氟化镧单晶封在塑料管的一端，管内装特定浓度的 NaF 和 NaCl 溶液，并以 Ag-AgCl 电极为参比电极，构成氟离子选择电极。实际操作中，用氟离子选择电极测定水样中氟化物的含量时，指示电极用氟离子选择电极来充当，而参比电极则需用饱和甘汞电极。研究发现，电极电动势与样品中氟离子活度的对数成正相关关系，从而可以利用能斯特方程式来计算并测定水样中的氟化物含量。

(3) 极谱法。在电解过程中，常常可以得到的极化电极的电流-电位（或电位-时间）曲线，极谱法就是利用这条曲线并结合数学计算来确定溶液中被测物质浓度的一类电化学分析方法。它是捷克化学家 J. 海洛夫斯基在 1922 年首次提出，应用非常广泛并有着明显的检测优势。这种方法可用来检测地下水样中 Cu、Pb、Cd、Zn、W、Mo、V、Se、Te 等金属物质和包括羰基、亚硝基、有机卤化物等在内的有机物，而且可测定的组分含量范围宽、准确度高、重现性好、选择性好，并可实现连续测定。

(4) 气相或液相色谱法。色谱法又称色层法或层析法，是一种物理化学分析方法。它是利用样品中不同溶质与样品中固定相和流动相间的包括分配力、吸附力、离子交换在内的作用力的差别，使样品中各个溶质相互分离的一种物理化学方法。在色谱法中，由于流动相可以是气体，也可以是液体，因而根据流动相分为气相色谱法（gas chromatography，GC）和液相色谱法（liquid chromatography，LC）。在利用色谱法检验地下水水质时，通常是在各溶质相互分离后测得各溶质的含量。这种方法因高速高效、灵敏度高和准确性好而被广泛应用。

地下水水化学监测对于安全、科学、合理地可持续利用地下水有着重要的意义。当然在实际情况中，一定要根据需要和当地水况合理地选用监测方法，既要做到准确可靠，又要保证快捷高效。

思考　　书中介绍了主要的地下水水化学监测技术和指标，你认为未来还有可能增加哪些监测指标？会有哪些新的监测技术？为什么？

2.1.6　洪水跟踪监测技术

洪水跟踪监测的目的是防止洪水对环境造成较大危害，通过设置水情站等方法，实时提供河流、湖泊、水库或其他水体的水情、雨情等实测要素的过程。

2.1.6.1　洪水灾害的监测

洪水灾害是指洪水给人类正常生活、生产活动带来的损失和祸患，简称洪灾。洪水灾害是一种骤发性的自然灾害，短者数日，最长者也仅 1～2 个月。从灾害发生的过程看，洪水灾害的监测可分为灾前的孕灾环境监测、灾中灾情监测和灾后监测三种。灾前的孕灾环境监测包括雨情、水情及工情的监测，主要服务于灾害预测预报；灾中灾情监测侧重于洪灾淹没范围、险情严重程度等监测，主要服务于抗灾抢险；灾后监测偏重于灾后环境破坏及其影响监测，主要服务于救灾与家园重建规划。

2.1.6.2　洪水灾害特征

为了能有效地监测和评估洪水灾害，这里从洪灾的自然特征、社会经济特征和生态环境影响特征三方面进行阐述。洪水灾害特征与技术指标见表 2.1。

1. 自然特征

洪水灾害的自然特征偏重于从洪水角度来分析。洪水淹没范围、淹没历时和水深是描述某一场洪灾自然特征的最基本要素，综合地反映洪灾的严重程度。另外，洪水冲击力场可用于刻划洪水的摧毁力，常由数值模拟计算分析得

表 2.1　　洪水灾害特征与技术指标

洪水灾害特征	技术指标
自然特征	洪水淹没范围、淹没历时和水深
社会经济特征	直接经济与间接经济损失
生态环境影响特征	水源污染与区域性传染病

出。洪水频率和洪灾风险常用于刻划某一区域洪灾发生的总体趋势及其空间分布状况，多根据历史资料的分析而计算得出，并用于区域规划。洪水最高水位、警戒水位等常用于描述河道洪水的严重性。

2. 社会经济特征

水灾害是造成人民生命伤亡、财产损失的主要自然灾害，影响人口数及伤亡人口数是其中最重要的描述特征指标，直接经济损失和间接经济损失则是刻划其经济影响最常用的指标，包括以物或货币计量的不同方式。当信息不完整时，可借助于淹没区居民地识别，通过间接相关分析，推算影响人口、倒塌房屋等，从而估算出可能造成的经济损失。

3. 生态环境影响特征

洪灾对人类生存环境的影响及破坏是巨大的，强烈的冲刷与淤积破坏了原河道、湖泊的平衡。另外，随洪水而来的杂物、污染物等引起水质变坏、产生水域性传染病等，目前对这方面研究还比较少，而且对其进行监测将是一个长期的过程。

除了上述三种特征之外，请尝试总结洪水灾害的其他特征和描述的角度。

2.1.6.3 几种不同的洪水跟踪监测技术

1. 基于 NOAA/AVHRR 影像的洪灾监测

利用 NOAA 气象卫星监测洪涝灾害在国内外已开展了大量研究与应用，研究方法也不断深入。利用三通道彩色合成图像目视解译分析洪水动态变化，利用二通道图像提取洪灾信息，利用通道提取亮度来识别水体，并对洪水进行昼夜监测，利用洪灾光谱模型自动提取淹没范围等。

气象卫星虽然不能穿透云层观测，但由于两颗 NOAA 卫星每天可在不同时间过境四次，周期短，可能避开云层，大大提高了无云观测的可能性，而且利用其热红外通道可昼夜监测洪涝。总之，气象卫星时间分辨率高、成像范围大等特征使其成为大范围洪涝动态监测的重要手段。AVHRR 的主要通道见表 2.2。

表 2.2 AVHRR 的主要通道

通道	波长范围/μm	对应波段	地面分辨率（星下电）/km
AVHRR-1	0.55~0.68	绿~红	1.1
AVHRR-2	0.725~1.1	近红外	1.1
AVHRR-3	3.55~3.93	热红外	1.1
AVHRR-4	10.5~11.3	热红外	1.1
AVHRR-5	11.5~12.5	热红外	1.1

基于 NOAA/AVHRR 影像的洪灾监测关键难点是什么？

2. 基于 Landsat TM 影像的洪灾监测

基于 Landsat TM 影像的洪灾监测的优点主要有：高空间分辨率、多波段的 Landsat TM 影像，其 1、2 波段对水体有一定的穿透性，有助于探测水层深浅和划分混浊的洪水与清澈的自然水体；而位于中红外的第 5、7 波段，反映水体和水陆边界特别敏锐，因此 TM 对洪水灾情的监测和分析特别有效。

资源 2.6

基于 Landsat TM 影像的洪灾监测的缺点主要有：由于资源卫星轨道重复周期长，难以掌握洪灾的动态信息，不能获得有关洪灾的直接信息，加上 TM 无微波通道，不能穿透云雨，在雨季很难得到清晰可用的影像。因此很难依靠 TM 遥感数据掌握实时的洪灾信息，而要合理地利用 TM 影像监测洪水灾害，建立各种反演模型，实现洪灾的遥感评估。

（1）洪灾参数的提取。充分利用 TM 影像中丰富信息，不仅能提取洪灾影响范围，而且应该建立反演模型计算洪水淹没深度和淹没历时。借助于 TM 影像对植被生长状况的反应，间接评价洪水严重程度，建立洪灾灾情与相应 TM 数据相关关系，为洪水灾情的遥感分析提供数学基础。例如，利用 K－T 变换反映地面湿度信息、绿度指标等，建立重灾区、中等灾区、轻灾区、无灾区等划分模型。

（2）专题信息提取。多波段的 TM 影像常用于本底情况分析，所以研究区内 TM 影像分类的好坏是信息评估的关键，尤其是通过遥感获取的灾情评估模型所需的输入参数。灾情分析本身具有社会经济特征，要求提取的专题信息与人类的活动息息相关，如居民地的提取、重点设施的提取及土地利用分类等。而影像反映的信息更多是地表自然状况，所以需要从分类体系到方法进行一定的转变才能符合实际的要求。

思考　　基于 Landsat TM 影像的洪灾监测关键难点是什么？

3. 雷达遥感的洪灾监测

资源 2.7

（1）星载雷达遥感的洪灾监测。利用星载雷达遥感数据监测洪水灾害已有许多成功案例，加拿大利用 Radarsat 资料成功地监测了发生在圣·劳伦斯河流域的洪灾；我国也曾利用 JERS－1 监测了海河流域，利用 ERS－1/2 和 Radarsat 监测 1998 年发生在长江和嫩江流域的洪灾。

星载雷达遥感的洪灾监测的缺点主要有：由于 SAR 成像机理不同于光学遥感，SAR 影像的处理和专题信息提取等方面还有待完善。

1）影像预处理。雷达影像对地物纹理的反映更为细密，层次更丰富，但是一些雷达信号对于解译起干扰作用，表现为"噪声"。例如，水体在可见光多光谱图像多波段都显示深色调，而雷达影像可显示为白、灰白或暗黑等。因此在进行图像应用时，应选择较合适方法，对雷达影像进行预处理。如天线方向图校正、斑点噪声的滤波、依靠斑点相关的变化检测等。

2）地形影响的消除。地形起伏对 SAR 影像影响较大，从其产生的阴影及波谱特征看，和水体极为相似，从而增加了自动识别水体的难度。同时地形带来 SAR 的影像畸变，为几何校正带来困难。

3）水体专题信息提取的智能化。由于斑点噪声的存在和图像特征的复杂，雷达图像的分类及专题信息提取需要采取诸如纹理提取、神经网络、上下文分类等特殊的处理方法，才能得到高精度的结果，因此有必要进一步研究基于纹理特征的水体专题信息提取的方法。

(2) 基于机载雷达的洪灾监测。基于机载雷达的洪灾监测已有许多成功应用案例，水利部遥感中心和国家遥感中心航空遥感部利用引进的机载侧视雷达系统获取的图像，分辨率可达 3m 左右。中国科学院研制机载合成侧视雷达系统可获得分辨率 10m 的图像。雷达图像十分清楚地显示了水陆边界线，从而可以准确地确定洪水淹没范围。

基于机载雷达的洪灾监测的缺点主要有：机载雷达影像获取的费用高，飞行受天气的影响大，获取的影像基本都要人工处理，费时费力，所以一般在特大洪水应急中才使用。

1) 几何校正与影像镶嵌。机载 SAR 仅经系统成像处理获取的图像几何保真度较低，飞机在较恶劣的条件下作业，不易保持高稳定性，加之摄像地区地形起伏等因素，导致图像几何畸变加剧。同时机载 SAR 影像由于分辨率较高，每个条带地面覆盖面积狭窄，尤其洪水期间沿江河两侧的许多明显地物被水淹没，难于选取合适的控制点，为影像几何校正与镶嵌造成困难。此外获取的影像经扫描转换为数字影像等，又产生误差。这一系列的几何误差及系统误差都为实际应用带来困难。

2) 半自动化目标提取。分辨率高的影像提供了丰富的地面信息，为直接判定洪灾造成的损失提供了基础。然而，目标的提取迫切需要摆脱安全依赖人工目视解释的局面，通过人机交互处理实现半自动化目标的提取。

 思考

总结星载雷达遥感的洪灾监测和基于机载雷达的洪灾监测适用条件和优缺点是什么？

4. 洪水灾害遥感综合监测系统

(1) 重点区域控制点库的建立。空间位置的精确匹配是实现正确提取遥感所包含的信息，研究其在时间尺度上的变化，认识不同遥感数据间的相关关系，建立和发展严格的空间、时间和光谱分析模型的基本保证。由于洪水常发区的地点较为固定，为实现快速反应和多源数据的混合应用，有必要建立区域控制点图片库、控制信息库。

(2) 多源数据综合利用。多波段的 TM 影像作为本底情况分析，高时相分辨率的气象卫星和全天候的 SAR 则有助于实现对洪灾过程准实时的动态监测。如何将它们综合利用建立模型将遥感信息直接转化为洪水灾情信息极为重要，尤其是研究雷达与高分辨率的光学影像对相同地物观测所表现出的响应特征和信息分布规律，找出它们之间信息内容上的差异和类同性，从而建立它们之间地物信息表征上的相关关系或函数模型，实现真正意义上的影像融合。

综合系统的建立考虑到洪水分级情况，在不同条件下应用不同的系统以满足实际需要。水灾遥感综合监测技术系统见表 2.3。

表 2.3　　　　　　　　　　水灾遥感综合监测技术系统

洪水级别	监测方式	功　能
一般洪水	NOAA 影像	快速处理，提取淹没范围
大洪水	TM、SAR 影像	专题信息提取，图像处理与水体提取，研磨区域情况（面积、水深、土地类型、受灾程度等）
特大洪水	NOAA、TM、SPOT 影像机载、星载 SAR	多源数据融合、专业模型综合分析

总结阐述制约洪水灾害遥感综合监测系统监测结果准确性的主要因素有哪些？

思考

5. 总结

无论是 NOAA/AVARR、Landsat TM 等多光谱的可见光遥感，还是星载或机载的雷达遥感均可实现对洪水灾害的宏观、动态的监测。它们与地面观测系统相结合，形成对洪水的总体观测，并弥补了地面观测站网在空间和可观察域方面的缺陷。

随着遥感技术的飞速发展，各种卫星资源也渐渐丰富，洪水遥感监测技术相对较为完善。随着卫星分辨率逐渐提高，对洪水灾害的监测也逐渐会向高分辨率的方向发展，监测和评估的精度也会进一步提高。随着 FY - 3A 极轨气象卫星以及快鸟（quickbird）0.6m 分辨率卫星的研究使用，它们较高的空间和时间分辨率突出优势，必将在未来的洪水监测工作中发挥巨大的作用。

自动遥感技术更多地应用于监测洪水的雨情、水情和灾情，而在抗洪救灾中，对工情与险情的监测更为重要，因此还要进一步开展重大工程安全性的遥感监测。

2.2　农业用水信息采集

我国是一个水资源短缺的国家，水资源总量居世界第六位，但人均水资源占有量仅为 2100m³，仅相当于世界平均水平的 1/4，是世界上 13 个贫水国家之一，居世界第 121 位。而且管理水平落后、浪费和污染等问题进一步加剧了水资源危机。

农业是我国的用水结构中的大户，因此要解决水资源危机，就必须加强农业灌溉用水管理。由于信息化是水资源管理现代化的前提，因此灌区信息化建设必然是水利信息化建设的重要内容之一。

科学的调水、取水、量水、用水是灌区管理信息化、自动化建设的目标。由于水资源信息涉及与水有关的各个部门，结构十分复杂，数据量非常庞大，传统的手工管理方法已不能满足当今社会发展变化对水资源管理的要求，为此灌区用水必须采用现代化的手段，充分利用现代信息技术，深入开发和广泛利用信息资源，包括信息的采集、阐述、存储和处理等，大大提高信息采集和加工的准确性以及传输的实效性，做出及时、准确的反馈和预测，为灌区管理部门提供科学的决策依据，提高灌区管理效率，降低管理成本，促进灌区实行科学管理和高效管理。

农业用水信息采集是一种为灌溉水利服务，集作物需水量监测、灌区旱情监测、灌区取用水量监测、灌排泵站自动监测等于一体的现代化农业用水信息监测技术。

2.2.1　作物需水量监测

作物需水量即作物生长发育过程中所需的水量，一般包括生理需水和生态需水两部分。生理需水是指作物生命过程中各项生理活动（蒸腾、光合作用和构成生物体系等）所需要的水分。生态需水是指给作物正常生长发育创造良好生活环境所需要的水分，如调节土壤温度、影响肥料分解、改善田间小气候等所需要的水分。对作物需水量进行合理有效的测量和监测，可以更好地对农作物进行相关管理。

作物需水量是农业用水的重要组成部分，是确定作物灌溉制度以及地区灌溉用水量的基础，是流域规划、地区水利规划、灌排工程规划、设计和管理的基本依据。

2.2.1.1　传统作物需水量测定仪器和方法

1. 蒸渗仪

蒸渗仪主要是为研究水文循环中的下渗、地表径流和地下径流、蒸散发等过程而设置的装置。这种装置一般设在室外空旷的观测场内或有控制装置的室内，可单个或成组、成套设置。然后按不同的土壤类别剖取一定深度的原状土柱或人工配制填装的土体，装入一个四周和底部封闭但装有特制排水、供水系统的圆柱桶内，在桶底事先垫一定厚度的反滤层，再吊装安放在观测场内，观测时可用称重或直接量取水量的方式。其原理示意图如图 2.24 所示。

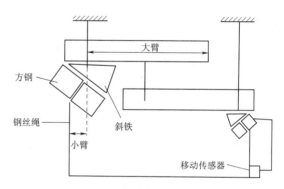

图 2.24　蒸渗仪原理示意图

2. 旱作物需水量测定

（1）坑测法。坑测法是在田间修建测坑来测定作物需水量或进行灌溉试验的方法。测坑面积一般应大于 4m²，我国灌溉试验站的测坑尺寸多为 3.33m×2.0m×1.8m（长×宽×深），面积约为 6.67m²。其水量平衡方程如下：

$$ET_{1-2} = 10\sum_{i=1}^{n}\gamma_i\frac{H_i(W_{i1}-W_{i2})}{\rho} + q \tag{2.5}$$

式中：ET_{1-2} 为时段需水量，mm；i 为土壤层次号数；n 为土壤层次总数目；γ_i 为第 i 层土壤容重，g/cm³；ρ 为水的密度，cm³/g；H_i 为第 i 层土壤的厚度，cm；W_{i1} 为第 i 层土壤在时段初的含水率（干土重），%；W_{i2} 为第 i 层土壤在时段末的含水率（干土重），%；q 为时段内灌水量，mm。

（2）田测法。田测法即在面积为 0.25～0.5 亩的大田内测量作物需水量。其优点是接近大田实际，有较强的代表性。其要求为地下水埋深大于 5cm，要求测定有效降雨量与地下水利用量。其水量平衡方程如下：

$$ET_{1-2} = 10 \sum_{i=1}^{n} \gamma_i \frac{H_i(W_{i1} - W_{i2})}{\rho} + M + P + K \qquad (2.6)$$

式中：M 为时段内的灌水量，mm；P 为时段内的有效降雨量，mm；K 为时段内的地下水补给量，mm；其余符号意义同前。

（3）筒测法。筒测法即用测筒进行作物需水量和需水规律等观测研究的方法。筒测法是在一简易测筒内装入原状土，然后设法让筒内土达到饱和，进而使之在重力作用下自由排水，从而测定排除水量，借以推求原状土的给水度。测筒可用镀锌铁皮做成内筒，木材做成外筒，再打箍绑牢，或直接用陶瓷缸为筒。测筒可为长方体或圆柱形，面积一般为 $0.4m^2$ 左右。一般将测筒埋设或置放于田间，筒内种植与田间相同的作物。

3. 水稻需水量的测定

水稻需水量由植株蒸腾量、棵间蒸发量与稻田渗漏量三个部分组成。前两者之和简称腾发量。水稻需水量主要采用坑田结合法测定。用测坑测定水稻腾发量，在大田的测坑侧面测定腾发量与渗漏量之和，上述二者之差为稻田渗漏量。坑田结合法测定水稻需水量其基本计算方法是：

试验小区消耗水量＝需水量

有底测坑消耗水量＝腾发量＝植株蒸腾＋棵间蒸发

地下渗漏量＝需水量－腾发量

测筒中消耗水量＝棵中蒸发量

叶面蒸腾量＝腾发量－棵间蒸发量

坑田结合法测定水稻需水量避免了筒测法的许多缺点；与坑测法相比，坑田结合法经济效益显著，可节省试验工程投资和无底测坑占地。

请大家总结上述几种旱作物需水量测定方法的使用条件和主要影响因素。

思考

2.2.1.2 作物需水量观测站点布置

作物需水量受气象、土壤及作物等多种因素的影响，具有较大的空间变异性。许多调查研究表明区域面积上的作物需水量的平均值和变异程度常常受到观测面积、观测方法和样点布局的影响，因此在观测手段相近、监测面积一定的条件下，观测精度主要受观测站点数目和布局的影响。下面介绍确定观测站点分布的基本原理。

作物需水量是一种区域化变量，在一定的范围之内，各采样点信息并非完全独立，而是具有一定的相关性，在分析作物需水量空间分布的基础上，利用 Kriging 方法估计方差确定合理的采样位置。

（1）利用半方差函数分析作物需水量的空间分布。半方差函数是统计学分析中的关键概念，它通过测定区域化变量分隔等距离的样点间的差异来研究（区域化）变量的空间相关性和空间结构。

（2）利用 Kriging 方法进行作物需水量的最优估值。Kriging 方法能最大限度地利用各种信息对区域化变量做出线性无偏最优估计。利用 Kriging 方法既能对区域化变量进行估值，又能计算其估计方差的标准差。

因此，对某一区域的作物需水量，当观测手段相同时，其估计误差的标准差仅与观测点的位置、数量有关，这就为确定观测网最佳布设提供了理论依据。在经典统计学确定适宜观测数目的情况下，用半方差函数分析作物需水量的空间分布，用 Kriging 方法估计任意点估计误差的标准差，进而可绘出估计误差的标准差等值线图，在估计误差的标准差大于给定允许误差限的地方增加观测点；反之，则减少。

2.2.1.3 作物需水信息的影响因素

影响作物需水的因素众多，并且错综复杂，如作物的种类、生育阶段、气象、土壤等因素，但最终归纳起来可以分为内部因素和外部因素。内部因素是指对作物需水即蒸发蒸腾规律有影响的那些作物特性 P，这些作物特性与作物的种类 V 有关，同时也与作物的发育期和生长状况有关。外部因素是指气象条件 A（包括太阳辐射、空气温度、日照、风速和空气湿度等）和土壤条件 S（包括土壤含水量、土壤质地、结构和地下水位等）。另外，各种不同的农业技术措施和灌溉排水措施仅对作物需水量产生间接的影响，这些外部环境通过影响土壤含水量、改变农田小气候条件或改变作物的生长状况从而改变作物的需水量。作物需水量和影响因素 A、P、S 存在的多因子关系使作物需水量的研究工作变得极为复杂。因此，研究作物的生长需水情况，必须分别考虑这些因素在作物生长过程中对其需水规律产生影响的因素。作物蒸发蒸腾量 ET 和这些影响因子之间的关系可以表示为

$$ET = f_0(S, P, A) \tag{2.7}$$

影响作物需水量的主要外部因子有以下几种因素。

（1）土壤条件。土壤水分状况与土壤温度、土壤热通量、土壤质地等构成了影响植物根系环境水分的土壤因素。当土壤的含水量大时，蒸发和蒸腾作用强烈，水分消耗就多，作物需水量大；反之，若土壤含水量小，蒸发和蒸腾作用就相对较弱，作物需水量相对小。因此，保持合适的土壤湿度对调节土壤温度和土壤溶液浓度、促进根系的生长和生理活动均有重要的作用。

（2）气象条件。气象条件是影响作物需水量的主要因素之一，它不仅影响蒸腾速度，还直接影响作物生长发育。气象条件主要包括空气湿度、空气温度、太阳辐射、日照、风速等。其中空气湿度和空气温度是影响作物需水的主要气象条件。

1）空气湿度。空气湿度适宜能促进植物的生长发育。Hans 认为，当水汽压差由 1.8kPa 降到 1.0kPa 时，对 26 种作物的生长均有促进作用。若压差进一步减小，生长促进作用会减弱甚至会导致作物负增长，并且容易造成作物的局部器官缺钙。

2）空气温度。空气温度对蒸腾速度影响是最大的，主要是通过影响叶片蒸腾从而影响作物需水量。当温度升高时，作物各种生化反应加速，生化反应的介质——水的需求也会相应地增加，这样才能满足作物植株生长的需求。在晴天，只要温度升

高，气孔下腔蒸汽压的增加超过空气蒸汽压的增加量，叶片内外蒸汽压差变大，叶内气孔的水分就容易散出。

联合国粮食与农业组织（FAO）将参考作物蒸发蒸腾量定义为一种假想的参考作物冠层的蒸发蒸腾速率，参考作物高度被假设为 12cm，固定的表面阻力为 70s/m，反射率为 0.23，一般为表面开阔、高度一致、生长旺盛、完全遮盖地面而不缺水的绿色草地。而在我国，参照作物蒸发蒸腾量又被称作参考作物需水量。

作物系数是指充分供水条件下实际作物蒸发蒸腾量与参考作物蒸发蒸腾量的比值，可根据各月田间实测需水量与用相同阶段通过气象因素计算出的参考作物需水量来求得。

采用国内外应用比较广泛的计算参考作物蒸发蒸腾量的 FAO Penman-Monteith 公式来确定作物需水信息采集系统的气象指标。Jensen 等用 20 种计算或测定蒸发蒸腾的方法与蒸渗仪实际测量值作比较后得出，不论在干旱地区还是湿润地区，FAO Penman-Monteith 公式都是最好的一种计算方法。各种气象因素对 ET_0 的影响在 FAO Penman-Monteith 公式中得到了综合的考虑，其具有可靠的物理基础，已经在世界上许多国家和地区得到了广泛的应用。经过几十年的理论研究和在实践中的应用，FAO Penman-Monteith 公式已成为利用气象参数计算参考作物需水量公认的标准方法。FAO Penman-Monteith 公式如下：

$$ET_0 = \frac{0.408\Delta(R_n - G) + \gamma\dfrac{900}{T+273}u_2(e_a - e_b)}{\Delta + \gamma(1 + 0.34u_2)} \tag{2.8}$$

式中：ET_0 为参考作物蒸发蒸腾量，mm；R_n 为作物表面的净辐射量，MJ/(m² · d)；G 为土壤热通量，MJ/(m² · d)；u_2 为 2m 高处的日平均风速，m/s；e_a 为饱和水汽压，kPa；e_b 为实际水汽压，kPa；Δ 为饱和水汽压与温度曲线的斜率，kPa/℃；γ 为干湿表常数，kPa/℃，T 为计算时段内的平均气温，℃。

学习拓展　　如果拓展 FAO Penman - Monteith 公式，可以从哪些方面改进，如何改进？谈谈你的建议和想法。

2.2.2　灌区旱情监测

干旱是一种复杂又常见的自然现象，它的形成是一个渐近并累积的过程，最终很容易造成气象灾害。干旱给国家经济、社会发展以及人民生产生活带来了严重的威胁和危害。干旱通常可以理解为长时间无雨或少雨使土壤水分不足、植被作物水分收支不平衡而形成的一种水分短缺现象。它的发生过程复杂，影响因子较多，如降水量、蒸腾速度、气温、土壤底墒、灌溉条件等众多因素。干旱的发生不仅会严重阻碍农作物正常的生长发育、推迟作物生长周期、破坏原有的土壤结构、引发沙漠化等土壤退化现象，并且由于其发生范围广、灾害时间较长、具有一定的持续性，对我国农业产业的可持续发展造成了极其严重的负面影响。因此，对于旱情进行实时、有效的监测与预警是十分必要的。

　　旱情监测的指标包括范围和程度两个方面，任何一种旱情监测预警系统都必须明确得到这两个指标。我国历史上沿袭的是报旱制度，基层单位或单元通过日测干旱程度，估计或者丈量最受旱范围，最后自下而上连级统计并上报旱情。这种旱情上报统计制度不够科学精确，监测结果受人为影响大。

资源 2.8

　　土壤水分是一切陆生植物赖以生存的基础，土壤水分不足会使植物受旱，植物的生长受到抑制或死亡。由于土壤水分状况是随着时间和空间不断变化的，要掌握土壤水分及其变化规律，就需要找到能够及时获得测定土壤水分的方法。20 世纪 80 年代以来，我国气象、水利、农业等部门研究通过土壤含水量的测定来监测农业旱情。从最初的手工烘干法发展到张力计法、时域反射仪法、中子法、酒精燃烧法、γ 射线法、电阻块法、热传导法、电容法等测量技术，测定速度和精度都大大提高。当前，国家正在大规模建设基于电子测量土壤含水量技术和网络信息化技术的旱情采集监测系统，有效解决了原有监测手段实效性不强、精度不高的问题。这种技术的优点是对旱情监测能达到很精确的程度，但是受建设规模限制，其只能用等值线粗略划定干旱范围。

　　土壤湿度是衡量干旱的重要指标之一，研究表明通过将归一化植被指数（normalized difference vegetation index，NDVI）和地表温度（land surface temperature，LST）结合能为区域土壤湿度监测提供很好的依据。Goward 和 Hope 利用 AVHRR 数据发现 LST/NDVI 关系随土壤湿度变化。Smith 和 Choudhury 利用 TM 图像研究 LST/NDVI 关系，认为 LST/NDVI 斜率与土壤水分有效性关系受植被类型影响。Moran 等利用植被指数和地表温度（温差）估测作物水分状况，认为植被指数/地表温度（温差）为梯形，并提出了适宜部分植被覆盖的水分亏缺指数（WDI）。

2.2.2.1　研究方法

　　土壤含水率是反映区域农作物受旱的重要指标，通常以土壤含水率为评价指标，运用水量平衡模型计算各研究单元的土块含水率进而分析旱情。水量平衡法是以土壤耕作层内水量平衡方程为理论基础，以土壤含水率为预测对象，结合气象预报的短期预测功能、作物的实际生长情况以及信息化平台的实时数据支持的一种方法。通过水量平衡模型进行循环运算，确定各时段末的土壤水分含量，进而求得土壤含水率，最后判断其是否需要灌溉。

　　在作物整个生育期的任意时段，忽略水平方向的径流，同时认为旱作物灌溉过程中不发生深层渗漏，则可用以下的水量平衡方程表示：

$$W_t = W_{t-1} + P - ET + U + I + H \tag{2.9}$$

式中：W_{t-1} 为时段初土壤储水量；W_t 为时段末土壤储水量；P 为时段内有效降水量；U 为时段内地下水利用量；ET 为时段内作物需水量；I 为时段内灌水量；H 为土壤计划湿润层增加而增加的水量，若计划湿润层不变则无此项，即 $H = 0$。

　　同时采用土壤相对湿度来判断干旱等级。土壤相对湿度又称土壤相对含水率，其等于土壤含水率与田间持水率的比值。

$$土壤相对含水率 = \frac{土壤含水率}{田间持水率} \times 100\% \tag{2.10}$$

采用土壤相对含水率对土壤旱情划分的等级标准见表 2.4。

表 2.4　　　　　　　　　　　　　土壤旱情划分的等级标准

旱情	涝	无旱	轻度干旱	中度	重度	特别重度
相对湿度/%	>80	60～80	50～60	40～50	30～40	<30

2.2.2.2 遥感技术监测灌区旱情

传统的干旱监测方法有称重法、中子水分探测法、快速烘干法、电阻法、FG 法（时域反射）等，通过测定土壤水分含量来监测区域干旱。这些方法不仅测点少、代表性差，而且采样速度慢、花费大量人力物力、范围有限，无法实现大面积、动态监测。遥感技术由于其宏观、快速、动态、经济的监测特点，特别是可见光、近红外和热红外波段能够较精确地提取一些地表特征参数和热信息，因此成为传统农业干旱灾害监测的重要补充，解决了常规方法存在的问题，打开了干旱监测的全新图景。

遥感类的干旱监测指数是直接或间接获取地表水分状况，其中植被类的遥感干旱监测指数适用于高植被覆盖区，但具有一定的滞后性；温度类的遥感干旱监测指数时效性较强，适用于高温干旱；温度和植被组合类的遥感干旱监测指数应用较多，精度较前两类更高，适用于平坦地区的干旱研究。

用遥感技术监测干旱的方法较多，目前主要采用两类方法，即热红外方法（热惯量模式）和微波遥感方法。还有学者采用植被（作物）缺水系数法，但通常也可将此类方法归入热红外方法。国外利用可见光和红外遥感监测土壤水分和干旱的研究始于 20 世纪 70 年代。1978 年，热容量制图卫星（HCMM）发射成功，具有可获得高分辨率图像能力的 TIROSS 和 NOAA 系列气象卫星的相继运行，使得大规模的研究和应用热红外技术遥感监测土壤水分和干旱成为可能。总体而言，其方法大致分为三类：一是用可见光和近红外遥感资料进行监测；二是利用热红外波段获取地表温度日变化幅度和热模型结合估测土壤湿度；三是综合利用可见光、近红外和热红外资料，提出能有效反映旱情的监测指标和方法。

1. 温度植被干旱指数

相关学者分析了不同传感器得到的植被系数（NDVI）和陆地表面温度（T_S）数据，认为 T_S-NDVI 构成的空间关系为三角形关系，并认为研究区域的地表信息应该是从裸土到完全植被覆盖。

图 2.25 中的裸土区，A、B、C 3 个点代表 T_S-NDVI 特征空间中的 3 种极端情况。在植被生长的某一特定时期，各种地表类型对应的 T_S-NDVI 关系都分布在 ABC 这个区域内。A、B 点分别表示干燥裸土（NDVI 值小 T_S 值大）和湿润裸土（NDVI 和 T_S 的值都最小）。随着地表植被覆盖度的增加，地表温度开始下降。C 点代表植被完全覆盖并且土壤水分充足的情况，这时的蒸散阻抗小（NDVI 值大，T_S 值小）。所以 AC 表示土壤水分的有效性很低，地表蒸散小，被认为是"干边"；BC 表示土壤水分充足，不是植物生长的限制因素，地表蒸散等于潜在蒸散，被认为是"湿边"。基于此，Sandholt 等提出了温度植被干旱指数（temperature vegetation dryness index，TVDI）估测土壤表层水分状况：

$$TVDI = \frac{T_S - T_{S_{min}}}{T_{S_{max}} - T_{S_{min}}} \tag{2.11}$$

式中：$T_{S_{min}}$ 为最小地表温度，对应的是湿边；T_S 为任意像元的地表温度；$T_{S_{max}}$ 为最大地表温度，对应的是干边。

三角形区域内任一点的 TVDI 值介于 0 和 1 之间，TVDI 值越大，对应的土壤湿度越低，TVDI 值越小，对应的土壤湿度越高。温度植被干旱指数（TVDI）原理示意图如图 2.26 所示。

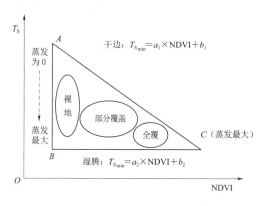 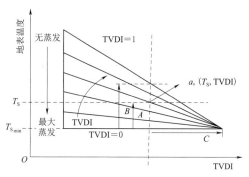

图 2.25 T_S－NDVI 特征空间示意图

图 2.26 温度植被干旱指数（TVDI）原理示意图

2. 归一化植被指数

植被指数与地表温度是描述土地覆盖类型特征的两个重要参数。相关学者分析了特征空间的生态学意义，认为 T_S－NDVI 特征空间是区域土壤水分含量和作物含水状况比较敏感的指标。研究表明，NDVI 受土壤背景的影响较大，另外在高植被覆盖区的 NDVI 值会出现饱和现象，在 NDVI 达到饱和后，即使地表蒸散继续增加，NDVI 也无法反映地表的干湿状况。NDVI 的定义是：

$$NDVI = \frac{NIR - RED}{NIR + RED} \tag{2.12}$$

式中：NIR、RED 为 MODIS 数据的近红外波段和可见红光波段的反射率。

由遥感信息计算的植被指数可以反映植物的长势，而归一化植被指数这种表达形式在一定程度上可以减少太阳高度角、大气状态和非星下点观测带来的误差，归一化植被指数因与植被覆盖度、叶面积指数、生物量和生产力等性状具有良好的相关性，而被广泛应用于较大范围植被分布状况的监测。同时，由于供水是否充足会影响植物的长势，因此归一化植被指数可以间接地反映旱情，但作物受水分状况影响是一个渐变过程，所以 NDVI 影像在时间上有一定滞后。在观测研究中发现：当地面植被越来越茂密时，NDVI 指数出现饱和现象，无法实现同步增长；对大气干扰处理有限，大气残留噪声对 NDVI 指数影响严重；易受土壤背景干扰，特别是中等植被覆盖区，当土壤背景变暗时，NDVI 指数有增加的趋势。

3. 增强型植被指数

Liu 开发了增强型植被指数，其计算公式如下：

$$EVI = \frac{2.5(NIR - RED)}{NIR + C_1 RED - C_2 BLUE + L} \tag{2.13}$$

式中：NIR 为近红外波段的反射率；RED 为可见红光波段的反射率；BLUE 为蓝光波段的反射率；C_1 为 RED 波段气溶胶阻抗系数，$C_1 = 6.0$；C_2 为 BLUE 波段气溶胶阻抗系数，$C_2 = 7.5$；L 为冠层背景调整因子，$L = 1$。

EVI 与 NDVI 相比较增加了大气修正因子，同时减少了土壤背景和大气分子、气溶胶、薄云、水汽和臭氧对植被指数的影响，采用抗大气植被指数（ARVI）处理了残留的气溶胶，增大了对植被季节性变化的敏感性。

思考　　对比上述三种植被干旱指数，总结其优缺点，以及具体应用过程中的注意点。

2.2.3　灌区取用水量监测

资源 2.9

灌区取用水量监测是灌区管理信息化、自动化建设目标的重要组成部分。灌区取用水量监测在输配水和水量调节中发挥着十分重要的作用。因此，加强灌区取用水量管理尤为重要，而信息化是水资源管理现代化的前提。

2.2.3.1　灌区取用水量管理信息化总体架构

目前，有关灌区取用水量管理信息化结构体系的划分方法很多，既可以从应用的角度划分，也可以按信息技术自身的属性划分。如将其划分为软件和硬件两部分，硬件是基于计算机、自动控制、信息网络技术的集信息采集、目标控制和信息传输为一体的集成化信息系统；软件则是能使硬件发挥最大效用，采用信息整理、计算、分析等手段，实现辅助决策、科学调度的计算机应用软件系统以及相应的管理制度和管理方式的总称。根据灌区取用水量管理信息化的实际情况，灌区取用水量管理信息化标准结构体系的基本框架是按照信息技术自身属性划分，使其既不重复又不遗漏，且突出灌区取用水量管理信息化的特点。

在高度提炼近几年灌区信息化建设实践经验的基础上，充分考虑灌区取用水量管理的特殊背景，通过广泛听取灌区信息化专家的意见、调研和查阅相关资料，以水利信息化相关标准为依据，最终确定灌区取用水量管理信息化结构体系。如图 2.27 所示，灌区取用水量管理信息化的结构体系包括灌区识别、水情监测、闸门控制、信息通信和水量调度等，通过软硬件的选择，确定应用软件宜采用表现层、逻辑层、数据层等结构体系，形成应用软件开发的基本框架。

思考　　在上述灌区取用水量管理信息化总体架构中，哪些模块未来可能合并或者拆分？谈谈你的理由。

2.2.3.2　灌区取用水量监测系统

通过软硬件产品的集成和信息采集、传输、处理、发布等多项技术的综合运用，构建一套面向农业灌区取用水量的具有自动监测、预警功能的信息发布系统，迅速有

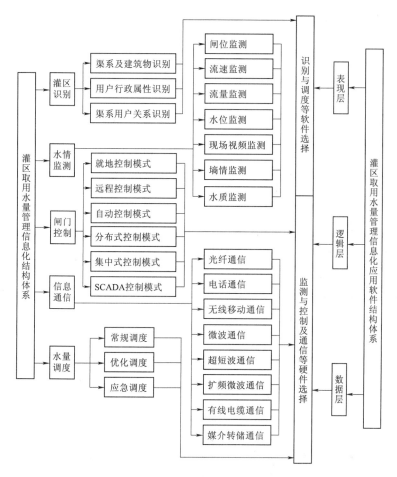

图 2.27　灌区取用水量管理信息化总体框架

效地为管理部门提供灌渠实时流量查询、报表管理等服务，确保管理人员迅速、及时、准确地掌握灌渠的流量、雨量信息，为农田水利管理工作提供有效支撑，提升农田水利信息化水平。

灌区取用水量监测系统主要由监测现场、监测中心和通信网络三部分组成，如图2.28所示。

（1）监测现场。利用测流堰、水位计采集明渠水位，经过数据采集终端（RTU）处理、转化为明渠流量。利用雨量筒采集降水量，并同步汇集到数据采集终端（RTU）。

（2）通信网络：利用GPRS/GSM（或CDMA、4G、光纤）网络将现场数据信息实时发送给监测中心。

（3）监测中心：中心服务器布设灌区取用水计量监测系统软件，接收、存储、展示、分析相关数据和信息。

监测现场设备是监测系统的首要部分，典型明渠流量监测站主要由数据采集终端（RTU）、水位/流量检测设备、雨量检测设备、供电设备等组成，如图2.29所示。

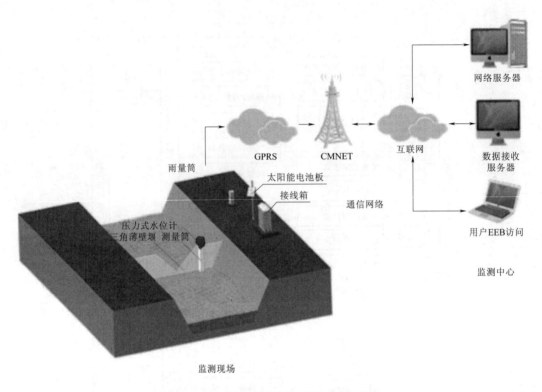

图 2.28　灌区取用水量监测系统的架构

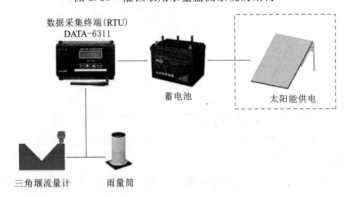

图 2.29　监测站主要设备构成

　　监测中心是整个监测系统的核心，对监测获得的数据和信息进行存储和分析。通过灌区取用水量监测系统软件将监测结果以直观的方式在 Web 端、移动端进行展示，供用户实时了解水位、流量、雨量等信息，并可对历史数据进行查询、统计、分析，如图 2.30 所示。

　　通信网络是信息采集与信息存储处理的纽带，通过 GPRS/GSM（或 CDMA、4G、光纤）网络将现场数据信息实时发送给监测中心。

　　水资源浪费、水资源利用率低是农业灌溉中普遍存在的问题，节约农业用水、提高灌溉效率是保证国家粮食安全、建设节水型社会的基本要求和着力点。灌区取用水

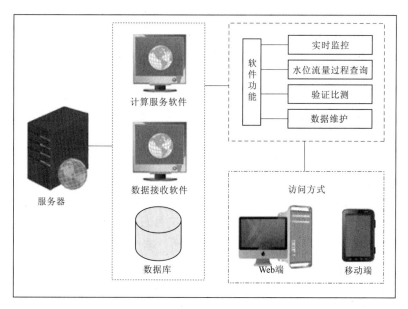

图 2.30 监测中心软硬件构成

监测（农业灌区取用水监测方案）是辅助评价灌溉用水效率和灌溉节水潜力、辅助制定灌溉节水措施的重要手段。灌区取用水监测整体流程如图 2.31 所示。

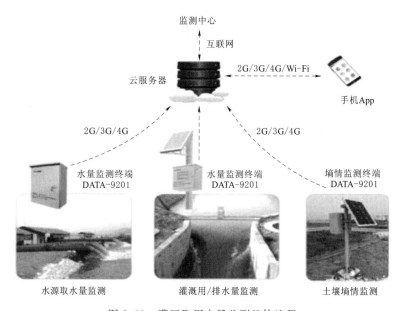

图 2.31 灌区取用水量监测整体流程

思考

上述灌区取用水量监测系统未来可能会发生什么技术变革？为什么？

2.2.4 灌排泵站自动监测

灌排泵站是为灌溉、排水而设置的抽水装置，它是进出水建筑物、泵房及附属设施的综合体。其在防洪、排涝、抗旱减灾、工农业用水、城乡居民生活供水以及跨区域调水等方面发挥着重要作用。伴随着经济的发展和人们日益增长的生活需求，泵站的应用也越来越广泛，扮演的角色也越来越重要。随着我国农村水利的发展，近几十年来各地陆续建成了许多中小型灌排泵站，这些泵站由于受时代和科技水平的限制，建成当初要求普遍不高，因此很少使用自动化设备。随着信息技术的飞速发展，这些泵站的自动化改造也日益显得重要，泵站自动监测具有如下多重意义。

（1）第一时间掌握泵站机组运行的各项工况参数，及时发现泵站机组运行的状态异常或者事故征兆，并及时采取适当的措施，减少意外停机，避免重大事故的发生。

（2）使泵站工作人员摆脱距离的束缚，实现真正的"无人值班，巡视值班，少人值守"，改变过去依赖人力的设备检修制度，解放了生产力，符合科学技术的发展趋势，更是对泵站设备管理模式的一种改革。

（3）实现了工业互联网与状态监测的结合，采用科学合理的存储方法，丰富了泵站监测数据的采集，工作人员通过该系统在远程即可获取泵站机组的各项工况参数，若泵站机组运行发生故障，可以在远程分析故障发生的原因，并提出相应的解决方法，降低维护成本，从而提高了监测和管理效率。

（4）在管理层面可以为管理者提供及时准确的工作汇报，提高了企业的管理效率。在技术层面可以实时远程监测泵站运行状况，并且获得大量泵站机组的数据信息，科研机构可以通过对数据的分析为企业提供更多的技术支持，增强了企业和科研机构的联系，有助于企业的优化和发展。

2.2.4.1 泵站自动监测控制系统的组成

资源 2.10

供水泵站需要实时监测和控制水泵机组。监测参数有机组运行电压、电流、定子温度、转子前后轴承温度、前池水位、管道水压、变频器频率或转速和水泵的启停状态。泵站自动检测与控制系统是通过与机组控制模块连接，远程控制机组运行启动、关停。现场的采集控制设备将数据通过 GPRS 网络和 CAN 总线传递、汇总到远程监控中心的计算机上。

泵站自动监测控制系统结构如图 2.32 所示。泵站监控中心的功能为驱动通信模块向泵站终端传输控制信息，接收下位机上报的泵站设备的电压、电流、电度、压力、流量、液位、机组开停状况等数据及警告信息，完成流量和电度计算，同时对采集的数据进行管理，提供查询、统计、报表打印等。监测中心设备主要由数据服务器和 GPRS 数据传输模块、通信转换器、操作系统软件、数据库软件等部分组成。前端设备主要由测控设备、采集处理设备、通信传输模块、信号转换控制器、电源开关、蓄电池、逆变器、UPS 控制器等部分组成。前端执行设备包括泵站的水泵启动控制柜装置等。前端测量设备包括现场的仪器仪表等。

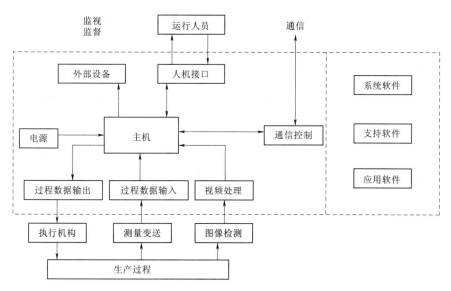

图 2.32 泵站自动监测控制系统示意图

谈谈上述泵站自动监测控制系统未来技术变革可能在什么地方？为什么？

思考

2.2.4.2 泵站自动监测控制系统的功能

1. 操作管理功能

灌排泵站自动监测系统软件主要包括 visualbasic、汇编语言保护模块、office、dvr 图像监控系统等，当需要进行远方控制操作时，系统会启动操作管理模块，可以使运行人员通过屏幕对设备的运行状态进行实时监视。监视的内容包括当前设备的运行及状态和各运行参数、执行操作的人员和操作时间等信息。

2. 实时报警及报警记录功能

通过站内各个现场采集单元和智能装置，依据各个不同的信息采集规约，将站内的数据实时地反映到计算机监控界面，再通过计算机将各主要的电气量、开关量、温度、水位等实时数据处理，显示各部件的运行状态等。当出现报警信息时，会立即切换到报警画面，提示运行人员进行相应的处理。同时，报警信息也存入后台数据库，可以对其进行查询。报警信息包括泵站各电气量及其他运行数据的越限报警、设备折旧报警及设备定期检修报警。这一功能及时反映泵站运行情况和设备状态，方便管理。

3. 实时监控功能

计算机画面显示电气主接线所有开关的状态，极大减轻了工作人员的劳动强度，提高了安全可靠性。运行人员在进行日常管理维护过程中，会在各个模拟现场的实时界面上观察到当前各段的实时运行数据，例如负荷分配、机组电力运行数据、供水排水数据、低压气系统压力及阀门状态数据等，这些数据相隔较长一段时间（例如 1h）

存储一次。在发生异常的情况下，可记录异常情况发生前后的相关数据，以方便运行人员分析事故发生的原因。对于重要的参数，要对其做出趋势曲线，以方便运行人员掌握其变化动态。

4. 统计和报表功能

微机综合自动控制系统通过本身具有的报表统计功能，记录每天、每月、每年的机组运行时间、累计用电量、提水量等，并计算出站内的单位耗电、抽水效率，为站内的工作人员提供有价值的参考数据。通过该统计功能可以对泵站电气参数及其他模拟量数据建立日报表、月报表和年报表，统计其一段时间的最大值、最小值、平均值。日报表、月报表和年报表可以在相应的查询页中进行读取、删除、手动打印等操作。

5. 画面功能

画面显示是计算机监控系统的主要功能，画面调用允许自动及手动方式实现。画面种类包括动态显示图、单线图、立体图、曲线、各种语句、表格等。要求画面显示清晰稳定，画面结构合理，刷新速度快且操作简单。

泵站自动监测控制系统除了上述功能之外，还有可能增加哪些功能？

2.2.4.3　泵站自动监测的目标

从泵站运行可靠性、运维管理效率等方面，灌排泵站自动监测有以下四个目标，

（1）通过信息采集、处理、分析和诊断，及时发现并消除泵站各种故障和隐患，提高泵站运行的可靠性。

（2）根据泵站的运行条件，建立科学、实用的模型，优化泵站的运行工况，实现泵站的优化调度。

（3）借助网络及信息技术，利用业务应用系统，实现泵站运行数据的快速统计分析和报表的自动生成，提高泵站运行和管理效率。

（4）配置视频监视系统，实现泵站远程管理的可视化。

鉴于不同地区的自然、地理、经济、社会等，为了科学合理并符合实际地对监测结果进行评价，在建设中应结合所在灌排区的具体情况进行明确的界定，提出定性、定量的指标，以保证自动监测的作用和效能的充分发挥。

泵站自动监测除了上述四个目标外，还可能有哪些目标？

2.2.4.4　泵站自动监测控制系统存在的问题及其改进措施

1. 质量问题及改进措施

泵站自动监测控制系统有些设备容易出现质量问题，从而影响自动化系统的正常

运行。解决这个问题可以从硬件、软件两个角度考虑。从硬件角度而言，采用技术含量高、设备工艺水平先进、自动化程度高等原则更新设备，使系统能根据本身需要，集各家之所长，特殊硬件应采用不受环境、地形条件恶劣影响的设备。从软件角度而言，采用设计先进、能及时升级、具有可换性以及购买渠道广的系统软件。

2. 配套问题及改进措施

在泵站自动化系统中，会存在因更换设备零部件而导致与系统不匹配的问题，因此在更新设备的同时，应与设备厂家签订详细的设备配件供用协议，以解决因缺乏备品备件影响自动化系统的正常运行。

3. 管理方面存在的问题及其改进措施

（1）由于管理人员受自身素质、计算机技术水平和传统观念的束缚，未能在管理方面进行及时的调整和改革，导致管理水平落后，无法适应泵站自动化的发展需要。应提升管理人员的培训和教育水平，使其能够适应自动化系统的发展需要，鼓励和支持管理人员参与相关的培训课程，以提高其对现代管理理念和计算机技术的理解。

（2）对自动化系统设备不够熟悉。对自动化系统设备不够熟悉，导致设备不能正常保养、调校和检修，造成仪表精度降低或设备故障，软件得不到必要维护、调整和及时处理，从而影响系统正常运行，有的甚至出现误操作或引起人为故障。可以提供设备操作和维护的培训，确保管理人员能够正确地进行设备保养、调校和检修，并制定详细的设备手册和操作规程，以便管理人员随时查阅。

（3）缺乏专业维护人员。自动化系统和设备虽然具有较高的可靠性，由于缺乏专业的维护人员，使一些小的软硬件故障得不到及时的修复和处理，甚至导致自动化系统瘫痪。应制定合理的人员配备计划，确保有足够的专业维护人员来应对系统的需要。

（4）自动化管理规程不完善。泵站实现自动化后，其安全运行和维护管理已和传统泵站不一样。泵站缺乏满足自动化运行需要的管理规程，致使运行和维护管理水平达不到要求。应制定完善的自动化管理规程和操作手册，明确各个环节的职责和操作流程，定期审查和更新管理规程，确保其与自动化系统的技术和运行要求保持一致。

思考

泵站自动监测系统除了上述问题之外还可能有哪些问题？请从技术、经济、管理的角度进行阐述。

2.2.4.5 安全生产管理

在自动化信息高速发展的当今时代，安全生产是一项系统工程，需要领导重视，全体职工参与，安全生产是泵站的生命线，抓好安全生产，减少人身伤亡、设备损坏事故是泵站管理的首要任务。安全生产管理重点做好以下几个方面的工作，就能最大限度地避免和控制人身伤亡及设备损坏事故的发生，实现泵站安全生产，增产增效。

（1）技术培训。从基础理论学起，结合泵站实际情况进行培训，使职工都能实现"学即是用，学及时用"，实现职工、技术、设备的完美融合。

（2）安全教育。牢固树立安全意识是保证泵站安全运行的基础，要把安全教育工作放在首位，实行安全工作责任制，实行安全工作监督制。

（3）设备管理。建立健全设备台账，随时对设备的状况进行查询和分析。全体职工各司其职，熟练掌握业内管理设备性能，熟悉常见故障处理和检修维护程序，建立良好的反馈制度，及时上报管理维护结果。

（4）巡视检查、督查。按照安全巡查制度进行全方位的安全检查。加强监督检查是实现安全生产的重要环节，是促进安全工作落实、保证设备安全运行、落实安全责任的必要环节，是提高职工安全意识、保证安全生产的必要手段。

2.3　水利工程信息采集

2.3.1　水库大坝安全监测
2.3.1.1　水库大坝安全监测的作用及意义

资源 2.11

水库大坝安全监测即对水利水电工程主体结构、地基基础、两岸边坡、相关设施以及周围环境等对象按一定频次进行的定期或不定期的直观检查和仪器探查。通过观测仪器和设备，可及时取得反映大坝和基岩性态变化以及环境对大坝影响的各种数据资料，以便于分析评估大坝的安全程度，及时采取措施，保证大坝安全运行。

大坝是重要的水工建筑物，其安全性直接影响水库设计效益的发挥，同时也关系下游人民群众的生命财产安全、社会经济建设和生态环境等。

然而，很多大坝建成年代较久远、结构老化且后期管理维护欠缺，导致病险水库数量大、安全隐患多。20 世纪 20 年代以来，国际上相继发生了意大利瓦依昂拱坝、法国马尔巴塞坝、美国的圣弗朗西斯和提堂坝等垮坝事件，国内发生了河南驻马店市板桥水库、石漫滩水库两座大型水库溃坝、青海沟后水库渗流溃坝等事件。这些溃决事件，在给相关国家和人民带来巨大经济损失和惨重灾难的同时，也引起了各国政府和坝工领域专家对大坝安全监测的高度重视。为了确保大坝建筑物安全稳定地运行，必须建立有效的大坝安全监测系统，以对大坝进行全面的安全监测，及时分析观测资料，实时评判建筑物工作的性态，及时采取有效的措施确保大坝安全。

大坝安全监测系统利用各种监测设备及仪器，监测大坝的坝体、周岸及相关设施的各种性态参数，并运用相关技术理论分析与处理这些观测数据，从而掌握大坝运行规律及工作状态，分析大坝安全状况及发展趋势，及时发现隐患，并采取相应措施，避免或降低危险发生概率，延长大坝运行时间，提高大坝综合效益，并为水利水电工程项目的设计、坝工理论技术的发展及大坝运行管理和维护提供科学依据。

在 20 世纪 90 年代以前，我国的大坝监测主要依靠传统的人工监测，即通过眼睛观察测量仪器仪表，手工抄录，然后整理汇总资料并进行计算分析。这种方法实时性差，工作量大且周期长。随着现代科学技术的飞速发展，尤其是电子计算机的广泛应用，大坝监测已经从人工监测过渡为依靠先进管理系统进行监测和分析，实现了安全监测的信息化。这种现代化的信息管理系统数据采集精度高、运算速度快、存储量大，能够高速处理大量的数据，特别是可以通过网络及时向人们提供准确的管理信息，为科学调度提供依据。

思考　　　未来大坝安全监测除了监测大坝信息之外，还可能监测其他信息，实现功能的集成化。请你谈谈大坝安全监测的作用可能有什么拓展？

2.3.1.2　水库大坝安全监测目的

水库大坝安全监测的主要目的是监控水工建筑物的安全，掌握水工建筑物的运行性态和规律，为指导施工运行管理、反馈设计和科学研究提供依据。通过对水工建筑物运行过程持续的监测，收集相关的环境量、荷载量及其作用下水工建筑物及基础的变形、渗流、应力应变和温度等效应量，及时对水工建筑物和基础的稳定性和安全性做出评价，及时捕捉各效应量异常现象和可能危及水工建筑物安全的因素，保证大坝施工安全和运行安全。

任何建筑物在荷载作用和温度、湿度等环境量总和作用下，都会出现自身响应，表现出变形、渗流、震动、内部应力应变变化、外部裂缝、错动等不同的性态反应。这些性态反应可以量化为建筑物有关的各种变形量、渗流量、扬压力、应力应变、压力脉动、水流流速、水质等各种物理量的变化，并且这种变化有一个从量变到质变的过程，任何一种水工建筑物失事破坏都不是突然发生的。例如，坝体滑动失稳就会反映在持续变形、内部应力变化上；坝基破坏就会在坝基变形、渗透压力、坝基与接合面应力、接缝开度上表现出来；防渗、排水系统损坏就会在漏水量和渗透压力上表现出来；结构破坏就会在应力应变等方面表现出来，这就使通过量测和监测手段获得水工建筑物失事破坏前的信息成为可能。随着人们对水工建筑物的认识和科学技术的进步，人类通过研制各种监测仪器和设备并预先埋设在水工建筑物中，可以发现这些物理量的变化信息，再对比设计情况就能判断建筑物当前的工作状态，及时发现问题并采取措施，防患于未然。因此，水库大坝安全监测的原理，在于建筑物对荷载和环境量变化有固有的响应，这些响应可以量化为位移、应力应变、渗流量等物理量的变化，通过研制特定的监测仪器和设备捕捉这些变化信息，与设计中的理论分析计算成果进行对比，进而评估和判断建筑物当前的工作状态，达到监控建筑物安全的目的。水工建筑物安全监测的原理可概括为通过仪器监测和现场巡视检查的方法，全面捕捉水工建筑物施工期和运行期的性态反应，进而分析评判建筑物的安全性状及其发展趋势。

2.3.1.3　水库大坝安全监测的内容

水库大坝安全监测的内容主要包括巡视检查、变形监测、渗流监测、应力监测、环境因子监测、地震反应监测等。

（1）巡视检查。巡视检查分为日常巡视检查、年度巡视检查和特别巡视检查三类。巡视检查应根据工程的具体情况和特点，制定切实可行的检查制度，规定具体巡视的时间、部位、内容和方法，确定路线和顺序，并由有经验的技术人员负责进行。检查项目有坝体、坝基、坝区、溢洪道、输泄水洞（管）、近坝岸坡等。

（2）变形监测。大坝在运行中，由于自身的重力以及水和泥沙的压力、应力、温度等因素的影响，坝体本身及其上下游一定范围内的地壳都会产生某些程度的变形，

资源 2.12

若变形超出了允许的极限范围，就会产生安全隐患，影响大坝的安全性态。因此，必须对坝体进行变形监测，确定测点在某一时刻的空间位置或特定方向的位移，以便随时掌握大坝在各种荷载作用和有关因素影响下的变形是否正常。

（3）渗流监测。大坝建成运行后，由于受到上下游库水压力、坝体混凝土温度、时效等因素的影响，不可避免地会出现坝体、坝基、坝肩渗流现象。渗流要素一旦超过允许值，就会威胁大坝安全，造成大坝损坏。

（4）应力监测。应力监测是大坝安全监测的主要项目之一，主要观测内容有混凝土应力观测和坝体、坝基渗压力观测等。测量大坝的应力状态，应合理布置测点，使观测成果能反映结构应力分布及应力大小、方向应力。监测的主要仪器有钢弦式应力计、电阻式应力计、差动式（卡尔逊式）应力计等，其中电阻式应力计在我国应用最为广泛。

（5）环境因子监测。

1）水位监测。水库水面的高程称为水位，大坝蓄水之后，上下游水位的落差会导致坝体、坝基出现渗流现象。水位不仅能反映水库蓄水量的多少，也是推算水库出流量的重要依据，并且对大坝的变形、应力存在一定的影响。因此，水位观测对于综合分析大坝的安全性状是不可缺少的。水位观测常用的仪器有水尺和水位计等。

2）温度监测。为了获取大坝及其基础内的温度分布及变化规律，分析温度变化对大坝变形的影响强弱以及应力状态的变化规律，必须建立大坝及其基础的温度测量系统。温度观测主要监测气温、水温、混凝土温度等。

3）降水量监测。降水是地表水和地下水的重要来源，因此，掌握流域内的降水情况，不仅是了解水情必不可少的因素，也是进行水库洪水预报、径流预报必不可少的因素，因此必须对降水量进行观测。常用的仪器有雨量器和雨量计。

（6）地震反应监测。对于设计等级较高的大坝，应设置地震反应监测系统，以记录强震动加速度时程，如对于设计地震烈度为 7 度及以上的 1 级土石坝、8 度及以上的 2 级土石坝，应设置结构反应台阵，对于设计地震烈度为 8 度及以上的 1 级土石坝，蓄水前应设置场地效应台阵。

以陕西省为例，水库大坝安全监测站监测内容及设备见表 2.5。

资源 2.13

表 2.5　　　　　陕西省水库大坝安全监测站监测内容及设备

监测类别	监测项目	大坝类型	监测物理量	自 动 化 监 测 设 备
变形监测	表面位移	土石坝	竖向位移	沉降仪
			横向位移	测斜仪
		混凝土坝、重力坝	竖向位移	激光监测仪、正垂线坐标仪、双金属管表仪、引张线仪、静力水准仪
			横向位移	
			纵向位移	
			大坝挠度、倾角	垂线坐标仪、光电式挠角仪、光电式倾角仪
	内部位移	土石坝	裂缝位移	测缝仪、温度计、多点变位计
		混凝土坝、重力坝	界面位移	
			裂缝位移	

续表

监测类别	监测项目	大坝类型	监测物理量	自动化监测设备
渗流监测	渗流压力	土石坝	坝基渗流	渗压计和温度计
			坝体渗流	
			绕坝渗流	
		混凝土坝、重力坝	扬压力	渗压计和温度计
	渗流量	土石坝	渗漏流量	堰上水位流量计和温度计
		混凝土坝、重力坝	渗漏流量	
应力监测	应力应变	土石坝	土压力/应力	土压计、应变计和温度计
		混凝土坝、重力坝	钢筋应力	钢筋应力计和温度计
			混凝土应变	应力计、应变计和温度计
环境因子监测	气象参数	各类大坝	坝区温度	温度计
			坝区气压	气压计
	水文参数		水库水位	浮子式、压力式、超声波式等水位计
			坝区降水量	翻斗式雨量计

思考

大坝安全监测内容未来可能有哪些方面的拓展?

2.3.1.4 水库大坝安全监测系统结构

水库大坝安全监测系统由枢纽现场信息采集站和监测网络系统构成,如图 2.33 所示。枢纽现场信息采集站在现场测控单元(measurement and control unit,MCU)的监控下,实现了大坝变形、渗流、应力、应变、环境因子的自动监测与数据传输,监测网络系统为接收存储、分析处理、实时转发大坝安全监测信息提供可靠的支持平台。

水库大坝安全监测主要包括测控单元 MCU、变形监测、渗流监测、应力监测、应变监测、环境因子监测等。由于大坝安全监测的内容较多,测点分散,使用环境恶劣,技术复杂,因此对自动化监测设备提出了更高的要求。目前,国际上生产水库大坝安全监测设备的公司主要有美国 Geokon、Sinco、laGage,加拿大 Roctest,瑞士 Huggenberger,法国 Telemac,日本株式会社等。国内在大坝安全监测仪器设备的研究与开发方面也取得了重大进展,许多产品的性能指标达到了国际先进水平,在工程建设中得到了广泛应用。

(1)测控单元设备。测控单元 MCU 是整个自动化监测系统的核心设备,必须满足在恶劣环境条件下安装方便、性能稳定、运行可靠、无人值守、自动监测、易于维护的要求。以陕西省为例,在陕西省大坝安全监测系统建设中,主要采用了南京水利

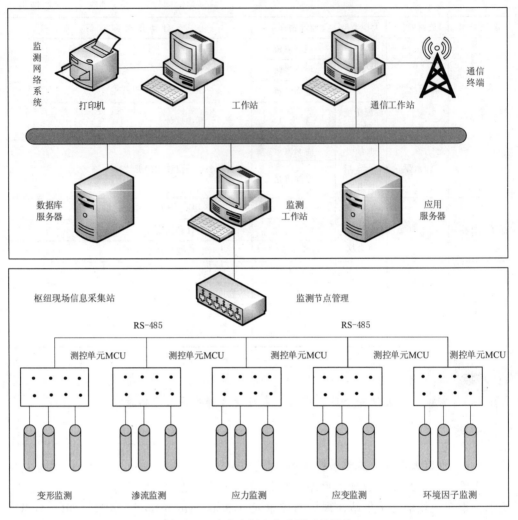

图 2.33　水库大坝安全监测系统结构

科学研究院 HSMS-Ⅰ、南京水文自动化研究所 DG-2000、西安兰特水电测控技术公司 MCU-16B 等测控单元 MCU，它们的特点及技术指标如下。

1) HSMS-Ⅰ型 MCU。HSMS-Ⅰ型 MCU 智能分布式大坝安全监测系统测控单元采用了模块化结构设计、灵活的传感器混合接入方式、方便的参数设置和通道配置、分布式智能节点网络控制技术、强大的内置监控软件，可根据实际需要构建监测系统，能够在恶劣环境条件下长期、稳定、可靠地工作，且抗干扰、防雷击能力强，安装调试与维护管理方便。

2) DG-2000 型 MCU。DG-2000 型 MCU 分布式大坝安全监测系统测控单元由带有温控加热除湿装置的密封机箱、智能数据采集模块、电源模块、人工比测模块、防雷模块等组成，各功能模块布局合理，适用范围明确，安装调试与维护管理方便，能够灵活地构建不同规模的监测系统。

3) MCU-16B 型 MCU。MCU-16B 型 MCU 采用 Lon Works 现场控制网络技

术和基于标准的 Lon Talk 通信控制协议，使系统的构建更加灵活方便，以实现 MCU 之间、MCU 与数据接收机之间的通信和控制，降低系统故障风险，提高采集速度和容错能力。测控单元装有标准传感器，每次测量时需先测量标准信号值，以确保监测数据的准确性，如有异常，即时报警。系统化测量单元可方便地接入多种不同类型的传感器，其中包括符合 Lon Works 标准的各种设备。多样化的通信方式支持双绞线、电力线、光缆无线射频、红外线等多种传输方式，并可通过网桥实现与互联网的无缝连接。其自诊断功能可对中央处理器、时钟电路、数据存储器、程序存储器、供电状态、测量电路、测量准确度以及传感器线路状态等诊断处理。完善的抗干扰、防雷击、除湿防潮、冗余设计等措施有效地提高了测控单元的可靠性，它还具备测量精度高、性能可靠、结构灵活、维护方便、开放性好、兼容性强的特点。

（2）大坝变形监测设备。目前，大坝表面变形监测多采用水准仪、经纬仪、全站仪实现手动或半自动监测。大坝沉降监测自动化设备主要有沉降仪、测斜仪、静力水准仪。内部变形自动化监测设备主要有土压力计、应力应变计等。混凝土坝表面变形监测自动化设备主要包括引张线仪、激光监测仪、多点变位计、测缝计、静力水准仪、双金属管表仪等。

（3）大坝渗流监测设备。大坝渗流监测设备主要有渗压计、量水堰计。渗压计用来监测大坝坝体、坝基、绕坝渗流和坝后渗流量，量水堰计用于监测坝后渗流量。渗压计从结构上分为差动电阻式、气压式、压阻式、振弦式、应变片式，振弦式测量精度高、寿命长、价格高，而差动电阻式、气压式、压阻式投资较少。量水堰计主要有振弦式、压阻式、超声波式等，振弦式测量精度较高。

（4）大坝应力、应变监测设备。应力、应变监测主要设备类型包括电子式和机械式两种，其中精度较高的为机械式中的振弦类，包括振弦式应变计、振弦式应力计、振弦式钢筋计，但其造价较高。

（5）环境因子监测设备。环境因子监测设备主要有温度计、气压计、水位计、雨量计等。其中温度计种类较多，在大坝环境因子监测中使用较多的是热敏电式和振弦式温度计，其中振弦式温度计精度较高，使用寿命长；水位计主要有气泡式、浮子式、压力式和超声波式等。在坝水位自动化监测中多采用精度高、造价低、维护简单的浮子式水位计。

思考

大坝安全监测系统结构体系未来会有怎样的变革？

2.3.2 水雨情测报

2.3.2.1 水雨情测报的概念及意义

水雨情测报是指对江河、湖泊、水库等水体的水文要素实时情况的监测报告以及对未来情况的预报，其涉及防洪、抗旱、水资源综合利用与管理以及水生态环境保护等多个领域，与经济社会发展密不可分，是水文工作的重要组成部分。广义上讲，一切围绕水雨情测报所展开的专业工作和管理活动，都称为水雨情测报工作，简称"水雨情"。

水雨情测报是水库大坝管理的一项基本工作，是掌握水库水文资料、采取防汛措施、做好用水计划、进行科学调度和验证水库设计的依据。有了水雨情测报，才能做到心中有数，为确保水库的安全度汛和充分发挥工程效益创造条件。

很多水库是在水文资料短缺的情况下修建的，设计时的参数计算是否符合实际，需要在管理运用中，通过水库本身的观测资料进行验证。因此，不论是为了科学地进行水库调度，还是为了更有把握地进行水库工程的扩建或改建，都需要在管理运用过程中积累水库自身的水文观测资料。

概括来讲，水雨情测报工作的重要意义主要体现在：为防汛抗旱提供重要支撑和保障；为突发公共水事件提供预测分析；为水资源的优化配置、高效利用提供基础依据；为生态建设提供基础信息；为水利工程建设和运行奠定坚实基础；为经济社会发展和人民群众生产生活提供便利服务。

水雨情测报信息化就是有效地利用现代传感和遥测技术、计算机技术和信息传输技术等，使水雨情信息采集、存储、传输、应用和预测等方面具有较高的智能化程度，提高水文信息资源的应用能力和共享程度。

为及时获取水库的水雨情信息，保障水库安全度汛，大部分水库管理单位建设了水雨情自动测报系统，通过在水库大坝上布设一定量的雨量计、水位计和测速仪，实现对水库大坝及所在上游库区的降雨量、水库的上下游水位、出入库流量等参数的自动监测，为水库的安全防汛与兴利调度以及应急处理提供及时的信息。水雨情测报系统是水利现代化的重要组成部分，它提供对实时数据的查询、预警以及对历史观测数据的查询、管理、图表常规分析、统计模型分析等功能。这不仅能为水利工作人员的防汛抗旱决策提供重要的数据资源，还可为水资源优化调度和科学决策提供依据。该系统充分体现了水利工程利国利民的特点，能够有效地保护人民的生命和财产安全。与此同时，它也在维护社会稳定和可持续发展方面发挥着积极的推动作用。

2.3.2.2 水雨情测报工作的主要内容

水雨情测报工作可分为水文情报、水文预报、水情服务和水情管理四个部分，各部分工作内容如下。

（1）水文情报工作主要包括水情编码、水情报汛、水情传输、水情监视、水情信息报送、质量考核等内容。水情报汛站和各级水情管理单位要严格执行《水文情报预报规范》（GB/T 22482—2008）、《水情信息编码》（SL 330—2011），及时、准确地报送各类水情信息。当发生超标准洪水和突发事件时，要尽可能采取措施及时报告水情。水情信息通过公网和水利专网传输。水情信息传输基本流程一般为水情站→水情分中心→省（自治区、直辖市）和流域机构水情中心→水利部水利信息中心。

（2）水文预报工作主要包括预报方案编制和修订、预报方案评定和检验、作业预报和预报会商等。各水库编制的水文预报方案须经水库主管部门审定。已使用的水文预报方案，应根据实测资料积累情况，进行修改和补充。实时水文预报应按照规定发至有关单位和部门，并根据水情、雨情的变化，及时发出水文修正预报。

（3）水情服务工作主要包括水情信息的提供和发布、危险或灾害性水情的报警、预报信息的发布、水文情势的分析、旱涝趋势的展望等。

（4）水情管理工作主要包括水情工作总结、水情工作质量评定和水文情报预报效益分析等。

思考

水雨情测报工作除了上述内容外，未来还有可能增加什么内容？

2.3.2.3 水雨情自动测报系统的主要功能

水雨情自动测报系统如图 2.34 所示。典型的水雨情自动测报系统通常由三个子系统构成：水情信息测报终端子系统、水情通信子系统和水情中心站（分中心站）子系统。水雨情自动测报系统包括各种无人或有人值守的远程测站、无线中继站、遥测通信网、分中心站以及总中心站等。

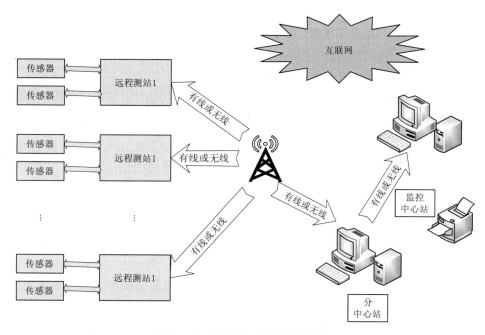

图 2.34 水雨情自动测报系统结构

一般而言，水雨情自动测报系统应具有以下功能。

（1）采集功能。通过遥测站自动采集雨量、水位等信息，是水雨情自动测报系统最基本的采集要素。对于重要江河的防洪控制站与受人类活动影响较大、水位流量关系复杂的河段，则需自动采集流量信息。对于非自动采集的流量信息，水雨情测报系统还应具有现场人工置数或水位流量关系自动转换的功能。

（2）存储功能。长期以来，我国水文采集数据大都采用现场纸录方式。随着水雨情自动测报系统技术的逐渐成熟，部分水文数据通过无线或有线的方式，传输至中心站的计算机中存储。该方法由于受各种自然条件的影响，往往有许多数据传输遗漏，导致不满足基本水文资料收集要求。因此，根据需要遥测站本身一般要具有存储功能。

（3）传输功能。遥测站只有将采集到的水文信息迅速传输至各分中心或中心，才能为防洪调度等提供决策支持。对于专为水利水电工程兴建的水雨情自动测报系统，其传输方式比较简单，一般将各遥测站水文信息直接传输到中心站或水情中心，当距离较远时可考虑增设若干中继站或水情分中心。对于省（自治区、直辖市）、流域或国家层面的水雨情自动测报系统，由于规模过大，并已形成一套规范的报汛管理体制，往往根据行政管理现状，划分若干区域设立水情分中心，采用由各遥测站将水文信息传输至分中心，再由分中心传输至省（自治区、直辖市）中心、流域中心、国家中心的分级传输方式。

（4）数据接收处理功能。各类中心站应具备实时数据接收处理和对遥测站监控的能力，且能对接收的数据进行检查、分类，建立数据库，提供查询、输出、发布等功能。水雨情自动测报系统还应具有基于已收集数据自动建立经验模型、概念模型、数学模型等各类预报模型方便分析预测的功能。

（5）自动报警功能。水雨情测报系统应具有在个别遥测信息漏缺情况下的预报功能。对于预报结论，系统应具有对外通报和发布功能。同时，当雨量、水位、流量等水文要素超过某一规定的数值，设备的供电不足或电压下降低于设计的阈值，以及当设备出现故障时，系统应有自动报警功能。

（6）防护功能。遥测站、中心站应具有过电压保护、防雷、防破坏和防盗功能。

思考

　　水雨情自动测报系统除了上述功能外，未来可能有怎样拓展和合并？

2.3.2.4　水文测站的布设

水文现象在地区分布上存在着差异，要研究、掌握不同地区、不同条件下的水文要素的变化规律，就需要布设水文测站，搜集有关水文资料。水文测站是在河流上或流域内设立的，按一定技术标准经常收集和提供水文要素的各种水文观测现场的总称，是组织进行水文定位控制观测和水文调查的基地，其搜集到的水文资料应能反映所控制地区（一个流域、一个水系或一条河段）的水文规律。

基本水文站按观测项目可分为流量站、水位站、泥沙站、雨量站、水面蒸发站、水质站、地下水观测井等。其中流量站（通常称作水文站）主要用于观测水位，有的还兼测泥沙、降水量、水面蒸发量及水质等；水位站也可兼测降水量、水面蒸发量。

布设测站时，应根据水库控制面积的大小、降水特点、河网分布、水库调节能力、运用方式，以及引水、泄流排沙工程布置等情况，整体考虑，全面布设；进行联合调度的串联、并联水库群或有河库联合调度任务的水库，还应视水库在流域内的分布情况、各水库所担负的调水调沙任务和水文情报以及联合调度运用的要求，综合考虑布站。

（1）出库水文站。各水库均应根据生产管理需要的具体情况设出库水文站，对库区引出的水量和沙量均须进行观测或调查。用设立水文测验断面或利用泄水建筑物进行测验的方法，控制下泄流入河道和引入渠道的水量和沙量。

（2）进库水文站。集水面积较大，且进库水流集中的水库，一般应设进库水文站。一般水库的进库水文站所控制的入库总水量、沙量应不少于 60%。较大河流上重要的综合利用水库和有泥沙问题的水库，所设进库水文站应控制入库总水量、沙量的 80% 以上。集水面积小、没有泥沙测验任务的水库，可不设进库水文站。

（3）雨量站。降水量是水库安全运用所需水文情报、预报的重要依据，也是控制入库水量的另一种方式。凡以降水径流补给为主的水库，均应做好雨量站的布设。布设时应满足下列要求。

1）雨量站布设的范围，根据水库调度运用对水文情报、预报的要求而定。集水面积较大的水库，可视洪水预见期的长短，在上游预报起始水文站至坝址区间的集水面积内布设；在小河流上的水库，应在水库控制的整个集水面积内布设。

2）雨量站布设的密度，应使控制面积内的平均降水量误差不影响水库的预报和降水径流关系分析计算所需精度为准。布站时，应对所在地区或相似地区的暴雨资料进行分析，一般可按当地雨量站网规划标准合理布站。

3）在山区设站时，须考虑降水的垂直分布及山坡的坡度和方向。应特别注意在经常出现的暴雨中心地区布站。在平原地区设站时，可均匀布站。

4）在满足前三项原则的前提下，尽量考虑报汛、交通、生活方便等条件。

5）初期布站应较密，经几年观测后，可在分析资料的基础上进行调整。进出库水文站和雨量站的布设，须根据各水库生产管理需要的具体情况全面规划，在已设站的基础上逐步调整，达到基本满足控制进出库的水量和沙量的要求。

思考　水文测站在布设过程中存在优化问题，优化的目标是什么？

2.4　科学研讨

水轮机流量及效率测量的方法主要包括流速仪法、压力时间法、热力学法、指数法（W-K 法）和超声波法。请通过查阅文献就其中一种方法详细分析其工作原理和测试过程。

课　后　阅　读

[1]　*Performing hydrological monitoring at a national scale by exploiting rain-gauge and radar networks: the Italian case*. Bruno Giulia, Pigone Flavio, Silvestro Francesco, et al. *Atmos-*

phere，2021.

[2] *Drought monitoring and agricultural drought loss risk assessment based on multisource information fusion*. Zhang Manman，Luo Dang，Su Yongqiang. *Natural Hazards*，2021.

[3] *Development of Dam Safety Remote Monitoring and Evaluation System*. Suwatthikul J，Vanijirattikhan R，Supakchukulu，et al. *Journal of Disaster Research*，2021.

[4] 《基于 GPRS 的小型水文信息采集系统研究》，许景辉、何东健，《水力发电》，2007 年。

[5] 《数字化水文水资源监测模式探讨》，李鹏、苏觉眠、聂卫杰等，《河南水利与南水北调》，2008 年。

[6] 《基于 CUAHSI – HIS 的水文遥感监测系统设计》，武昊、李建新，《计算机测量与控制》，2021 年。

[7] 《基于水利通信规约的农业用水计量系统设计》，周扣明、周志恒、贾培，《微处理机》，2021 年。

[8] 《基于 LoRa 的智能灌溉监控系统在灌区中的应用》，宋晓丹、周义仁，《人民黄河》，2019 年。

[9] 《基于 Web 的自动灌溉控制系统数据实时推送设计与开发》，李淑华、郝星耀、周清波等，《农业工程学报》，2015 年。

[10] 《一种农业信息远程监测系统的设计与实现》，邢振、申长军、郑文刚等，《中国农村水利水电》，2012 年。

[11] 《基于云平台的高效节水灌溉信息化管理系统设计》，刘文俊，《南方农业》，2022 年。

[12] *A wireless sensor network（WSN）application for irrigation facilities management based on Information and Communication Technologies（ICTs）*. Nam W H，Kim T，Hong E M，et al. *Computers and Electronics in Agriculture*，2017.

[13] 《水利工程管理中的信息化技术应用分析》，李健君，《中国水运（下半月）》，2023 年。

[14] 《水利实时现场信息采集及处理》，陈阳宇、夏治安、陈军强，《中国水利》，2004 年。

[15] 《基于 BIM 的水利工程施工监管平台设计与实现》，杨楚骅、饶凡威、傅志浩等，《人民珠江》，2022 年。

[16] 《水利工程质量检测智能网络监控系统研究》，马涛，《人民黄河》，2013 年。

课 后 思 考 题

(1) 什么是水位？观测水位有何意义？

(2) 请简述灌区取用水监测系统的组成，并说明取用水监测系统的特点。

(3) 简述大坝安全监测的作用和意义。

(4) 简述水利信息系统的现状以及存在的主要问题。

资源 2.14

资源 2.15

第 3 章

水利信息预报

知识单元 与知识点	1. 流域径流、暴雨灾害、洪水预报 2. 农业用水信息预报技术 3. 水利工程信息预报技术 4. 大数据在水利信息预报的应用
重难点	重点：流域径流预报、作物需水量预报、大坝安全预警预报 难点：流域洪水预报、水库水雨情预警预报
学习要求	1. 了解水文预报主要内容 2. 掌握流域径流预报、作物需水量预报技术 3. 熟悉大坝安全、水库水雨情预警预报技术 4. 思考大数据背景下水利信息预报技术变革方向

3.1 水 文 预 报

水文预报（hydrologic forecasting）是依据已知的信息对未来一定时期内的水文状态作出定性或定量的预测，目的是把水文现象的观测实况及时传送到预报中心。要提高水文预报的精度，必须提高水文情报的数量与质量；要加长预见期，首先要缩短观测、传送与处理资料的时间。常用的观测方法有电报电话、译电与发布办法等，现代的自动化遥测设备、通信手段，特别是卫星通信以及联机作业程序，可大大提高水文情报与预报的效率。

洪水预见期是基于上游洪水向下游传播时间或降雨形成洪水过程的滞后时间的预测时间段。根据预见期的长短，水文预报可分为短期预报和中长期预报。水文预报方法包括河流预报、流域预报、水质预报、统计预报及实时预报。我国目前已开展的预报服务项目包括洪水水位与流量、枯水水位与流量、含沙量、各种冰情、水质等。

资源 3.1

关于水文预报的研究可以追溯到公元前 3500 年，那时人们为了生存、为了防御洪水就开始进行水位观测和研究了。纵观水文规律研究，根据其研究内容和成果的复杂性大致可划分为古代萌芽发展时期、经验研究和简单水文规律或单因素规律研究时期，以及综合性规律的现代水文研究时期。

古代萌芽发展时期是公元前 3500—1500 年，该时期的研究思想和概念都是很模糊的，方法是很简单的，观测很少使用仪器，只凭眼睛和自然条件进行经验计算与估计。经验研究和简单水文规律或单因素规律研究时期是 1500—1953 年，该时期在概念、实验研究和量测工具、经验相关方法、简单水文机制的实验模拟等方面都有很大进展，在该时期内无论是研究的内容、形成的概念、理论与方法等都有大的发展，其规模与现代研究相差不大。特别是巴利四（Palissy）提出了水文循环概念，桑托利（Santorio）、卡斯特（Castelli）、霍克（Hooke）、巴斯卡（Pascal）等先后提出了使用流速仪、测雨仪、雨量计、机械计算机等进行预报，卡斯特还证实了希罗（Hero）在公元前 100 年左右根据经验提出的流量计算公式，还有哈雷（Halley）的蒸发试验、伯努利（Bernoulli）的水压与水流的关系研究、谢才（A. de Chezy）的河道流速公式、达西（Darcy）的地下水流理论、马尔凡尼（Mulvaney）的暴雨成因公式、麦克瑟（G. T. McCarthy）的马斯京根河道流量演算方法、霍顿（Horton）的下渗计算公式等。综合性规律的现代水文研究时期是从 1954 年至今，高速、大容量计算机的发展与应用，使得人们对水文规律的综合性研究、对水流的模拟成为可能，使水文预报能解决许多生产上的实际问题，流域或区域性大范围的洪水、旱情预测研究才得以进行。

　　当前，水文预报研究主要还存在基本规律研究和误差修正两方面的问题。基本规律研究涉及机理研究的进一步深入、规律描述方法的物理化和综合性。误差修正主要是与修正效果有关的研究，包括修正方法、修正利用信息、修正内容等方面的研究。由于水文现象是一种自然现象，它的发生和发展往往既具有必然性也具有偶然性；它具备确定性规律、地理分布规律和统计规律。根据水文预报技术在生产上的应用领域不同，可分为流域径流预报、流域暴雨灾害预报及流域洪水预报。

思考

你认为水文预报研究还存在哪些问题？谈谈你的想法。

3.1.1　流域径流预报

　　流域径流是指降水形成的沿着地面和地下向河川、湖泊、水库、洼地等处流动的水流，包括地表径流、地下径流和河川径流。大气降水和高山冰川积雪融水产生的动态地表水及绝大部分动态地下水，是构成水分循环的重要环节，是水量平衡的基本要素。大气降水落到地面后，一部分蒸发变成水蒸气返回大气，一部分下渗到土壤成为地下水，其余的水沿着斜坡形成漫流，通过冲沟、溪涧，注入河流，汇入海洋，这种水流称为地表径流。地下径流是指由地下水的补给区向排泄区流动的地下水流。大气降水渗入地面以下后，一部分以薄膜水、毛管悬着水形式蓄存在包气带中，当土壤含水量超过田间持水量时，多余的重力水下渗形成饱水带，继续流动到地下水面，由水头高处流向低处，由补给区流向排泄区，而地下径流则是枯水的主要来源。河川径流是指汇集陆地表面和地下水进入河道的水流。流域的水量大小通常用径流量来表示，通常称某一时段（年或日）内流经河道上指定断面的全部水量为径流量，以 m^3 计。一条河流的径流量由水文站的实际观测资料计算求得。径流预报在水文预报中有着重要的作用，本书主要介绍中长期径流预报和无径流资料流域水文预报的方法。

3.1.1.1　中长期径流预报

中长期径流预报不仅仅局限于由流域落地雨到河槽径流的产汇流过程，更应探求径流来源的水汽形成原因、条件及其影响因素，而这些内容超出了水文学的研究范畴，已延伸拓展到气象学和气候学的研究领域。因此，中长期径流预报的实质是气象预报和气候预测问题，水文气象学和水文气候学是其学科基础。中长期径流预报的方法有时间序列分析法、回归分析法、人工神经网络法等，下面主要介绍时间序列分析法和回归分析法。

1. 时间序列分析法

（1）定义。时间序列就是将系统中某一现象在不同时刻的观测值排成一个数值序列。其数学表现形式为

$$y(t_1), y(t_2), y(t_3), \cdots, y(t_n) \tag{3.1}$$

式中：$y(t_n)$ 为 t_n 时刻的观测值。

为了计算方便，总是假设各观测值的时间间隔是相同的。时间序列分为平稳时间序列和非平稳时间序列。

平稳时间序列：如果一个随机过程的随机特征不随时间变化，其数学期望和方差都是固定值，则相关函数只是时间间隔的函数，和时间无关。数学表示为

$$y_1, y_2, y_3, \cdots, y_i, \cdots, y_t \qquad y_t = y(t_0 + i_\sigma) \tag{3.2}$$

式中：σ 为时间间隔。

适用于平稳时间序列的主要模型有自回归模型（auto‐regressive，AR），移动平均模型（moving‐average，MA），自回归移动平均模型（auto‐regressive‐moving‐average，ARMA）。

在实际的水文序列中，由于受到各种因素的影响，水文数据表现出明显的不平稳性，也就是说其随机特征是随时间变化的。只要数学期望和相关系数中有一个值随时间变化，就说这个时间序列是非平稳时间序列。

在实际应用中通常都是将非平稳的水文过程通过参数方法或者差分的方法变成平稳的水文过程，然后建立相应的模型进行预测。模拟非平稳时间序列主要运用求和自回归综合移动平均模型（auto‐regressive integrated moving‐average，ARIMA）。

（2）特点。由于事物发展都是受周围环境影响的，绝对独立的事物是不存在的。正是由于这种影响使得时间序列的变动表现出一些特征。

1）趋势性：观测变量随着时间的推移和周围环境的变化表现出一种长期而缓慢的持续上升、下降、停滞的趋势变化。

2）随机性：事物发展通常都是按照一定规律变化的，在这种确定规律中总是叠加着不规则的随机波动，亦存在个别的随机现象。

3）周期性：事物由于受到外界环境的影响，比如地球的自转导致的季节变化等，使得事物表现的发展规律表现出峰谷交替的变化现象。

（3）步骤。

1）检验序列的平稳性：通过序列图检验序列的平稳性。

2）模型识别：通过自相关图（ACF）和偏自相关图（PACF）来初步确定模型

类别。

3）参数估计和模型检验：对识别过的 ACF 和 PACF，初步确定模型参数，不断调整，检验模型的合理性，直至达到最优。

4）预测：根据最终确定的模型预测出序列未来某时刻的状态。

2. 回归分析法

回归分析法是一种应用极为广泛的数量分析方法。它应用于分析事物之间的统计关系，侧重考察变量之间的数量变化规律，并通过回归方程的形式描述和反映这种关系，帮助人们准确把握变量受其他一个或多个变量影响的程度，进而为预测提供科学依据。回归分析法是通过建立统计模型，研究变量间相互关系的密切程度、结构状态、模型预报的一种有效的方法，根据变量之间的关系可将回归分析分为线性回归分析和非线性回归分析。线性回归分析是指用线性回归模型来计算、表示因变量和自变量之间的关系。如果只有一个自变量则称为一元线性回归，如果有多个自变量则称为多元线性回归。

（1）回归方程。一元线性回归的数学模型表达式为

$$y = \beta_0 + \beta_1 x + \varepsilon \tag{3.3}$$

式中：β_0 和 β_1 为回归系数；ε 为代表其他随机因素的随机变量。

式（3.3）为因变量 y 关于自变量 x 的一元线性回归方程。

多元线性回归的数学模型表达式为

$$y = \beta_0 + \beta_1 x_1 + \beta_2 x_2 + \cdots + \beta_p x_p + \varepsilon \tag{3.4}$$

式（3.4）为 p 元线性回归模型，即有 p 个自变量。方程由两部分组成：一部分是由自变量 x_1，x_2，x_3，$\cdots$，x_p 引起的因变量 y 的变化；另一部分是由其他随机因素引起的 y 的变化部分，即 ε。其中 β_0 和 β_1，β_2，$\cdots$，β_p 分别称为回归常数和偏回归系数，ε 称为随机误差，服从 $N(0, \sigma_2)$ 的正态分布。

模型对应的矩阵方程表示为

$$Y = \beta X + \varepsilon \tag{3.5}$$

$$Y = \begin{pmatrix} Y_1 \\ Y_2 \\ \vdots \\ Y_N \end{pmatrix}, \quad X = \begin{pmatrix} 1 & X_{11} & \cdots & X_{k1} \\ 1 & X_{12} & \cdots & X_{k2} \\ \vdots & \vdots & & \vdots \\ 1 & X_{1N} & \cdots & X_{kN} \end{pmatrix}, \quad \beta = \begin{pmatrix} \beta_0 \\ \beta_1 \\ \vdots \\ \beta_k \end{pmatrix}, \quad \varepsilon = \begin{pmatrix} \varepsilon_1 \\ \varepsilon_2 \\ \vdots \\ \varepsilon_N \end{pmatrix} \tag{3.6}$$

式中：Y 为因变量组成的 N 列向量；X 为自变量组成的 $N \times (k+1)$ 阶矩阵；β 为回归系数的 $(k+1)$ 列向量，ε 为随机误差的 N 列向量。

在矩阵 X 表达式中，每一个元素 X_{ij} 都有两个下标，第一个下标表示相应的列（变量），第二个下标表示相应的行（观测值）。自变量矩阵 X 中的元素都是确定的，X 的秩为 $(k+1)$，且 $k < N$，矩阵中的每一列表示相应给定变量的 N 次观测值的向量，与截距有关的所有观察值都等于 1。

（2）最小二乘法估计。最小二乘法是指每个样本点与所确定的回归线上的对应点在垂直方向上的偏差距离的总和最小，即残差平方和最小。

$$ESS = \sum_{t=1}^{N} \hat{\varepsilon}_t^2 = \hat{\varepsilon}'\hat{\varepsilon} \tag{3.7}$$

$$\hat{\varepsilon} = Y - \hat{Y} \tag{3.8}$$

$$\hat{Y} = X\hat{\beta} \tag{3.9}$$

式中：$\hat{\varepsilon}$ 为回归残差的 N 列向量；$\hat{Y}$ 为 Y 拟合的值的 N 列向量；$\hat{\beta}$ 为估计参数的 $k+1$ 列向量。

将式（3.8）和式（3.9）代入式（3.7），则得

$$ESS = (Y - X\hat{\beta})'(Y - X\hat{\beta}) = Y'Y - 2\beta'X'Y + \hat{\beta}'X'X\hat{\beta} \tag{3.10}$$

为了确定最小二乘法估计量，通过 ESS 对 $\hat{\beta}$ 进行微分，并使之等于 0，即

$$\frac{\partial ESS}{\partial \hat{\beta}} = -2X'Y + 2X'X\hat{\beta} = 0 \tag{3.11}$$

所以

$$\hat{\beta} = (X'X^{-1}) \cdot (X'Y) \tag{3.12}$$

前面已假设 X 的秩为 $k+1$，因此矩阵即交叉乘积矩阵是可逆的，亦 X'、X^{-1} 具有非奇异性。二阶最小化的条件是，X'、X^{-1} 是一个正定矩阵。

最小二乘法残差为

$$X'\hat{\varepsilon} = X'(Y - \hat{X\beta}) = X'Y - X'\hat{X\beta} = 0 \tag{3.13}$$

即自变量和残差的交叉乘积的总和为 0。

因为

$$\hat{\beta} = (X'X)^{-1}X'Y = (X'X)^{-1}X'(X\beta + \varepsilon) = \beta + (X'X)^{-1}X'\varepsilon \tag{3.14}$$

设式中 $A = (X'X)^{-1}X'$，且是常数，于是有

$$E(\beta) = \beta + E(A\varepsilon) = \beta + AE(\varepsilon) = \beta \tag{3.15}$$

由式（3.15）发现，遗漏变量都是随机分布的，与 X 无关，并且具有 0 均值，由此可说明最小二乘法估计量将是无偏估计，即

$$Var(\hat{\beta}) = E[(\hat{\beta} - \beta)(\hat{\beta} - \beta)'] = (X'X)^{-1}X'E(\varepsilon\varepsilon')X(X'X)^{-1} = \sigma^2(X'X)^{-1} \tag{3.16}$$

综上所述，最小二乘法估计量为线性和无偏估计量。由著名的高斯-马尔科夫定理可知，$\hat{\beta}$ 为 β 的最佳线性无偏估计量，也就是说它在全部无偏估计量中方差最小。为了证明这个定理，只需证明任何其他线性估计量 b 的方差比 $\hat{\beta}$ 的方差大。注意 $\hat{\beta} = AY$，为了不失去一般性，将 b 的方程写成：

$$b = (A + C)Y = (A + C)X\beta + (A + C)\varepsilon \tag{3.17}$$

假如 b 是无偏的，则

$$E(b) = (X'X)^{-1}X'X\beta + CX\beta = (I + CX)\beta = \beta \tag{3.18}$$

式（3.18）成立的充分必要条件是 $CX = 0$，这样就可以研究方差 $Var(b)$。由于 $b - \beta = (A + C)\varepsilon$，所以有

$$Var(b)=E[(b-\beta)(b-\beta)']=E\{[(A+C)\varepsilon][(A+C)\varepsilon]'\} \tag{3.19}$$

$$=E[(A+C)\varepsilon\varepsilon'(A+C)']=E[\varepsilon\varepsilon'][(A+C)(A+C)'] \tag{3.20}$$

由于

$$(A+C)(A+C)'=AA'+CA'+AC'+CC'$$

$$=(X^1X)^{-1}X^1X(X^1X)+CX(X^1X)^{-1}+(X^1X)^{-1}X^1C^1+CC^1 \tag{3.21}$$

因为 $CX=X'C'=0$，所以 $(A+C)(A+C)'=(X'X)^{-1}+CC'$，即

$$Var(b)=\sigma^2[(X^1X)^{-1}+CC']=Var(\hat{\beta})+\sigma^2CC' \tag{3.22}$$

可以看出，CC' 为半正定矩阵。该矩阵的二次型为 0，只有当 $C=0$ 时，另外的估计量 b 就是普通最小二乘法估计量，由此，定理即可得到证明。

（3）回归分析的一般步骤。回归分析的一般步骤可以归纳为如下过程：

1）确定回归方程中的因变量和自变量。

2）通过机理分析，确定回归模型。

3）建立回归方程，对回归方程进行各种检验（回归方程拟合优度检验、回归方程显著性检验、回归系数的显著性检验、残差分析）和调整。

4）利用回归方程进行预测。

思考

中长期径流预报的关键和难点是什么？谈谈你的想法。

3.1.1.2　无径流资料流域水文预报方法

无径流资料流域水文预报具有重要的作用和意义。传统方法的思想一般是资料移用，但是参考站（流域）选择并没有有效的方法，在很大程度上受到水文工作者主观经验的影响。径流特征值的空间变化与流域物理特性及气象因素等密切相关，区域化方法（regionalization）即在这种基础上发展起来，即通过流域属性寻找目标流域（无资料流域）的参考流域（有资料流域），利用有资料流域的模型参数推求无资料流域的模型参数，从而对无资料流域进行预报。

区域化的常用方法包括距离相近法、属性相似法和回归分析法三种，有很多研究者分别应用三种方法对无资料流域径流进行预报，也有学者将多个方法同时应用，并进行了比较。Merz 和 Bloschl 在澳大利亚 308 个流域中应用概念性流域模型评价了 8 种参数区域化方法的效果，结果表明，基于空间邻近性的区域化方法比任何一种基于流域属性的方法（如全局回归和局部回归）效果更好。Young 利用 6 种参数的 PDM 模型对英国 260 个流域进行研究，结果表明，回归分析法优于距离相近法和属性相似法。Parajka 对 4 组共 7 种区域化方法的研究得出了与上述研究相同的结论。Oudin 等利用 GR4J 和 TOPMO 模型对法国 913 个流域进行研究，结果表明，距离相近法最优，属性相似法次之，回归分析法最差。Kay 等利用两个 6 种参数的模型 PDM 和 TATE 对英国 119 个流域进行研究，结果发现对于 PDM 模型，属性相似法略优于回归分析法，而对于 TATE 模型，回归分析法表现最优，说明区域化方法的优劣与所

用水文模型有关。Kokkonen 等认为当有资料流域与无资料流域在水文行为方面相似时，有理由相信采用有流域资料率定后的参数比用模型参数和流域特征之间定量关系的做法更好。

目前，无径流资料流域水文预报的常用方法有水文比拟法、地区经验公式法、参数等值线图法、年径流系数法、随机模拟法、区域化方法等。

（1）水文比拟法。水文比拟法是将参考流域的某些水文特征量移用到目标流域上的一种方法，特别适用于年径流的分析估算。当设计断面缺乏实测径流资料，但是其上下游或水文相似区内有实测水文资料可以选作参考站时，可采用水文比拟法估算设计年径流。

该方法的要点是将参考站的径流特征值经过适当的修正后移用到设计断面。进行修正的参变量常选用流域面积和多年平均降水量，其中流域面积为主要参变量，二者应比较接近，通常以相差不超过 15% 为宜，参考站要有较长的实测径流资料；若径流的相似性较好，也可以适当放宽上述限制。当设计流域无降水资料时，也可以不采用降水参变量，其年径流计算如下：

$$\overline{Q}=K_1 K_2 \overline{Q}_c \tag{3.23}$$

其中

$$K_1=A/A_c, \qquad K_2=\overline{P}/\overline{P}_c$$

式中：$\overline{Q}$、$\overline{Q}_c$ 分别为设计流域和参考流域的多年平均流量，m^3/s；K_1、K_2 分别为流域面积和年降水量的修正系数；A、A_c 分别为设计流域和参考流域的面积，km^2；$\overline{P}$、$\overline{P}_c$ 分别为设计流域和参考流域的多年平均降水量，mm。

如果设计流域水文站有年径流分析成果，也可以采用下列公式，将参考站的设计年径流直接移用到设计流域：

$$\overline{Q}_p=K_1 K_2 \overline{Q}_{p,c} \tag{3.24}$$

式中：p 为频率；其他符号意义同前。

水文比拟法的精度取决于设计流域和参考流域的相似程度，特别是流域下垫面的情况要求比较接近。

（2）地区经验公式法。通过年径流的地区综合，多年径流均值常以经验公式表示。这类公式主要是与年径流影响因素建立关系，多年径流均值的经验公式为

$$\overline{Q}=b_1 A^{n_1}$$

或

$$\overline{Q}=b_2 A^{n_2} \overline{P}^m \tag{3.25}$$

式中：$\overline{Q}$ 为多年平均流量，m^3/s；A 为流域面积，km^2；$\overline{P}$ 为多年平均降水量，mm；b_1、b_2、n_1、n_2、m 为参数，通过实测资料分析确定或按照已有分析成果采用。

（3）参数等值线图法。我国已绘制了全国和各省（自治区、直辖市）的水文特征等值线图和表，其中年径流深等值线图及 C_v 等值线图可供中小流域设计年径流量估算时直接采用。如果工程所在地流域附近找不到参考流域，且工程所在地流域又无降雨资料，或虽有降雨资料，但代表性不够，一般建议采用等值线图法。利用等值线图推求无

资料流域多年平均年径流深时，须首先在图上画出流域范围，定出流域形心。在流域面积较小、流域内等值线分布均匀的情况下，可由通过流域形心的等值线确定该流域的多年平均年径流深，或根据形心附近的两条等值线，按比例内插求得。如流域面积较大或等值线分布不均匀时，可用等值线间的面积加权计算流域平均年径流深。

1）年径流深均值的估算。根据年径流深均值等值线图，可以查得设计流域年径流深的均值，然后乘以流域面积，即得设计流域的年径流量。

如果设计流域内包含多条径流深等值线，如图 3.1 所示，可以用面积加权法推求流域的平均径流深：

$$R = \sum_{i=1}^{n} R_i A_i / \sum_{i=1}^{n} A_i \qquad (3.26)$$

式中：R_i 为分块面积的平均径流深，mm；A_i 为分块面积，km^2；R 为流域平均径流深，mm。

年径流深均值确定以后，可以通过下列关系确定年径流量：

$$W = KRA \qquad (3.27)$$

式中：W 为年径流量，m^3；R 为年径流深，mm；A 为流域面积，km^2；K 为单位换算系数，采用上述单位时，$K = 1000$。

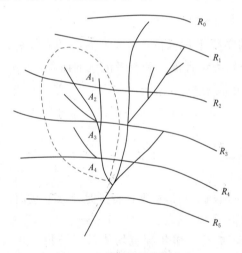

图 3.1 用等值线图推求多年
平均年径流深示意图

2）年径流深 C_v 值的估算。年径流深 C_v 值的估算也有等值线图可供查算，方法与年径流均值估算方法类似，但可以更简单一点，即按一定比例内插得到出流域重心的 C_v 值就可以了。

3）年径流 C_s 值的估算。年径流 C_s 值一般采用 C_v 的倍比。按照规范规定，一般可采用 $C_s = (2 \sim 3) C_v$。

在确定年径流深 R 的均值、C_v、C_s 后，便可借助于查用 P-Ⅲ型频率曲线表，绘制出年径流的频率曲线，确定设计频率的年径流值。

（4）年径流系数法。如果工程所在流域附近找不到参考流域，但具有较长系列的降雨资料，经分析有比较好的代表性，一般建议采用径流系数法，即算出多年平均年降雨量后，再查出其多年平均年径流系数，二者相乘后得出其多年平均年径流量。用径流系数法计算多年平均年径流量，关键在于径流系数的确定。确定径流系数的方法有：①对多年平均年径流系数有分析成果的地区可直接采用；②本流域有邻近流域规划设计或已建水利工程，如水库，若有计算分析或通过实测降雨径流系列分析计算的多年平均年径流系数可予以移用；③可在地区水文手册（或水文图集）上查出本流域的多年平均年径流量时，最好与年径流深等值线图法算出的成果进行对比分析之后，予以选用。

杨鸣蝉等提出将水文比拟法与参数等值线图法综合起来，利用参考站的实测径流系列，推求无资料流域（设计站）的年、月径流系列的综合分析法。该方法先按参数等值线图确定设计流域的设计年径流参数，再按水文比拟法基本要求选择参考站，计算参考站年径流统计参数，利用设计站与参考站年径流统计参数之间的关系，修正参考站的年径流系列，使之成为具有设计站统计特征的年径流系列，再利用参考站各年的年内分配，求得设计站月径流系列，从而用于水库的径流调节计算。杨家坦通过研究小流域水文特性及其影响因素，提出在同一气候区内应用小流域高度分布曲线与年降水量随高度呈线性变化，以此来确定小流域上平均年降水量和应用年降水径流关系。通过分析小流域不闭合的河床地下水潜流量，以提高无资料地区小流域设计径流的技术处理。

（5）随机模拟法。传统的水文学方法立足于水文历史序列的重现，其弊端在于忽略了水文序列的随机性，而且，历史序列一般较短，无法反映水文要素在时间和空间上各种可能的组合情况。根据随机水文学原理建立水文序列随机模拟模型，实质上是对实测序列所包含信息的进一步提取，可用于生成综合水文记录、预报水文事件、监测水文记录的趋势以及插补缺测资料和延长水文系列。

（6）区域化方法。区域化方法是通过流域属性寻找目标流域（无资料流域）的参考流域（有资料流域），利用有资料流域的模型参数推求无资料流域的模型参数，从而对无资料流域进行预报。区域化方法可以利用更多的信息，因而可以在很大程度上降低不确定性的影响，提高预报精度，是目前解决无资料流域径流计算问题的有效途径之一。常用的区域化方法有空间相近法、属性相似法和回归分析法。空间相近法是指找出与研究流域（无资料流域）距离上相近的一个（或者多个）流域（有资料流域），并把其参数作为研究流域的参数。其研究根据为同一区域的物理和气候属性相对一致，因此相邻流域的水文行为相似。属性相似法是指找出与研究流域属性（如土壤、地形、植被和气候等）上相似的流域，并把其参数作为研究流域的参数。回归分析法是指根据有资料流域的模型参数和流域属性，建立二者之间的多元回归方程，从而利用无资料流域的流域属性推求其模型参数。

思考

试分析以上几种无径流资料流域水文预报的常用方法的优缺点。

3.1.2　流域暴雨灾害预报

暴雨是受到大气环流和天气、气候系统影响的一种自然现象。暴雨对社会的生产、生活是否造成灾害，取决于社会经济、人口、防灾抗灾能力等诸多因素，因而暴雨灾害的发生不仅有自然的原因，而且有社会和人为因素的影响。我国暴雨灾害主要集中在大兴安岭—阴山—贺兰山—六盘山—岷山—横断山以东区域，特别是长江、淮河、黄河、珠江、海河、辽河、嫩江、松花江等八大江河的中下游平原地区，其次是四川盆地、关中地区以及云贵高原的部分地区。暴雨灾害的主要特点是范围广、发生频繁、突发性强且损失大。其中，农业受洪水灾害影响最为严重。准确的暴雨、洪水预报是各级政府指挥抗洪救灾的主要科学依据之一。因此，开展对暴雨的深入研究是十分紧迫的重要需求。

暴雨灾害预报的关键技术是雨量预报、洪水预报以及相关预报信息显示系统的研究，是预报系统的核心部分。目前国内外对于面雨量的研究主要采用的方法有实况插值法、要素回归法、遥感相关法、神经网络法、物理模型法等，其中又以实况插值法的实用性最强，相关研究也比较多。要素回归法对于较长的时段效果较好，月雨量、年雨量回归计算在某些地方已取得区域试验的成功并应用于实际，遥感相关法、神经网络法、物理模型法等也有成功的个案，但基本还是以研究为主。本小节主要针对暴雨灾害预报做出系统讲述，而流域洪水预报将在第 3.1.3 节详细分析。

1. 流域面雨量预报

插值方法是目前面雨量估算中最为常用也是最为成熟的方法，插值方法又分为几何插值法、统计方法、函数方法等。在某些天气条件下，若测站密度不够，利用插值方法得到精确的气象要素分布值存在很大的难度，所以还需要更新系统、深入地研究插值的性质，深刻了解各插值方法的性质、天气适用性，探索新的方法。

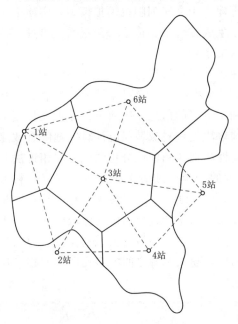

图 3.2　泰森多边形法示意图

几何插值法有反距离加权法和泰森多边形法。泰森多边形法是目前应用比较广泛的方法，如图 3.2 所示，它是通过算出区域内各测站点降雨量的面积贡献值，再求出各站点雨量与其面积贡献值之积，两者相加即可得出该区域的面降雨量。各站点的面积贡献值是将区域内各相邻站点用直线相连，作各连线的垂直平分线，把流域划分为若干个多边形，每个多边形内都有一个测站，该多边形的面积与总面积之比就代表其内测站降雨量的面积贡献值，实质上是认为采样点的值等于与它距离最近的测站的值。流域面平均雨量用下式计算：

$$\overline{P} = f_1 p_1 + f_2 p_2 + \cdots + f_n p_n = \sum_{i=1}^{n} f_i p_i \qquad (3.31)$$

式中：$\overline{P}$ 为流域平均降水量，mm；p_1，p_2，$\cdots$，p_n 为各站同期雨量，mm；f_1，f_2，$\cdots$，f_n 为各站权重，$f_i = a_i / A$；a_i 为流域内某测站的控制面积，km^2；A 为流域总面积，km^2。

泰森多边形法优点是简单、直观、计算量少。但是，由于没有考虑具体的地理环境条件，也没有考虑不同天气系统带来的降水分布不同，而且从多边形的边内到边外，雨量是突变的，所以这种方法在某些系统下必然会产生很大的误差。

反距离加权法是另一种几何插值法，是目前最常用的空间插值方法。它认为距离待估点越近的测站，其贡献越大；距离越远，贡献越小；到了一定距离之外就没有贡献。这种插值方法可以看作泰森多边形法的一种拓展。在计算权重时可以取距离的一次方，也可以取二次方、多次幂，幂次数越大，表示距离的影响就越大，决定站点参与计算与否的距离半径越大，插值结果越平滑，反之变化越大。这种方法也具有简单明了的特点，计算也比较方便，但它仅考虑了空间距离的关系。如果站点很密，则效果自然很好；如果测站密度较低，则一些分布变化大的情况就不能很好地反映。

神经网络的组成元素人工神经元，是组成人工神经网络的基本计算单元，它模拟了人脑中神经元的基本特性，一般是多输入单输出的非线性单元，有一定的内部状态和阈值。神经网络内大量简单的神经元相互连接成为复杂的网络系统，具有不同的具体模型，在气象上经常用反向传播模型（back propagation model），也称为神经网络BP模型。模型由输入层、隐含层、输出层构成，相邻层次的神经元之间全部相互连接，层次内的神经元之间不连接。数据由输入层输入后传播到隐含层，经激活函数运算后，隐含层的输出信息传播到输出节点，最后由输出层输出。神经网络BP模型的特点是信号输入输出曲线斜度较陡；大信号输入时增益较小，也就是使大信号不饱和、小信号不至于过多地衰减。这一特点使得模拟输出信号不致偏离很大，但对于极值、异常情况的模拟就会失真过大。

2. 设计面暴雨量计算方法

设计面暴雨量一般有两种计算方法：①当设计流域雨量站较多、分布较均匀、各站有长期的同期资料、能求出比较可靠的流域平均雨景（面雨量）时，就可直接选取每年指定统计时段的最大面暴雨量，进行频率计算，求得设计面暴雨量，这种方法常称为设计面暴雨量计算的直接法；②当设计流域内雨量站稀少或观测系列甚短，或同期观测资料很少甚至没有，无法直接求得设计面暴雨量时，只好先求流域中心附近代表站的设计点暴雨量，然后通过暴雨点面关系，求相应设计面暴雨量，该方法为设计面暴雨量计算的间接法。

3. 直接法推求设计面暴雨量

（1）暴雨资料的收集。暴雨资料的主要来源是国家水文、气象部门的雨量站网观测资料，但也要注意收集有关部门专用雨量站的观测资料。强度特大的暴雨中心点雨量，往往不易通过雨量站观测到，因此必须结合调查收集暴雨中心范围和历史上特大暴雨资料，了解当时雨情，尽可能估计出调查地点的暴雨量。

我国暴雨资料按其观测方法及观测次数的不同，分为日雨量资料、自记雨量资料和分段雨量资料三种。日雨量资料一般是指当日8:00到次日8:00所记录的雨量资料（注意：气象部门是0:00到次日0:00）。自记雨量资料是以分钟为单位记录的雨量过程资料。分段雨量资料一般是以1h、3h、6h、12h等不同的时间间隔记录的雨量资料。

（2）暴雨资料的审查。暴雨资料应进行可靠性审查，重点审查特大或特小雨量观测记录是否真实，有无错记或漏测情况，必要时可结合实际调查，予以纠正；检查自记雨量资料有无仪器故障的影响，并与相应定时段雨量观测记录比较，尽可能审定其准确性。

　　暴雨资料的代表性分析可通过与本流域或邻近流域实际大洪水资料进行对比分析，注意所选用暴雨资料系列是否有出现异常（偏丰或偏枯）的情况。

　　暴雨资料一致性可通过统计与成因两方面进行审查，但成因分析实际上有困难。对于求分期设计暴雨时，要注意暴雨资料的一致性，不同类型暴雨特性是不一样的，如我国南方地区的梅雨与台风雨宜分别考虑。

　　（3）统计选样。在收集流域内和附近雨量站的资料并进行分析审查的基础上，先根据当地雨量站的分布情况，选定推求流域平均（面）雨量的计算方法（如算术平均法、泰森多边形法或等雨量线图法等），计算每年各次大暴雨的逐日面雨量。然后选定不同的统计时段，按独立选样的原则，统计逐年不同时段的年最大面雨量。

　　对于大、中流域的暴雨统计时段，我国一般取 1 日、3 日、7 日、15 日、30 日，其中 1 日、3 日、7 日暴雨是一次暴雨的核心部分，而统计更长时段的雨量则是为了分析暴雨核心部分起始时刻流域的蓄水状况。

　　1）面雨量资料的插补展延。在统计各年的面雨量资料时，经常遇到这样的情况：设计流域内早期（如 20 世纪 50 年代以前及 50 年代初期）雨量站点稀少，近期雨量站点多、密度大。

　　一般来说，以多站雨量资料求得的流域平均雨量，其精度较以少站雨量资料求得的为高。为提高面雨量资料的精度，需设法插补展延较短系列的多站面雨量资料。一般可利用近期多站平均雨量与同期少站平均雨量建立关系。若相关关系好，可利用相关线展延多站平均雨量作为流域面雨量。为了解决同期观测资料较短、相关点据较少的问题，在建立相关关系时，可利用一年多次法选样，以增添一些相关点据，更好地确定相关线。

　　2）特大暴雨的处理。实践证明，暴雨资料系列的代表性与系列中是否包含有特大暴雨有直接关系。一般的暴雨变幅不很大，若系列中不包含特大暴雨，统计参数 x、C_v 往往会偏小。若在短期资料系列中，一旦加入一次罕见的特大暴雨，就可以使原频率计算成果完全改观。例如，福建长汀县四都站，根据 1972 年以前的最大 1 日雨量系列计算，其均值 $x=102\mathrm{mm}$（图 3.3 中 1 线），据此计算求得万年一遇最大 1 日雨量为 332mm。1973 年，四都站出现一次特大暴雨，实测最大 1 日雨量达 332.5mm，恰好相当于万年一遇的数值，在四都站年最大 1 日雨量的经验频率分布图上，1973 年的暴雨量点据高悬于其他点据之上（未做特大值处理，适线后得出图 3.3 中 3 线），C_v 值高达 1.10，与周围各站的 C_v 相差悬殊。这些均说明，原参数值偏小，而 1973 年暴雨参加计算后，参数值又明显偏高。由此可见，特大值对统计参数 x、C_v 值影响很大，如果能够利用其他资料信息，准确估计出特大值的重现期，无疑会提高系列代表性。

　　判断大暴雨资料是否属特大值，一般可从经验频率点距偏离频率曲线的程度、模比系数 K_p 的大小、暴雨量级在地区上是否很突出以及论证暴雨的重现期等方面进行分析判断。近 60 多年来，我国各地区出现过的特大暴雨，如河北省的"63·8"暴雨、河南省的"75·8"暴雨、内蒙古的"77·8"暴雨等均可做特大值处理。此外，国内外暴雨量历史最大值记录也可供判断参考。

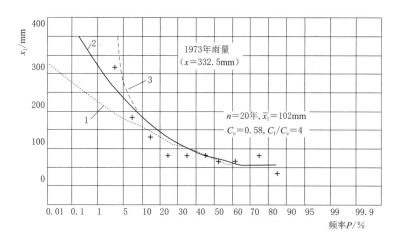

图 3.3 福建长汀县四都站最大 1 日雨量-频率曲线

1—由 1973 年以前资料得出的频率曲线；2—把 1973 年暴雨做特大值处理后得出的频率曲线；
3—1973 年暴雨未做特大值处理得出的频率曲线

若本流域没有特大暴雨资料，则可进行暴雨调查或移用邻近流域已发生过的特大暴雨资料。移用时要进行暴雨、天气资料的分析，当表明形成暴雨的气象因素基本一致，且地形的影响又不足以改变天气系统的性质时，才能把邻近流域的特大暴雨移用到设计流域，并在数量上加以修正。

特大暴雨处理的关键是确定重现期。由于历史暴雨无法直接考证，特大暴雨的重现期只能通过小河洪水调查并结合当地历史文献中有关灾情资料的记载来分析估计。一般认为，当流域面积较小时，流域平均雨量的重现期与相应洪水的重现期相近。例如，四都站 1973 年特大暴雨的重现期，通过洪水调查（流域面积 $A=166\text{km}^2$）了解到 1915 年洪水是 120 多年来最大的洪水。1973 年的洪水是 120 多年来的第二大洪水。据此估算，1973 年暴雨的重现期为 60～70 年，经处理后重新适线，求得 $C_v=0.58$（图 3.3 中 2 线），计算成果与邻近地区具有长期观测资料系列的测站比较一致。

必须指出，对特大暴雨的重现期必须作深入细致的分析论证，若没有充分的依据，就不宜做特大值处理。若误将一般大暴雨作为特大值处理，会使频率计算成果偏低，影响工程安全。

3）面雨量频率计算。我国面雨量统计参数的估计一般采用适线法。《水利水电工程设计洪水规范》（SL 44—2006）规定，其经验频率公式采用期望值公式，线型采用 P-Ⅲ 型。根据暴雨特性及实践经验，我国暴雨的 C_s 与 C_v 的比值，一般地区为 3.5 左右；在 $C_v>0.6$ 的地区，约为 3.0；$C_v<0.45$ 的地区，约为 4.0。以上比值，可供适线时参考。

在频率计算时，最好将不同历时的暴雨量-频率曲线点绘在同一张概率格纸上，并注明相应的统计参数，加以比较。各种频率的面雨量都必须随统计时段增大而增大，如发现不同历时频率曲线有交叉等不合理现象时，应做适当修正。

4）设计面暴雨量计算成果的合理性检查。以上计算成果可从下列各方面进行检查，分析比较其是否合理，而后确定设计面暴雨量。

a. 对各种历时的暴雨量统计参数，如均值、C_v值等进行分析比较，暴雨量的这些统计参数应随面积增大而逐渐减小。

b. 将直接法计算的面暴雨量与下面将介绍的间接法计算的结果进行比较。

c. 将邻近地区已出现的特大暴雨的历时、面积、雨深资料等与设计面暴雨量进行比较。

4. 间接法推求设计面暴雨量

(1) 设计点暴雨量的计算。推求设计点暴雨量，选定的点最好在流域的形心处，如果流域形心处或附近有观测资料系列较长的雨量站，则可利用该站的资料进行频率计算，推求设计点暴雨量。实际上，有长系列资料的站往往不在流域中心或其附近，这时，可先求出流域内各测站的设计点暴雨量，然后绘制设计暴雨量等值线图，用地理插值法推求流域中心点的设计暴雨量。

进行点暴雨系列的统计时，一般宜采用定时段年最大法选样，暴雨时段长的选取与面暴雨量情况一样。如样本系列中缺少大暴雨资料，则说明系列的代表性不足，频率计算成果的稳定性差，应尽可能延长系列，可将气象一致区内的暴雨移置于设计地点，同时要估计特大暴雨的重现期，以便合理计算其经验频率，特大暴雨值处理方法同前。点设计暴雨频率计算及合理性检查的原则亦同面设计暴雨量一致。

由于暴雨的局地性，点暴雨资料一般不宜采用相关法插补。《水利水电工程设计洪水规范》(SL 44—2006) 建议采用以下方法插补展延。

1) 距离较近时，可直接借用邻站某些年份的资料。

2) 一般年份，当相邻地区测站雨量相差不大时，可采用邻近各站的平均值插补。

3) 大水年份，当邻近地区测站较多时，可绘制次暴雨或年最大值等值线图进行插补。

4) 大水年份缺测，用其他方法插补较困难，而邻近地区已出现特大暴雨，且从气象条件分析有可能发生在本地区时，可移用该特大暴雨资料。移用时应注意相邻地区气候、地形等条件的差别，做必要的移置订正，如用均值比修正。

5) 如与洪水的峰量关系较好，可建立暴雨和洪水峰或量的相关关系，插补年份缺测的暴雨资料，并根据有关点据的分布情况，估计其可能包含的误差范围。

绘制设计暴雨等值线时，应考虑暴雨特性与地形的关系。进行插值推求流域中心设计暴雨时，亦应尽可能考虑地区暴雨特性，在直线内插的基础上可以适当调整。

在暴雨资料十分缺乏的地区，可利用各地区的水文手册中各时段年最大暴雨量的均值及 C_v 等值线图，以查找流域中心处的均值及 C_v 值，然后取 C_s/C_v 的固定倍比，确定 C_s 值，即可由此统计参数对应的频率曲线推求设计暴雨值。

(2) 设计面暴雨量的计算。在设计计算中，暴雨的点面关系又有定点定面关系及动点动面关系两种用法。

1) 定点定面关系。流域中心设计点暴雨量求得后，用点面关系折算成设计面暴雨量，如图 3.4 所示。当流域中心或附近无长系列资料的雨量站，且流域内有一定数量且分布比较均匀的其他雨量站资料时，可以用长系列站作为固定点，以设计流域作为固定面，根据同期观测资料，建立各种时段暴雨的点面关系。也就是，对于一次暴雨某种时段的固定点暴雨量，有一个相应的固定面暴雨量，则在定点定面条件下的点面折算系数 α_0 为

$$\alpha_0 = xF/x_0$$

式中：xF、x 为某种时段固定面及固定点的暴雨量。

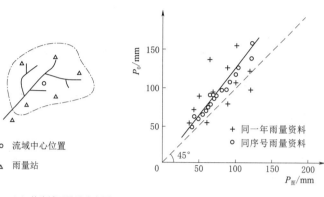

（a）某流域雨量站分布图   （b）流域中心点雨量与面雨量的相关图

图 3.4   定点定面雨量相关图

当有了某一时段暴雨量，则可有若干个 α_0 值。对于不同时段暴雨量，则又有不同的 α_0 值。于是，可按设计时段选几次大暴雨 α_0 值，加以平均，作为设计计算的点面折算系数。将前面所求得的各时段设计点暴雨量，乘以相应的点面折算系数就可得出各种时段设计面暴雨量。

应该指出，在设计计算情况下，理应用设计频率的 α_0 值，但由于暴雨资料不多，作 α_0 的频率分析有困难，因而近似地用大暴雨的 α_0 平均值，这样算出的设计面暴雨量与实际要求是有一定出入的。如果邻近地区有较长系列的资料则可用邻近地区固定点和固定流域的或地区综合的同频率点面折算系数。但应注意，流域面积、地形条件、暴雨特性等要基本接近，否则不宜采用。

2）动点动面关系。在缺乏暴雨资料的流域上求设计面暴雨量时，以暴雨中心点面关系代替定点定面关系，即以流域中心设计点暴雨量及地区综合的暴雨中心点面关系去求设计面暴雨量。这种暴雨中心点面关系（图 3.5）是按照各次暴雨的中心与暴雨分布等值线图求得的，各次暴雨中心的位置和暴雨分布不尽相同，所以说是动点动面关系。

显然，这个方法包含了三个假定：①设计暴雨中心与流域中心重合；②设计暴雨的点面关系符合平均的点面关系；③假定流域的边界与某条等雨量线重合。这些假定，在理论

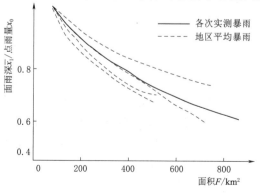

图 3.5   某地区 3 天暴雨点面关系图

上是缺乏足够根据的，使用时，应分析几个与设计流域面积相近的流域或地区的定点定面关系做验证，如差异较大，应作一定修正。

必须指出：在间接法推求面暴雨量时，应优先使用定点定面关系。同时由于大中流域点面雨量关系一般都很微弱，所以通过点面关系间接推求设计面暴雨的偶然误差较大，所以在有条件的地区应尽可能采用直接法。

直接法和间接法推求设计面暴雨量的适用范围分别是什么？

3.1.3　流域洪水预报

流域洪水预报（flood forecast）又称产流量预报，是指根据径流形成和运动规律，直接从流域内当时的降雨，预报流域出口断面的洪水总量和洪水过程。预报流域出口断面的洪水总量称为径流量预报（又称产流预报），预报流域出口断面的洪水过程称为径流过程预报（又称汇流预报）。天然预见期指的是流域内距出口断面最远点处的降雨流到出口断面所经历的时间，天然预见期的长短随流域而异。若能提前预报出本次降雨量及其时空分布，则预见期可延长。径流形成包括产流过程和汇流过程，但实际上它们在流域内是交错发生的，是十分复杂的水文过程，为分析计算方便，通常将它们分为产流和汇流两个阶段，由产流过程预报径流量，由汇流过程预报径流过程。

流域洪水预报方法常用的有实用预报方案和流域水文模型。实用预报方案即用实测的雨洪资料建立起降雨径流经验相关图和由实测洪水过程线分析出来的经验单位过程线，对降水所形成的径流量及洪水过程进行预报。流域水文模型是从系统的角度来模拟降雨径流关系。以流域为系统，降雨过程作为系统的输入，经过系统的作用，流域出口流量过程作为系统的输出。因此，建立降雨径流模型，首先要建立模型的结构，并以数学方式表达，其次要用实测降雨径流资料来率定及调试模型参数。随着人们对流域产流、汇流过程认识的深入和计算机的发展，产生了大量的流域水文模型，这些模型较多地用于水文预报方面，目前我国有代表性的是新安江模型。

1. 洪水预报建模

洪水预报建模主要包括对具体预报流域基本特征了解、建模特征值确定、资料准备和预报方案建立四个环节。

（1）流域基本特征了解。流域基本特征了解主要是对流域的气候、洪水、植被、地貌、地质与人类活动等进行了解，为建模做基础准备。

1）气候特征。流域的气候与实时洪水预报建模关系十分密切，主要是了解流域的年平均雨量、年平均蒸发量、年平均径流系数、历史丰水年、历史枯水年、暴雨类型、暴雨的空间分布、暴雨中心位置、暴雨发生季节、年平均气温、年最低气温、降雪情况、冬季封冻情况等。这类特征是流域建模最重要的基本特征，影响着流域产流结构、汇流结构和站网及历史水文资料使用时期等的选择与确定。

对年平均雨量、年平均蒸发量和年平均径流系数的了解，可以分析流域的湿润或干旱程度，为产流模型选择做准备。这些特征量可以从历年观测的年雨量、年蒸发量和年径流系数中进行统计计算得到。

对历史丰水年和历史枯水年的了解，主要为历史水文资料选择做准备。对资料有条件的流域，用于建模的历史水文资料最好包括有资料记载的最丰和最枯年份系列，这样可以增强所建模型的代表性。最枯年份资料还可被用来确定新安江模型的流域平均蓄水容量参数和第三层蒸发扩散系数等，且用于率定模型参数的历史水文资料包括丰、平、枯年份，可以使率定的参数具有较好的代表性。

对暴雨类型、暴雨的空间分布、暴雨中心位置和暴雨发生季节的了解，可为站网密度确定、雨量站位置选择、洪水资料选择提供依据。一个流域的暴雨类型和暴雨的空间分布，影响着预报模型所需要的站网密度。如果流域上频发空间分布不均匀的对流型暴雨（如雷暴雨、台风雨等），则雨量站网就要适当加密；如果流域上主要是锋面雨，空间分布相对均匀，则雨量站密度就可低些。流域常发生的暴雨中心位置或区域，通常在雨量站选择时要考虑适当加密，以不漏测暴雨中心的降雨为原则。暴雨发生季节的研究为洪水选择、模型模拟误差分析提供参考信息。

对年平均气温、年最低气温、降雪情况、冬季封冻情况的了解，主要是为模型结构中是否要有融雪径流模拟、是否需要考虑冬季蒸发结构和封冻条件下的产流结构模式确定等。

2）洪水特征。流域建模要了解的流域洪水特征主要包括历史特大洪水发生年份、洪水发生频率、洪水预见期、洪水发生历时、洪水的涨落速率、洪峰与洪量大小、洪水过程季节性变化、地下水水源比例情况、洪水径流系数及洪水受人类活动的影响程度等。洪水水文特征的了解为历史代表性洪水的选择、计算时段长的确定、汇流结构和汇流参数的确定、预报时段数及整个模型结构的确定提供信息。

3）植被、地貌与地质结构特征。植被特征主要了解流域植被覆盖率、季节性变化率、植被种类、植被截流能力等。植被特征主要影响降雨截流、地下水水源比例、蒸发、产流和流域对水流的调蓄作用等。

地貌特征主要包括流域形状、流域水系分布、河网密度、河流切割深度、流域坡度、主干河流长度、流域水面分布与比例、流域地表粗糙度、地表坑洼、水田旱地面积比例与流域水利工程等分布情况。地貌特征主要影响流域对水流的调蓄作用，农田和水利工程等人类活动也通过改变地貌而影响流域产流。

地质结构主要了解流域岩石裂隙发育情况，是否有喀斯特地形、影响面积范围，是否有泉水或地下河使得流域不闭合等情况。地质结构主要影响流域产流和水源比例及其流域对水流汇集的调蓄作用。

4）人类活动。流域上的许多人类活动会影响水文规律，包括中小型水库建设、农业活动、水土保持措施、都市化进程、跨流域调水等。人类活动影响严重的流域，必须单独考虑模拟结构。

流域中的中小型水库、水塘等，遇长期干旱放水灌溉而泄空库容，遇洪水后先拦蓄洪水，若长期降雨后洪水拦蓄不下又大量放水泄洪，这一减一加常给洪水带来大的变化。这些水利工程由于流域产流参数或产流结构以及水利工程建设时期不同，导致水文资料不一致。所以要了解这些水利工程的控制流域面积、蓄水能力、流域分布位置、建设时期、管理方式等，包为民在水土保持措施减水减沙效果分离评估研究中提出了描述流域中小型水库截流的分布曲线结构与计算方法。

农业活动有作物类型、生长季节、作物种植面积占全流域的比例等。如我国华南地区广种水稻，在有些水田面积比例大的流域，插秧季节由于水田插秧会拦截一些径流，虽然水深一般只需 10～20cm，但如果水田面积比较大，则拦截的水量也是十分可观的。而在水稻成熟季节，稻田会排出剩余的水，这导致实测径流量偏离于天然量，进而导致实测与计算的差异。

水土保持措施主要在黄河中游的黄土地区流域，其措施方法有许多，主要有淤地坝工程、植被工程措施、耕作方式措施等。这些工程措施不同程度地减少了流出流域的水沙量。据包为民对流域水沙变化原因分类定量分析的研究，黄河中游流域在 20 世纪 90 年代由于水土保持措施影响，流域径流比 50 年代有十分显著的减少，影响大的流域达到了 50% 以上。

（2）建模特征值确定。预报建模前要了解流域的预见期（或平均汇流时间），要确定合适的计算时段长。

1）预见期。洪水预报预见期就是洪水能提前预测的时间。由于目前的洪水预报都是据实测的降雨作为输入（已知条件）来预报未来的洪水，所以其预见期就是指洪水的平均汇流时间。在实际中，具体确定预见期的方法有：对于源头流域，把主要降雨结束到预报断面洪峰出现这个时间差作为洪水预见期。而区间流域洪水预报或河段洪水预报，当区间来水对预报断面洪峰影响不大时，洪水预见期就等于上下游断面间水流的传播时间。如果暴雨中心集中在区间（上断面没有形成有影响的洪水）流域，那么预见期就接近于区间洪水主要降雨结束到下游预报断面洪峰出现这个时差。假如降雨空间分布较均匀，上断面和区间都形成了有影响的洪水，则情况就复杂些，其预见期通常取河段传播时间和区间流域水流平均汇集时间的最小值。

一个特定流域，洪水预见期是客观存在的反映流域对水流调蓄作用的特征量，表达水质点的平均时滞，其大小与流域面积、流域形状、流域坡度、河网分布等地貌特征及降雨、洪水等水文气候特征有关，不同特征的洪水有不同的预见期。对于不同的洪水，由于降雨强度、降雨时空分布、暴雨中心位置与走向及水流的运动速度都是变化的，因此每一场洪水的预见期是不同的。例如，暴雨中心在上游预见期就会长些，暴雨中心在下游预见期就会短些。另外，暴雨强度和降雨的时间组合，在一定程度上会影响预见期。对于不同的流域，地形、地貌特征都会影响预见期。这主要包括流域面积、坡度、坡长、河网密度、地表粗糙度和流域形状等。

预见期可根据历史洪水资料分析确定。对于一场洪水的预见期，可以根据实测的流域平均降雨和流量过程确定。对于流域的一系列历史洪水，可得一组预见期。如果不同的洪水预见期变化不大，可简单地取其平均即可；如果差别较大，需建立预见期与影响因子（如暴雨中心位置、雨强、降雨时间分布等）之间的关系。

2）时段长。洪水预报时段长（或计算时段间隔）的确定取决于流域洪水特征、信息利用、资料和计算工具条件。

从洪水特征及信息利用角度考虑，时段长取得越短越好。短的时段可以完整地反映洪水过程、可提供更多的洪水预报信息以及少损失预见期等，但时段长取得过短将带来实时资料采集的困难和计算工具速度跟不上等问题。因此需要综合两方面的因素，适当延长时段间隔，但至少要使洪水涨峰段有四个时段以上，否则时段太长，洪水形状、洪水特征不能充分反映，信息量太少，会给分析汇流参数（如单位线分析）和实时修正等带来困难。对于资料条件许可的流域，特别是有遥测自动采集系统的流域，时段长可适当取短些，在我国通常取 1 小时，如果是小流域，也可取半小时。但如果是水库流域，时段间隔一般大于 1 小时。

（3）资料准备。模型参数率定的基本依据是历史水文资料。资料选择的好坏直接影响到参数率定结果。根据《水文情报预报规范》（GB/T 22482—2008）规定："洪水预报方案（包括水库水文预报及水利水电工程施工期预报），要求使用不少于 10 年的水文气象资料，其中应包括大、中、小洪水各种代表性年份。并保证有足够代表性的场次洪水资料，湿润地区不应少于 50 次，干旱地区不应少于 25 次，当资料不足时，应使用所有洪水资料。"要强调的是，这只是模型参数率定的最低要求。对于实时洪水预报系统模型参数率定的历史水文资料选择应从雨量站、日模资料和洪水资料三方面来考虑。

1）雨量站选择。实时洪水预报系统雨量站选择的基本要求是，在能反映流域降雨的空间变化和满足洪水预报模型精度要求的前提下所选雨量站点尽可能少。因此站点选择应考虑暴雨中心位置、地形代表性、站点面积代表性、测站的可维护性、信道的畅通性和站点密度等。

对于同一个流域不同类型降雨，暴雨中心位置是变化的。但对同一类型的降雨暴雨中心位置会相对稳定。即使有些流域没有相对稳定的暴雨中心，也可考虑历史上较多发生的暴雨中心位置。在暴雨中心附近区域，雨量站要适当加密，以免漏测大强度暴雨。

地形代表性就是要考虑不同特点的地形，如迎风坡、沟谷地、出山口、平坦宽广区等，都要有代表性的雨量站，以考虑不同地形对降雨量的影响。

站点面积代表性就是要求测点位置对周围区域降雨有较好的代表性。假如测点降雨只能代表位置点的降雨，与周围的降雨量差距很大，这样的测站代表性就差。例如，山顶的雨量站维护人员不同观测精度常差距较大，特别是有些委托非专业技术人员代管的雨量站，其管理不规范，维护人员素质差，责任心不强，观测的雨量资料精度常会低些，尽量要避免。

测站的可维护性主要是对新建站点，要求便于管理和维护，对有些地处深山老林，车辆无法到达或无人居住的地方，设备难以管理和进行日常维护，就不宜在此设站。

信道的畅通性是对遥测系统而言，要求与外界、中心站或中继站间的信道畅通，否则也不宜建站。

站点密度一般要通过站网论证分析，其确定原则是在满足洪水预报模型精度要求的前提下，考虑上述选站因素，选择尽可能低的雨量站密度。

2）日模资料选择。以日为时段的历史水文资料，主要是用于率定产流参数，并为次洪模型参数率定提供洪水的初始中间变量。日模资料通常包括预报位置的日平均流量、流域蒸发站的日蒸发资料和各雨量站的日雨量资料。如果预报的范围是区间，则还有流域外日平均流量入流资料。

日模资料通常要求是连续的年份系列，最少要 12 年，其中 10 年为参数率定，2 年为模型检验。一般要求有丰水年、枯水年和平水年的代表性，所选年份尽量是最近的 12 年。如果最近 12 年的丰、平、枯代表性不好，资料系列要延长；如果最近的年份无观测资料，也可适当提前。

日模资料选择还要求资料系列前后一致，特别是蒸发和流量资料。如蒸发资料站位置、观测器皿类型在选定时期内的改变会影响蒸发资料的一致性，就要分析资料的一致性，对不一致的资料系列要进行一致性处理后才能为模型参数率定所用。类似地，流量资料站点位置改变或流量站控制流域内水库的兴建、农业种植活动的大规模改变、水保措施等都会影响资料系列的一致性，其处理方法因具体情况而差异很大，但都必须使流量资料系列一致。

日模资料选择还要求同步性，即各雨量站、蒸发站和流量站的资料都要同时开始、同时结束，只有同步的资料才能为参数率定所用。

3）洪水资料选择。洪水资料主要用来率定模型的汇流和分水源参数等，对有些流域还要适当地考虑产流参数，如蓄水容量分布曲线指数等。洪水资料主要包括预报点洪水期等时段间隔的流量和流域上各雨量站的时段雨量资料，如果预报的范围是区间，则还有流域入流站时段流量资料。

洪水资料选择要考虑各种不同特点洪水的代表性，不同季节、不同暴雨类型、不同暴雨中心位置、不同降雨强度、不同暴雨历时和单峰与复式洪水等的代表性。

对大、中、小洪水尺度的代表性考虑可适当多选一些近代发生的大洪水，但历史上发生的特大洪水也不能遗漏，中小洪水代表也要适当选择，以使模型率定的参数能反映流域对不同尺度洪水汇流调蓄作用的差异。不同季节的代表性要考虑汛期与枯季的代表性、夏季与冬季的代表性、汛初与汛末的代表性等。不同季节的洪水可反映季节性因素对洪水的影响；不同暴雨类型的洪水，如锋面雨洪水、台风雨洪水、雷暴雨洪水等，可反映不同暴雨类型引起的洪水特征差异；不同暴雨中心位置的代表性，主要考虑暴雨中心在上游、中游和下游三种情况；另外还有不同降雨强度的代表性、不同暴雨历时的代表性和单峰与复式洪水的代表性等。只有选择了这些不同代表性的洪水后，所率定的模型参数才能代表各种特点的洪水。

类似于日模资料选择，洪水资料也要考虑资料系列前后一致，对不一致的资料系列要进行一致性处理后才能为模型参数率定所用。

洪水资料选择要考虑不同资料间的相应性，即要求各雨量站时段雨量与流量站的洪水资料都要相应，引起本次的雨量都要考虑进去。由于不同雨量站降雨的开始与结束时间不同，一般以本次洪水降雨的最早开始时间作为雨量摘录的开始时间，最迟结束时间作为雨量摘录的结束时间,只有相应的洪水资料才能为日模参数率定所用。

湿润地区洪水场次不低于 50 次,干旱地区洪水场次不少于 25 次。在资料和计算条件允许的情况下,要选择尽可能多的洪水资料。

(4)预报方案建立。预报方案建立类似于模型参数确定,主要涉及模型选择、参数确定、分析检验和结构改进,如图 3.6 所示。

1)模型选择。模型选择主要考虑气候、洪水、植被、地貌、地质和人类活动等因素,从蒸发、产流、分水源、坡面汇流和河网汇流五方面来选择。

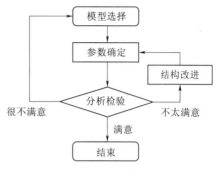

图 3.6 建模流程

蒸发对于我国绝大多数流域可采用三层蒸发模型。有些南方湿润地区流域,第三层蒸发作用不大,可简化为两层。蒸发折算系数可以是常数也可以是变数,在南方湿润地区,通常只考虑汛期和枯季的差异即可;而在高寒地区,还要考虑冬季封冻带来的差异。因此蒸发折算系数的季节变化要视具体流域的蒸发特征而定。

产流主要根据流域的气候特征进行选择。在湿润地区,常选择蓄满产流;干旱地区则倾向于超渗产流;而干旱半干旱地区多采用混合产流。从理论角度来看,混合产流模式被认为优于其他模式。然而,在湿润地区,蓄满产流与混合产流两种方式的计算结果除了少数洪水情况外基本相近。鉴于蓄满产流的结构相对简单,应用经验丰富且方法成熟,使用起来也更加便捷,因此通常优先选择蓄满产流;干旱半干旱地区流域,混合产流模型效果常好于其他模式效果,可作为首选模型。另外如果流域地处高寒地区,产流结构中应考虑冰川积雪的融化、冬季的流域封冻等,如果流域内岩石、裂隙发育,喀斯特溶洞广布,甚至存在地下河的不封闭流域,产流就要采用相应的模型;还有一些人类活动作用强烈的流域,都不能一概而论。例如,流域内中小水库或水土保持措施作用大时,应考虑这些水利工程对水流的拦截作用等。

分水源可用稳定下渗率、下渗曲线、自由水箱和下渗曲线与自由水箱的结合等划分结构。稳定下渗率和下渗曲线划分结构通常适用于两水源,自由水箱和下渗曲线与自由水箱的结合划分结构可用于三水源及更多水源的划分。

坡面汇流通常分三水源进行,汇流结构可以是线性水库、单位线、等流时线等。有些流域地面径流汇流参数随洪水特点不同而变化,可考虑参数的时变性;有些流域地下径流丰富、汇流机理复杂,还可考虑四水源。水源的划分是相对的,在目前技术和方法条件下不宜划分过多种水源。随着技术的发展、信息利用水平的提高,也可划分更多种水源。

河网汇流结构选择相对简单些,通常用分河段的马斯京根法汇流,也可采用其他方法,差别不会太大。只是汇流参数有时随洪水大小变化较大,也采用时变汇流参数。

2) 参数确定。参数确定就是根据历史水文资料确定的。流域水文模型大多数都是基于对流域尺度上实测响应的解释来构建的，包括模型中所考虑的因素、描述方式和结构组成。影响流域降雨径流形成过程的因素众多，由于各因素所起的作用、描述或概化的方式及结构组成不同，所包含的参数也不同。若按参数所具有的意义，可分为物理参数和经验参数；若按参数是否随时间变化，可分为时变参数和时不变参数；若按参数在流域降雨径流形成过程中所起的作用，可分为蒸散发参数、产流参数、分水源参数和汇流参数；若按参数对模型计算精度影响程度的大小，可分为敏感性参数和不敏感性参数；若按参数确定方法，可分为直接量测参数、试验分析参数和率定参数。

流域水文模型中所包含的参数大致可分为三类：①具有明确物理意义的参数可直接量测或用物理试验和物理关系推求；②纯经验参数可以通过实测水文资料、气象资料及其他有关的资料反求；③具有一定物理意义的经验参数可以先根据其物理意义确定参数值的大致范围，然后用实测水文、气象资料及其他有关的资料确定其具体数值。

对于第②类、第③类参数的确定，一般可将其化为无约束条件或有约束条件的最优化问题求解。

3) 分析检验。对历史水文资料检验系列，用选择的结构、确定的模型参数进行模拟计算，比较计算与实测流量的误差，可以分析检验模型结构和确定参数的合理性与所选结构对历史资料模拟的有效性。如果通过比较分析误差系列，模型模拟效果好，则说明结构合理有效，建模就结束，否则要分析效果差的原因，找出不合理的结构加以改进；如果效果很不满意，还应考虑重新选择模型。

4) 结构改进。结构改进主要是对原模型选择结构不够完善的地方，结合历史资料模拟误差情况进行改进。改进的关键是分析模拟系统性偏差与模型结构的关系。

系统性偏差就是模拟特征量系统性偏大（或偏小）于实测特征量。例如大洪水的计算洪峰系统性偏差小于实测洪峰，而小洪水的系统性偏差大于实测值，这种系统性偏差反映模型汇流参数还没有考虑随洪水特征不同而变化。因为通常流域大洪水地面径流汇集速度会比小洪水快，受到的流域相对调蓄作用比小洪水小些，如果采用常参数汇流结构，会引起这类系统偏差，可以考虑采用参数随洪水量级而变化的汇流结构；又如采用蓄满产流计算产流时，对夏季久旱后由大强度的对流型暴雨形成的洪水，如果计算的次洪产流量系统偏小于实测的次洪产流量，就要考虑产流结构的改进。因为夏季久旱后流域土壤缺水量很大，遇大强度暴雨不易蓄满就是由于雨强大于下渗能力而产生地面径流，导致计算次洪径流量系统偏小，这种情况宜采用混合产流结构；另外同样对于夏季久旱后的洪水，加入计算的次洪产流量系统偏大于实测的次洪径流量，就要考虑地表面的截流作用。因为流域上地表面坑坑洼洼，还有农田、山塘、水坝和中小型水库等，夏季久旱后，由于蒸发、农业灌溉、城市生活和工业供水等，使这些具有一定蓄水库容的设施蓄水量减少或干枯，降雨落在这些设施控制的流域面积上产生的径流首先受到这些水利工程设施的截流拦蓄，导致实测的径流量小于实际的产流。所以这时应考虑增加地面坑洼截流的结构，以模拟这类因素的作用；还有如高寒地区封冻与融化、岩溶调蓄、流坡不闭合、参数值确定不合理等因素，都会引起不同特征的系统偏差，不同的问题需要分别处理，这里不再一一赘述。

思考

洪水预报建模的关键点和难点是什么？

2. 模型参数的概念分析方法

新安江模型是一个通过长期实践和对水文规律认识基础上建立起来的一个概念性水文模型。模型大多数参数都具有明确的物理意义，它们在一定程度上反映了流域的基本水文特征和降雨径流形成的物理过程。因此，原则上可以按其物理意义通过实测、试验、比拟等方法来确定。但由于模型是在假设、概化和判断的基础上建立起来的，加上水文要素又十分复杂，在当前的观测技术条件下，人们准确地获得一个流域内水循环诸要素的时空变化值虽然取得了令人鼓舞的进展，但还存在相当大的困难。因此，实践中人们常采用参数的概念分析方法，即先按实测值或参数的物理意义初定参数初值范围；然后根据输入，通过模型计算输出；再将输出过程与实测过程进行比较，做优化调试；根据特定的目标准则（有约束条件）确定参数的最优值。下面介绍新安江模型各参数的概念分析方法。

（1）蒸散发能力折算系数 KC。KC 是影响产流量计算最为重要和敏感的参数，产流计算中 KC 控制着水量平衡，因此，对水量计算是最重要的。在蒸散发模型中，普遍应用的一个物理量称为流域蒸散发能力 EP。流域蒸散发能力是指供水充分情况下的流域日蒸散发量。它决定于气象因素、土壤特性及植被状况等下垫面因素。有关流域蒸散发能力的计算国内外学者做了大量的研究，一般都是基于热量平衡或紊流扩散原理，从蒸散发的物理概念出发建立一些理论关系。这种研究途径理论基础充分，物理概念清楚，气象资料丰富，观测高度也较水面蒸发高，因此宜用于推求流域蒸散发能力，如 FAO Penman - Monteith 公式。但上述研究途径所需资料多，计算相对复杂。国内广泛采用的方法是直接借助于水文站或气象站蒸发皿的观测值来推求流域蒸散发能力。一些地区的研究表明，E601 蒸发皿的热状况及其特点与实际地面比较接近，在植被条件较差的情况下可用其观测值 EW 作为蒸散发能力的初始值。由于蒸发皿的观测值一般都不能代表全流域的蒸散发情况，通常采用流域蒸散发能力折算系数 KC 将其转化为流域的蒸散发能力，即

$$EP = KC \times EW$$

$$KC = K1 \times K2 \times K3$$

式中：$K1$ 为大水面蒸发与蒸发皿蒸发之比，一般有实验资料可供参考；$K2$ 为蒸散发能力与大水面蒸发之比，其值在夏天为 1.3～1.5，在冬天约为 1.0；$K3$ 为用于将蒸发站实测蒸发值改正为流域平均蒸发值，它主要取决于蒸发站所在地高程与流域平均高程之差。

流域蒸散发能力一般随流域高程的增加而减小，根据经验，高程每增加 100m，

气温要降低 0.6℃左右，则蒸散发也要减小，当采用 E601 蒸发皿时，$K1 \times K2 \approx 1.0$，一般 $KC < 1.0$。

由上分析可知，KC 主要反映流域平均高程与蒸发站高程之间差别的影响和蒸发皿蒸散发与陆面蒸散发间差别的影响。蒸散发能力的地区分布大体上反映了气候和自然地理条件的影响，具有较为明显的区域性规律。在缺乏实测资料或者资料质量较差时，可以移用邻近地区的蒸散发能力与气象要素间的一些经验公式，由气象要素来推求流域蒸散发能力。由于资料等方面的原因，在实际模拟计算中 KC 值往往变化很大，最后需经模型调试并验证后确定。

（2）流域平均张力水容量 WM。流域平均张力水容量 WM 表示流域干旱程度，分为上层张力水蓄水容量 UM、下层张力水蓄水容量 LM 和深层张力水蓄水容量 DM 三层。WM 可以根据前期特别干旱，久旱以后发生的、降雨特别大的、使全流域产流的历史降雨径流资料来确定。根据一次降水过程的水量平衡方程 $EP - EE - ER = W_2 - W_1$，降雨前特别干旱，可认为流域的蓄水量近似为 0，即 $W_1 \approx 0$，降雨后可认为流域已经蓄满，即 $W_2 \approx WM$，则本次洪水的总损失量 $WM \approx EP - EE - ER$ 就可以计算出。可选择多场历史降雨径流资料进行计算。如果难以寻找到这样的历史降雨径流资料，则可寻找久旱以后的几次降雨径流过程估算 WM 值，最后需经模型调试后确定。根据经验，南方湿润地区 WM 为 $120 \sim 150$mm，半湿润地区 WM 为 $150 \sim 200$mm。UM 为上层张力水蓄水容量，包括了植物截留量。在植被和土壤发育一般的流域，其值可取为 20mm；在植被和土壤发育较差的流域，其值可取小些；如果研究流域植被和土壤发育较好则其值可取大些。LM 为下层张力水蓄水容量，其值可取为 $60 \sim 90$mm。根据试验，在此范围内蒸散发大约与土湿成正比。DM 为深层张力水蓄水容量，$DM = WM - UM - LM$。WM 在模型中相对不敏感。WM 不影响流域蒸散发计算，对蒸散发计算起主要作用的是 UM 和 LM。WM 只表示流域蓄满的标准，在水量平衡中起作用的是流域相对缺水量 $WM - M$。但 WM 取值不能太大或者太小。若 WM 取值太小，则在产流计算中 W 就有可能出现负值，若出现这种情况，流域蓄水容量-面积分布曲线就变得无任何意义，也使得产流计算无法进行。若 WM 取值太大，会影响计算产流过程分布，这将对确定流域蓄水容量面积分布曲线指数 B 值带来困难。因此，所采用的 WM 值只要在产流计算中不出现负值就可以不再做调试了。

（3）流域蓄水容量-面积分布曲线指数 B。B 值反映划分单元流域张力水蓄水分布的不均匀程度。在一般情况下其取值与单元流域面积有关。在山丘区，若单元流域面积较小，只有几平方千米，则 $B = 0.1$ 左右；若单元流域面积中等，有几百到 1000 平方千米，则 $B = 0.2 \sim 0.3$；若单元流域面积有几千平方千米，则 $B = 0.4$ 左右。

（4）不透水面积占全流域面积的比例 IM。IM 值可由大比例尺的地形图，通过地理信息系统（GIS）现代技术量测出来，也可用历史上干旱期小洪水资料来分析。干旱期降了一场小雨，此时所产生的小洪水认为完全是不透水面积上产生的，求出此场洪水的径流系数，该值就是 IM。在天然流域，$IM = 0.01 \sim 0.02$；随着人类活动影响的日益加剧和城镇化建设进程的加快，该值有明显增大的趋势，在都市和沼泽地区该值可能很大。

（5）深层蒸散发扩散系数 C。C 值主要取决于流域内深根植物的覆盖面积。对该值目前尚缺乏深入研究，根据现有经验，在南方多林地区 $C=0.15\sim0.20$；在北方半湿润地区 $C=0.09\sim0.15$。

（6）自由水蓄水容量 SM。SM 反映表土壤蓄水能力，其值受降雨资料时段均化的影响明显。当以日作为时段长时，在土层很薄的山区，其值为 10mm 或更小一些；而在土深林茂透水性很强的流域，其值可取 50mm 或更大一些；一般流域为 $10\sim20$mm。当计算时段长减小时，SM 要加大。这个参数对地面径流和地下径流的比重起着决定性作用。

水源划分不但取决于表土的蓄水能力，而且与蓄水的层次深浅有关。当蓄水能力小，则溢出多，RS 大，且多蓄于浅层，多产生 RI，少产生 RG；反之，当蓄水能力大，则溢出少，RS 少，蓄水除浅层外还能到深层，能产生较多的 RG，而产生的 RI 则变化不大。所以，SM 大，则地下径流所占比重相对大，地面径流所占比重相对小，洪峰流量相对小；反之，SM 小，则地面径流所占比重相对大，地下径流所占比重相对小，洪峰流量相对大。

（7）自由水蓄水容量-面积分布曲线指数 EX。EX 值反映流域自由水蓄水分布的不均匀程度，在山坡水文学中，它大体上反映了饱和坡面流产流面积的发展过程。由于目前对此参数研究尚不多，难于定量。鉴于饱和坡面流由坡脚向坡上发展时，产流面积的增加逐渐减慢，故认为 EX 应大于 1.0，一般 $EX=1.0\sim1.5$。

（8）自由水蓄水库对地下水和壤中流的日出流系数 $KG+KI$。KG 的大小反映基岩和深层土壤的渗透性，KI 的大小反映表层土的渗透性。在模型中这两个出流系数是并联的，其和 $KG+KI$ 代表出流的快慢，其比 KG/KI 代表地下径流与壤中流之比，对于一个特定流域它们都是常数。$1-(KG+KI)$ 为消退系数，决定了径流的退水历时。

中等流域退水历时一般在 3d 左右，故取 $KG+KI=0.7$；若退水历时为 2d，则取 $KG+KI=0.8$；若退水历时远大于 3d，表示深层壤中流在起作用，应考虑用壤中流消退系数 CI 来解决。

可用历史洪水资料中的流量过程线分割地下水方法来粗估，$KG/KI=RG/RI$。不同流域的 KG/KI 值可以相差很大。

（9）地下水消退系数 CG。CG 可根据枯季地下径流的退水规律来推求，$CG=Q_{t+\Delta t}/Q_t$。当枯季地下径流退水很慢时，也可以用日平均或月平均流量进行估算。不同地区、不同流域该值变化较大，若以日作为计算时段长，则 CG 为 $0.950\sim0.998$，大致相当于消退历时为 $20\sim500$d。

（10）壤中流消退系数 CI。若无壤中流则 $CI\rightarrow0$，若壤中流丰富则 $CI\rightarrow0.9$，相当于汇流时间为 10d。CI 可根据退水段的第一个拐点（地面径流终止点）与第二个拐点（壤中流终止点）之间的退水段流量过程来分析确定。但由于这两个拐点难以准确确定，即使这两个拐点确定好了，两拐点间的退水流量也只是以壤中流为主要成分，还包含一定比例的地下径流形成的流量，因此，分析确定的 CI 值通常还要通过模型模拟来检验。

（11）河网单位线 UH。UH 值取决于河网的地貌特征，一般用经验方法推求。

（12）地面径流消退系数 CS。CS 可根据洪峰流量与退水段的第一个拐点（地面径流终止点）之间的退水段流量过程来分析确定。但由于这部分退水流量也只是以地面径流为主，可能还包含一定比例的壤中流形成的流量。因此，分析确定的 CS 值通常还要通过模型模拟来检验。

（13）河网蓄水消退系数 CR。CR 代表坦化作用，其值取决于河网的地貌条件，可通过河网地貌推求。因与时段长短有关，其值应视河道特征和洪水特性而定。

（14）滞后时间 L。L 代表平移作用，其值取决于河网的地貌条件，可通过河网地貌推求。

（15）马斯京根法参数 KE、XE。KE、XE 取值取决于河道特征和水力特性，可根据河道的水力特性采用水力学方法或水文学方法推求出。

思考

你认为还可以在哪些方面对模型结构进行改进？

价值观

习近平总书记曾告诫全党："愚公移山、大禹治水，中华民族同自然灾害斗了几千年，积累了宝贵经验，我们还要继续斗下去。这个斗，要尊重自然，顺应自然规律，与自然和谐相处。"

3.2　农业用水信息预报

3.2.1　作物需水量预报

3.2.1.1　作物需水量预报的基本数学模型

在我国，一般作物蒸腾量与棵间蒸发量之和（即蒸发蒸腾量）称为作物需水量，它等于土壤–植物–大气连续体系中水分传输的速率。

能影响该体系中水分传输与水汽扩散的任何一个过程的任何一种因素，均能影响 ET。气象因素包括太阳辐射、日照时数、气温、空气湿度与风速等，是影响 ET 的主要因素。对于一定的作物，作物因素包括品种、生育阶段、生长发育情况等，由于其影响作物的根系吸水、体内输水和叶气孔水汽扩散，因而对 ET 产生影响。土壤含水率影响土壤水向根系传输以及直接向地表传输的速率，故土壤含水率也是影响 ET 的主要土壤因素。ET 与这些影响因素的关系可表示为

$$ET = F(S, P, A) \tag{3.32}$$

式中：ET 为作物需水量；S 为土壤因素；P 为作物因素；A 为气象因素。

根据国内外 ET 试验资料，上述各因素 ET 的综合影响可以用土壤、作物与气象因素单独对 ET 影响结果的乘积表示。因此，ET 可表示为

$$ET = F_1(S) \times F_2(P) \times F_3(A) \tag{3.33}$$

$F_3(A)$ 为气象因素的影响。根据对我国大多数省份灌溉试验站实测 ET 资料的分析，可以证实，用 FAO Penman-Monteith 公式计算出的参照作物需水量 ET_0 是量化气象因素影响结果的最适合参数，$F_3(A) = ET_0$。

$F_2(P)$ 为作物因素的影响结果。国内外大量预测资料表明，叶面积指数（LAI）是影响 ET 的主要植物因素。但是，LAI 难以迅速在大面积上准确地测定，而实时预报则要求及时地提供此数据，因而在实时预报中难以直接应用 LAI 求出 $F_2(P)$。研究表明，作物叶面积指数与绿叶覆盖百分率（覆盖率）LCP 密切相关，二者相关系数达 0.96 以上，而 LCP 可以在大面积上快速测定，因此，可采用 LCP 来计算 $F_2(P)$，即

$$k_c = F_2(P) = F_2(\text{LCP}) \tag{3.34}$$

式中：k_c 为作物系数。

$F_1(S)$ 为土壤因素的影响。根据土壤水分运移原理，在实际土壤含水率（ω）小于临界土壤含水率（ω_j）的条件下，有效土壤含水率即实际土壤含水率（ω）与凋萎系数（ω_p）之差是影响 ET 的主要土壤因素，即

$$k_\omega = F_1(S) = f_1(\omega - \omega_p) \qquad \omega < \omega_j \tag{3.35}$$

式中：k_ω 为土壤水分修正系数；ω_j 为临界土壤含水率，即毛管断裂含水率，其值取决于土壤质地，为田间持水率的 $70\% \sim 80\%$。

当实际土壤含水率不低于临界土壤含水率 ω_j 时，土壤含水率对 ET 无影响，即

$$k_\omega = F_1(S) = 1 \qquad \omega \geqslant \omega_j$$

综合以上分析，预报 ET 的基本数学模型为

$$ET = k_c \times ET_0 \qquad \omega \geqslant \omega_j \tag{3.36}$$

$$ET = k_\omega \times k_c \times ET_0 \qquad \omega \geqslant \omega_j \tag{3.37}$$

或

$$ET = f_2(\text{LCP}) \times ET_0 \qquad \omega \geqslant \omega_j \tag{3.38}$$

$$ET = f_1(S) \times f_2(\text{LCP}) \times ET_0 \qquad \omega \geqslant \omega_j \tag{3.39}$$

3.2.1.2 参照作物需水量 ET_0 的预报

参照作物需水量 ET_0 简称参照需水量，是用以反映各种气象条件对作物需水量影响的综合因素。以大量试验研究成果为依据，目前全世界统一采用高度一致（0.12m）、生长旺盛、地表完全被绿叶覆盖的开阔（长、宽均在 400m 以上）绿草地在不缺水条件下的蒸发蒸腾量为参照需水量，亦即上述条件草地的潜在（不缺水）需水量为参照需水量。根据国际半个世纪的试验研究，联合国粮农组织（FAO）1979 年推荐用修正的 Penman-Monteith 公式计算 ET_0，该公式理论较完备，计算精度较高。1998 年，FAO 又推荐用理论上更为完善的 Penman-Monteith 公式计算 ET_0。在我国全国协作的"全国及各省（自治区、直辖市）主要作物需水量等值线图研究"和"全国及各省（自治区、直辖市）作物需水量及灌溉制度资料整编"项目中，通过各省（自治区、直辖市）的研究组对修正彭曼公式与国内外最常用的其他几种公式进行了比较，表明用修正的彭曼公式算出 ET_0 后再算出的 ET 精度最高（精度高于 90%

的数据占 80% 以上）。根据中国水利水电科学研究院的研究，修正的彭曼公式与 Penman-Monteith 公式计算结果十分接近，两者有良好的线性关系，相关系数大于 0.97。因此，从实用角度出发，本书仍以修正彭曼公式为基础预报 ET_0。

修正彭曼公式如下：

$$ET_0 = \frac{\frac{P_0}{P} \times \frac{\Delta R_n}{r} + 0.26(1 + B_u u)(e_a - e_d)}{\frac{P_0}{P} \times \frac{\Delta}{r} + 1} \tag{3.40}$$

式中：P_0 与 P 分别为海平面与预报地点平均气压，hPa；Δ 为饱和水汽压随温度的变率，hPa/℃；r 为湿度计常数，hPa/℃；e_a 为饱和水汽压，hPa；e_d 为实际水汽压，hPa；R_n 为净辐射，以蒸发能力计，mm/d，可以用总辐射、日照时数与 e_d 算出；u 为 2m 高处日平均风速，m/s；B_u 为风速修正系数。

在一定的地点（纬度、海拔）和时间（月份）里，利用式（3.40）计算 ET_0，需要温度、湿度（或水汽压）、风速与日照时数 4 项气象数据。对于常规的需水量预报，可以从典型年的气象资料取得这些数据，故完全可以直接采用此公式。但是，由于短期气象预报中不进行湿度（或水汽压）与日照时数预报，因此，实时预报中不可能直接用此公式预报 ET_0。

根据我国一些地区的长期（20 年以上）气象记录，用式（3.40）计算出逐年、逐月的 ET_0，将其分月按晴、云（少云、多云）、阴、雨四种天气类型分类统计，发现在同一地区和相同月份内，相同天气类型条件下的 ET_0 数值十分稳定。对于一个地区，可以根据长系列气象记录，应用式（3.40）算出各月晴、云、阴、雨 4 种天气类型条件下的多年平均 ET_0 数值。例如，河北省 3 个县的 4 种天气类型的多年平均逐月 ET_0 见表 3.1。各地在实时预报中可以直接用当地的这种多年平均值进行 ET_0 预报。

表 3.1　　河北省望都、藁城、临西 4 种天气类型的多年平均逐月 ET_0

| 月份 | 不同地区不同天气类型的多年平均逐月 ET_0/(mm/d) | | | | | | | | | | | |
| | 望都 | | | | 藁城 | | | | 临西 | | | |
	晴	云	阴	雨	晴	云	阴	雨	晴	云	阴	雨
1	0.53	0.39	0.35	0.31	0.49	0.45	0.36	0.25	0.68	0.64	0.44	0.35
2	0.94	0.83	0.69	0.61	1.06	0.88	0.67	0.42	1.03	0.99	0.79	0.48
3	2.06	1.72	4.14	0.90	2.15	1.77	1.22	0.89	2.77	1.97	1.24	1.01
4	4.21	3.09	1.98	1.41	3.76	2.93	2.44	1.29	4.09	3.57	2.84	1.40
5	5.84	4.99	3.70	2.48	4.75	4.50	3.41	1.60	5.07	4.58	3.57	2.00
6	6.30	5.17	4.09	2.93	5.75	5.07	3.87	2.30	6.41	5.21	4.12	2.98
7	5.05	3.94	3.24	2.66	5.16	4.38	3.41	2.29	5.66	4.43	3.28	2.47
8	4.23	3.28	2.56	2.47	4.07	3.48	2.97	1.87	4.44	3.85	2.70	2.10
9	2.88	2.15	1.67	1.41	2.90	2.46	2.19	1.47	3.12	2.68	1.90	1.57

续表

月份	不同地区不同天气类型的多年平均逐月 ET_0/(mm/d)											
	望　都				藁　城				临　西			
	晴	云	阴	雨	晴	云	阴	雨	晴	云	阴	雨
10	1.78	1.52	1.23	0.92	1.85	1.54	1.33	1.11	2.05	1.77	1.42	1.06
11	0.77	0.73	0.67	0.51	0.70	0.60	0.57	0.50	0.89	0.76	0.68	0.49
12	0.46	0.42	0.40	0.29	0.38	0.30	0.19	0.17	0.57	0.53	0.40	0.35

由于天气类型是任何气象站（点）短期天气预报中的基本项目，可以根据预报的天气类型，用以上方法十分简便、迅速地预报 ET_0。

3.2.1.3　作物系数 k_c 值的确定

我国各省（自治区、直辖市）已根据试验资料得到当地主要作物生育期内各月的 k_c 数值，但对于 ET 的实时预报，其精度偏低。国内外的研究表明，用叶面积指数 LAI 按式（3.41）计算 k_c（A 与 B 为随作物而异的常数与系数）可提高精度。但由于难以在大面积上迅速测定 LAI，致使在 ET 实时预报中难以采用下式：

$$k_c = A + B\text{LAI} \tag{3.41}$$

笔者的实验研究探明了作物绿叶覆盖率 LCP 与 LAI 关系密切，其关系为

$$\text{LAI} = m\text{LCP}^n \tag{3.42}$$

式中：m、n 分别为随作物而变的系数与指数。

例如，对于夏玉米，其关系为 $\text{LAI} = 1.48 \times 10^{-4} \times \text{LCP}^{2.26}$（图 3.7）。根据式（3.41）与式（3.42），计算 k_c 的模型为

$$k_c = Q + R\text{LCP}^n \tag{3.43}$$

式中：Q、R 分别为随作物而变的常数与系数。

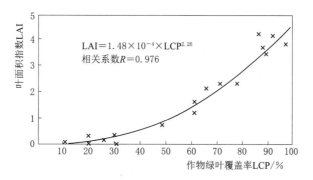

图 3.7　夏玉米叶面积指数与作物绿叶覆盖率的关系

根据在湖北、广西等地的实验研究，几种作物的 Q、R 与 n 值见表3.2。

用摄影法或光度计法进行 LCP 观测，可迅速取得当时多点（大面积上）的 LCP 数值，该数据能够及时地在实时预报中被采用。

表 3.2   湖北、广西等地几种作物的 Q、R、n 值参数取值

作 物	Q	R	n
水稻、小麦	0.850	6.25×10^{-6}	2.25
夏玉米	0.325	2.78×10^{-5}	2.25

3.2.1.4 土壤水分修正系数 k_ω 的确定

土壤中，凋萎点（凋萎含水率）ω_p 到田间持水率 ω_c 之间的水分是可以保持在根层内并能被植物吸收利用的有效水分。土壤含水率 ω 在临界土壤含水率 ω_j（毛管断裂含水率，一般为 ω_c 的 70%～80%，随土质而变）与 ω_c 之间时，土壤水分可借毛管作用充分供给蒸发、蒸腾的需要，土壤含水率的高低不影响蒸发蒸腾，即 $k_\omega = 1$。土壤含水率小于临界土壤含水率时，由于土壤水分运移阻力的作用，土壤水分运移的实际速率小于充分满足蒸发蒸腾所需的速率，致使蒸发蒸腾量随着土壤含水率的降低而降低，即 $k_\omega < 1$。

针对土壤含水率低于临界土壤含水率的范围，国内外许多学者推荐计算 k_ω 的模型为 $k_\omega = (\omega - \omega_p)/(\omega_j - \omega_p)$，此模型表示在 $\omega = \omega_p$ 时 $k_\omega = 0$，但实际上此时存在土壤蒸发，故此式不很合理。笔者通过在河北、广西等省（自治区）的试验研究，对此式进行了改正，提出 k_ω 与土壤含水率的关系为

$$k_\omega = a + b \frac{\omega - \omega_p}{\omega_j - \omega_p} \quad \omega_p \leqslant \omega < \omega_j \tag{3.44}$$

式中：ω、ω_p 与 ω_j 分别为实际土壤含水率、凋萎含水率与临界土壤含水率（占干土重），%；a、b 分别为常数与系数，$a = 0.03 \sim 0.07$，$b = 0.86 \sim 1.00$，随土质而变，可通过分析已有的土壤水分与需水量观测资料而确定，例如根据 1986 年河北省几个灌溉试验站的观测资料分析，望都站 $a = 0.038$、$b = 0.987$，藁城站 $a = 0.065$、$b = 0.887$，临西站 $a = 0.068$、$b = 0.89$。

3.2.1.5 作物需水量实时预报

1. 预报时期内无降水无地下水补给的情况

某一时段内的作物需水量 ET 等于该时段内根系吸水层中土壤储水量的减少值，即

$$ET = -10 r_0 H \frac{d\omega}{dt} \tag{3.45}$$

式中：r_0 为土壤容重，t/m^3；H 为根系吸水层深度，m；ω 为 H 深度内的平均土壤含水率（干土重百分比）；t 为时间，d；ET 为作物需水量，mm。

将式（3.37）代入式（3.45），可得

$$k_\omega k_c ET_0 = -10 r H \frac{d\omega}{dt} \tag{3.46}$$

（1）时段初土壤含水率 ω_0 和时段末含水率 ω 均不小于 ω_j 时，$k_\omega = 1$，代入式（3.43）后积分可得

$$\sum_0^t ET = 10rH(\omega_0 - \omega) = k_c \int_0^t ET_0 \, \mathrm{d}t \tag{3.47}$$

逐日、逐句预报的条件下，可用 $\sum_0^t ET_0$ 代替 $\int_0^t ET_0 \mathrm{d}t$，则预报需水量的模型为

$$\sum_0^t ET = k_c \sum_0^t ET_0 \tag{3.48}$$

k_c 由式 (3.43) 确定（下同）。

(2) $\omega_0 < \omega_j$ 时，预报 ET 的模型为

$$\sum_0^t ET = 10rH(\omega_0 - \omega) \tag{3.49}$$

其中 ω 用以下方法确定：

将式 (3.44) 代入式 (3.46)，推导得

$$\omega = (\omega_0 - \omega_p) \mathrm{e}^{\frac{bk_c \sum_0^t ET_0}{10rH(\omega_j - \omega_p)}} - \frac{ak_c \sum_0^t ET_0}{10rH} + \omega_p \tag{3.50}$$

(3) $\omega_0 \geqslant \omega_j$，$\omega < \omega_j$ 时，先计算出土壤初始含水率 ω_0 到 ω_j 所需时间 t'：

$$t' = \frac{10rH(\omega_0 - \omega_j)}{\left(k_c \sum_0^t ET_0\right)/t} \tag{3.51}$$

若 $t \leqslant t'$，用式 (3.48) 计算 $\sum_0^t ET_0$；若 $t > t'$，对于 $0 \sim t'$ 时段，按式 (3.48) 模型计算此时段内的 $\sum_0^t ET_0$；对于 $t' \sim t$ 时段，按式 (3.49) 和式 (3.50) 模型计算此时段内 $\sum_0^t ET_0$。全部预报时期内需水量为

$$\sum_0^t ET_0 = \sum_0^{t'} ET_0 + \sum_{t'}^t ET_0 \tag{3.52}$$

2. 预报时期内有降水无地下水补给的情况

设在第 n 天降水，有效降水量为 p_0 (mm)，将 t 时段划分为 $0 \sim n$、$n \sim t$ 两个时段。

(1) $\omega_0 < \omega_j$ 时，对于 $0 \sim n$ 时段，按式 (3.49) 和式 (3.50) 模型计算 $\sum_0^n ET_0$；对于 $n \sim t$ 时段，先计算雨后土壤含水率 ω_0'（干土重百分比）：

$$\omega_0' = \omega + p_0/10rH \tag{3.53}$$

其中，ω 按式 (3.50) 算出，但需以 $\sum_0^n ET_0$ 代替该式中的 $\sum_0^t ET_0$。若 $\omega_0' \leqslant \omega_j$，按式 (3.49)、式 (3.50) 模式计算 $\sum_n^t ET_0$；若 $\omega_0' > \omega_j$，则以 ω_0' 为新的时段起点，

按第 3.2.1.5 节中 1.（3）的方法及模型计算 $\sum\limits_{n}^{t} ET_0$。对于全部预报时段 t，则

$$\sum_{0}^{t} ET_0 = \sum_{0}^{n} ET_0 + \sum_{n}^{t} ET_0 \tag{3.54}$$

（2） $\omega_0 \geqslant \omega_j$ 时，对于 $0 \sim n$ 时段，按第 3.2.1.5 节中 1.（3）的方法及模型计算 $\sum\limits_{0}^{n} ET_0$；对于 $n \sim t$ 时段，先用式（3.50）计算 ω_0'，再根据 $\omega_0' < \omega_j$ 或 $\omega_0' \geqslant \omega_j$ 的条件，分别用式（3.49）和式（3.50）或用第 3.2.1.5 节中 1.（3）中的方法于模型计算 $\sum\limits_{n}^{t} ET_0$，最后用式（3.54）计算时段 t 内的需水量。

若降水后土壤含水率 ω_0' 超过田间持水率 ω_c，除按上述方法与模型计算预报时期内需水量 $\sum\limits_{0}^{t} ET_0$ 外，还需算出深层渗漏量，以供灌溉预报中采用。深层渗漏量用以下模型计算：

$$F = 10rH(\omega_0' - \omega_c) \tag{3.55}$$

式中：F 为深层渗漏量，mm；ω_c 为田间持水率（占干土重的%）；其余符号意义同前。

以上是在 t 时段内降水 1 次条件下预报需水量的方法与模型。实际上，若在 t 时段内降水多次，则可根据实际降水情况，将多次的小量降水进行概化，归并为 1 次或数次，以各次降水日期为时段划分点，按以上方法计算各时段需水量，最后将其累积，得到预报时期需水量。

3. 预报期内有地下水补给的情况

设 t 时段内地下水补给量为 $G = k \times ET$，其中 k 是地下水补给系数（%），为地下水补给量占蒸发蒸腾量的百分数，取决于地下水埋深、土质、作物及其生育期，由试验站提供。

式（3.45）变为

$$ET\left(1 - \frac{k}{100}\right) = -10rH\frac{d\omega}{dt} \tag{3.56}$$

令 $\beta = 1 - \dfrac{k}{100}$，并将式（3.37）代入式（3.56），得

$$\beta k_\omega k_c ET_0 = -10rH\frac{d\omega}{dt} \tag{3.57}$$

可见，只要在式（3.48）、式（3.50）与式（3.51）的 k_c 前乘以 β，就可用无地下水补给情况下的计算公式求得此条件下需水量 $\sum\limits_{0}^{t} ET'$，则该时段内的实际需水量为

$$\sum_{0}^{t} ET = \sum_{0}^{t} \frac{ET'}{\beta} \tag{3.58}$$

式中：ET' 为无地下水补给条件下需水量，mm。

3.2.1.6 作物需水量实时预报步骤

1. 旱作物需水量实时预报

应用以上计算方法，预报步骤如下。

(1) 针对预报地区的土壤、作物与其生育阶段搜集以下资料：r，H，ω_p，ω_j，β。

(2) 根据当地或条件类似地区灌溉试验资料，分析确定当地不同月份与不同天气类型条件下 ET_0 值，式（3.43）中 Q、R 与 n 值，式（3.44）中 a、b 值。

(3) 预报时段初，在典型农田上观测 LCP 及土壤含水率 ω_0 值，上一时段末的 ω 为下一时段的 ω_0。

(4) 根据气象预测中所预报的天气类型（晴、云、阴、雨），用第 3.2.1.2 节所介绍的方法，在预报时期内，逐日计算 ET_0。

(5) 根据预报时段内的 LCP，用第 3.2.1.3 节所介绍方法计算 k_c。

(6) 若预报时期内无降水，ω_0 与 ω 均不小于 ω_j，用式（3.47）计算需水量进行预报。

(7) 若预报时期内无降水，$\omega_0 < \omega_j$，用式（3.49）计算需水量进行预报，该式中的 ω 用式（3.50）算出。

(8) 若预报时期内无降水，$\omega_0 \geqslant \omega_j$，$\omega < \omega_j$，按式（3.51）计算 t'，将 $0 \sim t$ 划分为 $0 \sim t'$ 与 $t' \sim t$ 两个时段，用式（3.52）算出各个阶段需水量，将各阶段需水量加和进行预报。

(9) 若预报期内有降水，则按照 ω_0 的不同范围，根据预报的降水日期及降水量资料，用第 3.2.1.2 节中的模型及方法进行预报。

(10) 有地下水补给的条件下，仍按以上步骤进行计算与预报，只是需要在计算与预报过程中，用无地下水补给条件下的 ET 与 β 的乘积或者 ET 与地下水补给量之差代替有地下水补给条件下的 ET，$\beta = 1 - \dfrac{k}{100}$，$k$ 为地下水补给量占需水量的百分比。我国有大量的地下水补给量试验研究成果，可按地下水埋深、土质、作物种类与根系吸水层深度资料，根据试验成果确定 k 的数值。

2. 水稻需水量预报步骤

水稻广泛采用浅水淹灌或其他节水高产的灌溉方式。在这些灌溉方式下，水稻全生育期内除晒田末期以及黄熟期的少数天数外，其余时期内稻田土壤含水率不低于临界含水率；而晒田末期及黄熟期又是不需灌溉也就是不必预报 ET 的阶段。故对于需要预报 ET 的阶段，水稻的需水量基本上不受土壤含水率的影响，即 $k_\omega = 1$。因此，对于水稻 ET 的预报，取得 LCP 资料后，只需采用旱作物需水量预报中的第（2）、第（4）、第（5）和第（6）步骤对水稻蓄水量进行预报。

思考

作物需水量预报的关键点和难点是什么？

3.2.2　灌区旱情实时预报

相对气象干旱而言，农业干旱有着更为复杂的发生和发展机理，因为不同的作物有不同的需水量，即使同一作物，在不同的发育期、不同地区，其需水量也都不一样。总的来说，农业干旱是气象条件、水文环境、土壤基质、水利设施、作物品种及生长状况、农作物布局以及耕作方式等因素综合作用的结果。因此，与气象干旱不同，农业干旱的预报必然要涉及与大气、作物以及土壤等相关的因子。根据在预报中采用的指标不同，可以将农业干旱预报方法分为基于降水量的预报方法、基于土壤含水量的预报方法以及基于综合性旱情指标的预报方法。

3.2.2.1　基于降水量的预报方法

降水是农田水分的主要来源，是影响干旱的主要因素之一。虽然降水量指标被认为是一种气象干旱指标，但是由于它是反映某一时段内降水与多年平均降水相对多少的指标，可以大致反映出干旱的发生程度和趋势，因此也被大量地应用于农业干旱的宏观检测和预报。降水量的预报建模方法通常是借鉴气象干旱预报的建模方法，具有直观简便等优点，但是以它为指标建立的预报模型只能描述干旱的大致程度，而不能反映农作物遭受的干旱程度。

3.2.2.2　基于土壤含水量的预报方法

土壤含水量是农业干旱中应用比较成熟的一种指标。土壤水分信息采集示意如图3.8所示。相关学者对土壤水分的研究概况和方法进行了系统的阐述，指出土壤水分的研究还仅局限于区域内某田块或某样点上，进而建立的模型也多以参数模型为主。但是由于土壤含水量指标可以利用农田水量平衡关系方便地建立起土壤-大气-植物之间的水分交换关系或土壤水分预报模型，因此在农业干旱预报中也被广泛地采用。目前以土壤含水量为指标建立的干旱预报模型通常可以分为两种：一是以作物不同生长状态下土壤墒情的实测数据作为判定指标而建立的预报模型；二是利用土壤水分消退模式来拟定旱情指标，即根据农田水量平衡原理，计算出各时段末的土壤含水量，以此来预报农业的干旱程度。范德新于1998年在江苏省南通市建立的"农业区夏季土

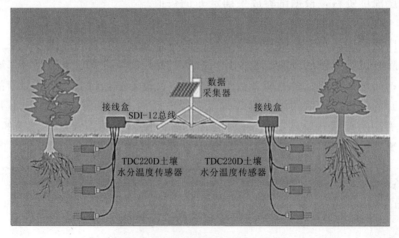

图3.8　土壤水分信息采集示意图

壤湿度预测模式"，赵家良于 1999 年在淮北地区、王振龙于 2000 年在安徽进行的"土壤墒情预报模型"研究等是都基于前者所建立的干旱预报模型。该类模型的优点是能实时监测土壤的含水量变化，从而较好地反映作物旱情的动态变化，但是要对大范围的农业旱情进行预报，必须要大量地布点取样，工作量和投资都很巨大。以农田水量平衡原理建立预报模型是土壤含水量预报的另一种方法，在 1982 年，鹿洁忠就开展了关于"农田水分平衡和干旱的计算预报"的研究，李保国于 1991 年又在鹿洁忠等研究的基础上建立了二维空间的"区域土壤水贮量预报模型"，此后，黄旭晴、孙荣强等利用土壤水量平衡方法建立了"农业干旱预报模型"，熊见红在长沙市、陈木兵在湘中采用三层蒸散发模型和蓄满产流原理，建立了"土壤含水量干旱预报模型"。由于土壤含水量的计算要考虑气候条件、作物发育状况、土体构型等因素的影响，因此以此为指标建立的预报模型往往参数计算复杂，具有明显的区域特征。

3.2.2.3 基于综合性旱情指标的预报方法

农业干旱的发生是一个综合因素影响的结果，采用单指标开展干旱预报，如降水量指标和土壤含水量指标虽然可以在一定程度上大致反映农业干旱的发生趋势，但忽视了对作物光合作用、干物质产量以及籽粒产量的动态变化进行描述。大量试验证明，农业干旱的发生与作物的蒸腾量以及水分亏缺情况有密切的关系。吴厚水、安顺清等最早开展了以蒸发力和相对蒸散作为影响因子计算作物水分亏缺情况的研究工作，建立了作物缺水指标，其公式为

$$CWSI = 1 - ET/ET_m \tag{3.59}$$

式中：CWSI（crop water stress index）为作物缺水指标；ET 为作物实际蒸发蒸腾量（实际耗水量）；ET_m 为作物潜在蒸发蒸腾量（潜在最大需水量）。

此后，康绍忠、熊运章和张正斌等分别采用气孔阻力法、叶温法和土壤含水量法计算作物的实际耗水量，并将它作为一种综合指标来对作物的水分亏缺状况进行监测和预报，余生虎等也在高寒草甸区以作物蒸散能力和土壤干湿程度相结合的综合指标建立了类似的干旱预报方程。由于作物实际耗水量综合反映了土壤、植物本身因素和气象条件的综合影响，因此以此建立的干旱预报模型比以其他指标建立的预报模型更加宏观实用、真实准确。

除了作物实际耗水量之外，作物供需水关系是农业干旱预报中采用的另一个综合性旱情指标，其表达式为

$$e = \frac{P_1}{K_{cj} \times K_{sj} \times ET_{0j}} \tag{3.60}$$

式中：e 为干旱指数；P_1 为作物生长期内某时段的有效降雨量；K_{cj} 为作物第 j 时段的作物系数；K_{sj} 为第 j 时段的土壤水分胁迫系数；ET_{0j} 为第 j 时段的潜在蒸散量。

采用该指标进行农业干旱预报的有朱自玺在 1987 年建立的"冬小麦水分动态分析和干旱预报模型"、胡彦华和熊运章等于 1993 年建立的"作物需水量优化预报模型"以及王密侠和胡彦华在 1996 年建立的"陕西省作物旱情预报系统"等。该类模型的优点是其涉及的参数全部可以用气象资料、土壤水分资料以及天气预报数据进行

计算获得，更为精确实用且代表性强，可以很方便地在不同的区域内推广使用。

思考

试分析以上几种旱情预报方法的优缺点以及适用条件。

3.2.3 灌区灌溉用水实时预报

3.2.3.1 旱作物灌溉用水实时预报

对于旱作物，无灌溉条件下，若无地下水补给量，田间水量平衡方程见式（3.61），旱田土壤湿润层水量平衡参数如图 3.9 所示。

$$10rH\omega_t = 10rH\omega_0 + \sum_0^t P_0 - \sum_0^t ET \tag{3.61}$$

式中：ω_t 为第 t 日作物根系吸水层（深度为 H）中平均土壤含水率（占干土重），%；ω_0 为预报时段初土壤含水率；P_0 为有效降水量，mm；其余符号意义同前。

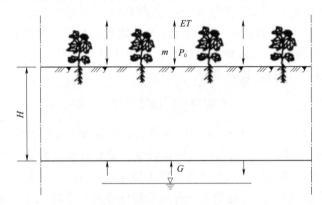

图 3.9 旱田土壤湿润层水量平衡参数示意图

为了满足农作物正常生长发育的需要，任一时段内作物根系吸水层内的储水量必须经常保持在一定的适宜范围以内，即通常要求土壤湿润层平均土壤含水率不小于作物允许的最低含水率（ω_{min}）且不大于作物允许的最高含水率（ω_{max}）。预报灌水时，r、H、ω_0 及土壤适宜含水率上限 ω_{max} 与下限 ω_{min} 均已知，根据天气预报，按第3.2.1 节（5）方法，可从第 1 日起，逐日求出累积的 P_0 与 ET，后运用式（3.50），逐日求 ω_t。

ω_t 降到 ω_{min} 的日期即适宜的灌水日期。

灌水定额为

$$m = 10rH(\omega_{max} - \omega_{min}) \tag{3.62}$$

一般，ω_{max} 取田间持水率。

若当地有地下水补给量，补给系数为 k，或每日补给量为 G（mm），只要将前述旱作条件下各种计算中的 $\sum_0^t ET$ 换成 $\sum_0^t (\beta ET)$ 或 $\sum_0^t (ET - G)$，即可完全按以上方法预报灌水日期与灌水定额，其中 $\beta = 1 - \dfrac{k}{100}$。

3.2.3.2 水稻灌溉用水实时预报

对于水稻田，无灌溉时，可列出以下稻田水量平衡方程式：

$$h_t = h_0 + \sum_0^t P_0 - \sum_0^t ET - \sum_0^t f \tag{3.63}$$

式中：h_t 为第 t 日田面水层深度，mm；h_0 为预报时段初田面水层深度，mm；$\sum_0^t P_0$、$\sum_0^t ET$ 与 $\sum_0^t f$ 分别为 t 时段内的有效降水量、需水量与渗漏量，mm。

在进行灌水预报时，根据各监测稻田（代表性稻田）的水层深度资料确定 h_0，根据天气预报确定预报期内每日的 P_0，根据灌溉试验成果确定每日的 f 以及阶段适宜水层深度上限 $h_{\max}$（mm）与下限 $h_{\min}$（mm），按第 3.2.1 节（5）方法计算每日的 ET、逐日累积 P_0、ET 与 f，用式（3.63）计算逐日的 h_t。当 h_t 下降到 $h_{\min}$ 时的日期即适宜灌水日期。

水稻灌水定额为

$$m = h_{\max} - h_{\min} \tag{3.64}$$

3.2.3.3 预报的精度与效果

从第 3.2.3 节（1）和（2）内容可知，预报的作物需水量是预报灌水日期与灌水定额所依据的基本数据，作物需水量预报的精度直接影响灌水日期、灌水次数、灌溉定额的预报精度。笔者用本书介绍的预报需水量方法计算了河北省望都、藁城与临西三个灌溉试验站 1985—1993 年冬小麦、夏玉米各阶段的需水量，共 129 组数据，与实测值进行比较，88% 的计算成果精度在 80% 以上。此外，还计算了河北唐海水稻试验站 1991 年 7 月连续 22 天的逐日需水量，与实测值相比，全部成果的精度在 85% 以上，90% 的成果精度在 89% 以上，80% 的成果精度在 99% 以上。以上对需水量的计算，依据的是实际的天气类型，不是预报结果。当前，在 1~3 天的短期气象预报中，对天气类型预报的可靠性已达 90%，考虑到天气类型预报可靠性（90%）的影响，用上述方法预报需水量，对于旱作物，80% 的预报精度在 80% 以上；对于水稻，90% 的预报精度在 85% 以上，81% 的预报精度在 89% 以上，72% 的预报精度在 99% 以上。

以上结果表明，水稻需水量预报的精度高于旱作物。无论水稻还是旱作物的需水量，由于受到气象、作物本身生育性状及土壤水分条件的影响，很难预报得十分准确，上述预报精度已可以满足灌溉日期、定额预报的要求。

对于灌水日期、定额预报的精度与预报效果，仍以河北省望都、藁城、临西三个试验站 1985—1993 年的冬小麦资料进行说明。用本书介绍的预报方法确定灌水日期、灌水定额，在中等年、中湿年与湿润年，预报的灌水日期和灌水定额与实际情况吻合；在中旱年、干旱年，预报的灌水定额与实际情况吻合，预报的灌水日期后移，结果是全生育内预报的灌水次数比实际（3~5 次）少 1 次，灌溉定额减少 20%~25%。

因此，当地认为，按此法进行实时灌溉预报指导冬小麦灌水，可起到节水、增产作用。从 20 世纪 90 年代中期起，石家庄市、保定市按此法在每次灌水前通过报纸、广播与电视发布冬小麦分次灌水预报，并大量培训推广、应用此预报技术。据两市不完全统计，由于推广此预报技术，1993—1999 年，已促进节水 3.9 亿 m³、增产粮食 8.9 万 t。湖北省漳河灌区（水稻田面积 14.7 万 hm²）在 1999 年、2000 年用以上方法进行水稻实时灌溉预报，每 10 天之初预报未来 10 天的灌水日期及灌水定额，并依据此预报成果制定动态用水计划，确定未来 10 天里各主要渠道的操作计划，以此指导渠系用水。据调查、统计，采用动态用水计划后的 1999 年、2000 年与采用前的 1996 年、1997 年（气象、水文条件与 1999 年、2000 年相似）相比，平均每年节水 5200 万 m³、增产粮食 1.5 亿 t。两省的实践表明，实时灌溉预报对促进节水、高产有显著效果。

思考

你认为还可以从哪些方面改善预报精度与效果？

3.3　水利工程信息预报

3.3.1　大坝安全预警预报

资源 3.2

我国是一个坝工大国，截至 2020 年年底，已建成各类水库大坝 9.8 万余座。由于技术条件的限制和人为因素的影响，加之许多大坝运行年龄已达 30～50 年，导致部分大坝处于带“病”运行状态，存在严重的安全隐患。据统计，我国总溃坝率约 3%，其中中小型大坝的溃坝率约 4%，溃坝率高居世界前列，大坝安全形势不容乐观。

然而，大坝失事是有预兆的，大坝安全是可控的，只要建立合理的预警机制并制定有效的应急预案，大坝失事带来的灾害是有可能避免的，至少可以减轻失事损失。20 世纪 90 年代，国外开始对大坝预警和救援进行研究，取得了一些显著性的成果。意大利是较早开展大坝安全监控的国家，所研制的 DAMSAFE 系统是一个基于结构分析和安全监测、具有初步大坝安全评价和大坝安全预警功能的大坝安全管理决策支持系统，也是目前世界上最先进的大坝安全监控系统之一；法国在进行大坝安全预警研究的同时，特别强调应急预案的研究，要求高于 20m 的大坝或库容超过 1500 万 m³ 的水库必须设置报警系统，并提交关于溃坝后库水的淹没范围、冲击波到达时间和淹没持续时间的研究报告，制定相应的居民疏散撤离计划；《葡萄牙大坝安全条例》要求大坝业主必须提交有关溃坝所引起的洪水波传播的研究报告，编制预警系统及应急处理计划；美国大坝安全联合委员会对《联邦大坝安全导则》第 2 次更新，特别加强了“大坝业主应急行动计划”内容，包括“准备紧急行动计划的基本要素”及“术语”等原则性意见；加拿大是较早开展大坝安全风险分析的国家，加拿大大坝协会发布的《水坝安全导则》也特别强调了大坝管理部门采取险情预测报警系统、撤离计划等应急措施的重要性；一些发展中国家的大坝，如尼泊尔的 TshoRolpa 大坝等，也开展了大坝预警系统的研制和应急计划的制定工作。

我国对大坝安全问题一向十分重视，在大坝安全管理体制方面，成立了国家电力监管委员会大坝安全监察中心和水利部大坝安全管理中心，分别对电力大坝和水利大坝进行行业管理；在大坝安全管理法规方面，制定了《水库大坝安全管理条例》《水电站大坝运行安全管理规定》等一系列法律、法规和规范；在大坝安全监测技术方面，针对不同类型大坝的特点，研制了一系列高精度的安全监测仪器，开发了不同的大坝安全自动化监测系统，实现了监测数据的自动采集和远程传输；在大坝安全监测资料的定性分析方面，制定了比较完善的监测资料整理、整编方法，实现了对监测资料常规分析的正常化和规范化；在大坝安全监测资料的定量分析方面，建立了比较成熟的单测点监测统计模型、确定性模型和混合模型，研究了采用模糊数学、灰色系统、人工神经网络、混沌理论等现代数学理论建立监测模型的方法，探讨了建立大坝安全监测多测点分布模型、多项目综合评价模型的方法；在大坝安全监控方面，建立了大坝安全监控模型和监控指标，开发了大坝安全监测信息管理系统，研究了大坝安全监控专家系统和辅助决策支持系统，尝试了利用人工智能等现代技术进行大坝安全监控的方法。这些研究成果为大坝安全预警系统的研究积累了丰富的资料。

1. 大坝安全预警预报系统的基本概念

大坝安全预警预报系统实际上总是与自动监测系统联系在一起。大坝自动监测系统是预警预报系统的基础，预警预报系统是自动监测系统的具体提高和应用。大坝监测的目的一是验证大坝的性能是否与设计相符，即验证设计；二是反映大坝的实际运行性态，掌握大坝是否处于安全的运行态势。从大坝安全管理角度考虑，更重要的是后者，因此大坝监测的自动化也应侧重在能反映大坝运行性态的参数上，包括水位、温度、地震等主动的随机参数和位移、应力、渗漏、扬压力、震动模式和频率等效应参数。自动监测的最终目的是将大坝结构的实际状况与理论模型、历史过程和预测结果进行比较，一旦发现大坝变形或渗漏超过允许范围，系统就应该及时报警。预警预报系统可以在系统内部使用，向负责大坝安全的工程师发出灾难警报，也可以直接报警，及时通知有关部门采取相应处理措施，启动应急处理计划。

2. 预警预报系统的基本要求与组成

（1）基本要求。为了有针对性地对大坝进行监测和预警，首先需要考虑潜在的破坏失事模式并据此确定监测仪器。根据大坝失事或破坏的一般规律，报警系统通常应考虑以下几个方面：①建筑物破坏报警；②基础破坏报警；③超标准洪水报警。设计报警系统时，首先应根据上述潜在的失事模式明确需要报警的观测量，然后有针对性地进行设计和布置。比如，对于基础破坏，需要监测的主要观测量是渗漏量、地基变形；对于建筑物破坏，需要监测的物理量是变形、应力、裂缝等。而对于洪水报警，需要监测的物理量有水位、雨量等气象水文参数。

你认为报警系统功能上除上述三个方面外还应考虑哪些方面？

（2）组成。预警预报系统一般由监测系统和报警系统组成。目前我国大部分电站都只是建立了监测系统（包括水情自动测报系统），还没有涉及报警系统。

对大坝潜在危险进行报警的基础是影响大坝安全的外力因素的及时监测。影响大坝安全的主要因素有结构损害、地基破坏、超标准洪水、地震等。因此监测系统的基本组成应包括水文站、气象站、坝址水位记录站、大坝变位监测站、坝址地震监测站、坝基扬压力监测站及坝基渗流量监测站等。将这些合理分布的测站连接起来，形成一个可靠的计算机网络，通过分析系统再连接报警系统，即可形成大坝安全预警预报系统。

（3）特点。报警系统与监测系统有许多相似之处，也存在一些差别。报警系统的基本要求是不能不报警，也不能乱报警，因而报警系统要求更高的可靠性和安全性。这就是说，报警系统必须有冗余元件和冗余的信号传输路径，这样即使一个元件或一条通信线路发生故障不会引起系统故障而不报警或误报警。因而有时需要将遥测或报警站用作中继转发站，保证每个站发出的信号至少传送到两个其他站，这样即使一个站点发生故障也不会引起整个系统故障。

报警系统本身含有逻辑控制器，对传输到系统的信息进行实时分析判断，并及时确定是否发出报警。根据逻辑控制器的判断特点和采集对象的差异，报警系统可以分为主动报警系统和被动报警系统。主动报警系统对危急情况的感知是主动的，譬如以故障发生前的参数（如库水位、入库流量和排水流量等）用作紧急报警的依据。此时系统的关键是如何智能地排除非危急情况导致的参数异常，比如偶尔的涌浪导致测点水位超过限值。因而设计主动报警系统时，应特别仔细对待系统的去伪存真问题，减少误报警。与此相反，被动报警系统对危急情况的感知是被动的，譬如以大坝下游的水位作为探测要素，一旦发现下游水位超过预设水平，即可发出失事警报，这样误报的概率大大减低，但一旦发生警报，事故已成为事实，没有挽救的余地，而且此时报警也失去了宝贵的初始预警时间。从保障大坝安全的视点来看，这种报警系统是消极的。

3. 大坝安全预警预报信息发布

（1）自动报警系统信息发布。自动报警系统可直接向受影响的人们报警，或将紧急信息传到一个控制中心供评估，并上报有关部门，这主要取决于报警事故的性质及系统的智能判断能力。对于离大坝较近的人们，直接报警可提供最好、最及时的保护。

报警站一旦接收到来自系统的报警指令，即用声、光、电等设备发出警报。声音报警器如喇叭或由压缩空气操作的汽笛等一般功率较高，也较可靠，其他如警灯、电铃等都可以用来报警。

（2）人工手动预警信息发布。人工手动预警信息发布，预警发布管理在客户端运行，主要用于管理预警信息发布的状态、发布内容和应对措施等信息，涵盖短信、微信、微博和邮件等多种发布方式，并进行发布优先级管理。预警发布流程如图 3.10 所示。

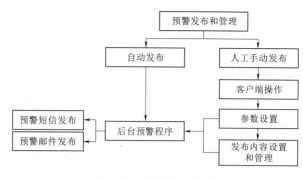

图 3.10　预警发布流程

作为 B/S 架构的软件，信息发布系统可方便用户访问，轻松实现地图漫游，直观地了解水库大坝监测点基本信息与预警结果等信息，方便用户对属性数据和其他相关预警信息的查看与管理。预警发布为信息发布的重要功能，但基于 B/S 架构的请求-响应的工作模式，不可避免地导致不同用户对同一灾害点的预警结果的反复请求。因此，预警信息根据实际需要分为两种情况，即内部预警信息发布和外部预警信息发布。内部预警信息发布以自动方式为主，设计为后台服务程序。外部预警信息发布由决策会商等方式确定，发布形式多样。

预警信息的发布通过短信和邮件两种方式实现，发布操作通过系统后台运行的形式实现，由系统调用，定时启动。系统从水库大坝监测预警信息系统数据库中读取检测预警结果，结合当前险情（由水库大坝监测预警信息系统分析获得）、监测数据、历史发送情况、系统设定的发送等级等多种因素，按照相关的发送规则，确定发送对象，由系统自动安排发送。系统发送规则的设定和修改、发送对象对应的发送等级等发送参数，通过预警信息系统的相关页面进行设置。预警信息的内容包括预警结果的等级、险情信息、监测数据、影响范围、建议措施等。预警信息发布系统（后台服务程序）的组织结构如图 3.11 所示。

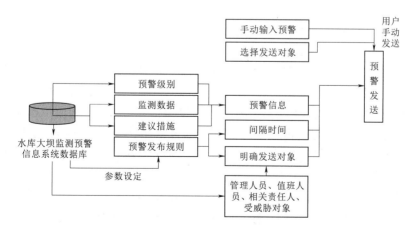

图 3.11　预警信息发布系统（后台服务程序）的组织结构

预警信息发布系统根据分析计算获得预警结果，按照预先设定的发送等级与发送规则，将灾害点的实时灾情信息以手机短信或电子邮件方式发送给相关部门和监测人员，以启动相关应急预案，最大限度地保护人民群众的生命财产安全。预警信息的发布分为系统自动发布和手动发布两种方式。系统自动发布是指根据预警分析后台服务程序的结果，按照预警信息发布规则和发布流程，自动启动预警信息发布。手动发布作为自动发布的补充，主要是用户通过查看监测预警信息系统的监测数据曲线、预警结果展示页面等相关信息，结合自己的分析判断，手动发送预警信息。预警信息发布后台服务程序由操作系统调用，定时启动，作为预警信息系统的重要组成部分，是相关部门迅速启动应急预案的重要参考信息。

1）短信信息发布。短信信息发布主要使用 AT 指令控制 GSM（全球移动通信系统）模块来发送短信，GSM 模块以无线的方式与短信服务中心通信，从而将短信发送至用户移动终端。这种方式对硬件要求不高，实现简单，而且通过设置状态报告，还能够获知用户移动终端是否接收到了短信。GSM 模块包含了完整的 MCU 控制电路和通信接口电路，将 AT 指令集直接封装到控制模块中，一般可以使用厂家对用户提供的统一接口进行调用，即通过引用动态链接库的方式进行调用。

为了提高短信发送的效率和可靠性，采用多线程和批量发送的方式。将每一次短信发送过程视为一个独立线程任务，通过系统管理线程池中的一个线程进行短信发送操作，因此，一个线程和待发送的短信就构成了一个任务单元。在每一个任务单元中，独立地包含连接、发送、状态回写、断开连接等操作步骤，在发送线程执行发送操作期间，主程序执行空操作，等待发送线程发送完成再执行后续操作，以协调 GSM 模块与计算机 CPU 之间存在的硬件速率差异。采用独立线程的操作方式可增加 GSM 模块连接的有效性，有效地克服 GSM 模块的"假死"和连接失效等弊端，提高发送的成功率和稳定性。

短信发送线程中包含大批量的待发短信时，就会造成大量的短信拥堵在 GSM 模块通道内，从而造成 GSM 模块死机。分批量发送方式是每次从数据库中只读出一批待发短信，每批的短信条数由 GSM 模块的性能决定，从一个线程创建到结束，发送线程只承担相应数量的短信发送任务，以此提高大批量预警短信发送导致的拥堵问题。

短信生成与预警信息短信发送程序根据水库大坝监测预警程序的预警结果，结合预警短信发送规则，生成预警信息和确定短信发送对象，利用预警短信发送平台，及时、有序地将预警短信发送到目标手机。预警结果信息由水库大坝监测预警信息系统发出，针对这些预警结果，需要根据实际，综合考虑预警级别、影响范围、发展趋势、气象信息等多种因素，以当前形势、发展趋势为依据，以满足人们日常思维习惯为基本准则，制定详细的发送规则，保证发送的预警信息能对灾害点的预警产生直接的、积极的效果。预警短信发送流程如图 3.12 所示。

在监测到水库大坝监测预警信息系统数据库中预警分析结果发生变化时，预警信息发布系统及时告知相关监测责任人和管理部门，根据需要加强或减除应急响应。若预警结果没有发生变化，则需要考虑设置一定的时间间隔，在时间间隔内，不再向相关人员发送短信，减少系统误报。通过读取 GSM 模块返回的发送标志位置信息跟踪短信发送状态，对于发送失败的预警短信，系统通过设置相关的发送状态予以标记，并在本次发送任务完成后写入数据库，在下一次启动发送任务时，优先发送上次失败的短信。由于自动化预警的需要，预警短信由系统根据预警分析结果动态生成。预警短信的内容遵从简明扼要、清晰明了的基本原则，由大坝监测灾害点位置信息、灾害类型、预警等级、监测数据信息、措施与建议等基本信息组成。预警等级可参考各省或县水利部门制定的大坝突发事件应急预案，一般分为一般（Ⅳ级）、较重（Ⅲ级）、严重（Ⅱ级）、特别严重（Ⅰ级）四个等级，依次用蓝色、黄色、橙色、红色表示。

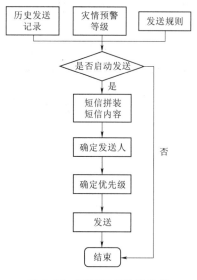

图 3.12 预警短信发送流程

Ⅰ级：水库大坝出现可能导致溃坝的险情。

Ⅱ级：大型水库、重点中型水库大坝出现危及工程安全的险情。

Ⅲ级：一般中型水库、重点小（1）型水库大坝出现危及工程安全的险情。

Ⅳ级：一般小（1）型水库、小（2）型水库大坝出现危及工程安全的险情。

预警信息发布系统通过检索基础信息库，获取不同预警级别对应的预警措施。预警短信的内容和格式应当保持相对固定，如需修改可由数据库管理人员通过访问水库大坝基础数据库对其进行修改。

短信发送对象的选择和优先级确定发送对象分为政府、水利厅和水库大坝相关管理部门、大坝安全监测责任人、威胁对象等类型，这些对象的发送等级根据职责与分工不同而有所不同。具体而言，管理部门的某一个发送对象都对应一个发送等级，只有当预警等级达到或超过其对应的预警等级，系统才会向其发送预警短信；对于监测责任人或威胁对象类型，系统统一对其设置发送等级，当前预警等级达到或超过设定的预警等级时，系统通过搜索监测责任人数据表和威胁对象数据表，将预警相关的责任人和威胁对象选中，提取其手机号码写入预警短信中，为发送做好准备。在实际应用中，管理部门的设定发送等级一般会高于监测责任人和威胁对象类型。由于 GSM 模块在短信发送过程中表现出来的性能相对较低，发送一条短信平均耗时 5s，以至于在待发短信较多时，出现较长时间的延时。为保证重要、紧急信息优先发送，在写入短信的时候应当确定待发短信的优先级，系统按照短信的优先级安排发送。短信的优先级由预警结果的优先级和发送对象的优先级两部分构成，预警信息发布系统将检索优先级别表单获取相关信息。

2）电子邮件发送。预警信息电子邮件发送平台作为预警信息发送平台的补充，主要为用户提供更为详细、具体的灾害点实时监测信息与预警分析结果。邮件发送平台以邮件服务提供商提供的邮箱系统为依托，通过调用 SMTP 协议提供的接口和功能函数，实现对邮件的自动发送。SMTP（simple mail transfer protocol）即简单的邮件传输协议，是一种 RCF821 标准支持的数据传输协议，主要用来在互联网上进行电子邮件的传输业务，是一种基于 TCP/IP 协议以上的应用层协议。SMTP 协议与 POP3 等协议一起，共同构成邮件服务体系。

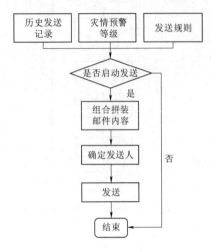

图 3.13 预警信息邮件的发送流程

根据水库大坝监测预警系统的预警分析结果，结合预警信息发送规则和历史发送情况，确定本次预警结果是否需要发送。若不需要发送，则直接结束；若需要发送，则根据预警结果、监测点信息、监测数据信息等生成预警邮件的发送内容，同时根据监测点编号和预警结果确定发送对象，并从数据库中读出邮箱地址和服务器信息，最后通过调用相关的发送函数完成预警邮件的发送操作。由于邮件发送系统延时相对较低，且在网络正常的情况下，不存在发送失败或发送错误的问题，因此无须考虑邮件预警信息的发送优先级问题。预警信息邮件的发送流程如图 3.13 所示。

4. 大坝应急处理计划

一般来讲，引起紧急情况的原因不外乎自然事件和工程事故。前者有突发性，目前来讲还属不可控因素，人们只能采取适当的措施减小事故后果的严重性。应急处理计划就是当自然事件或人为事故发生时保护大坝下游、减少洪灾损失的基本手段。根据《加拿大大坝安全导则》的要求，对失事可能导致生命损失和预警可以减轻上下游损失的任何大坝都应该编制、测试、发布并维护应急处理计划。应急处理计划是一个正式的书面计划，它确定了一旦出现紧急情况，大坝运行人员应遵循的程序和方法。通过应急处理计划应明确在危急时刻及时调动联络大坝业主、运行管理人员、大坝安全机构、当地政府、防汛机构、消防部门、军队、警察等机构或人员的各自责任和行动计划。

从大坝-流域系统来考虑，应急处理计划应包括四个方面的基本内容：①评估事故的可能特征及其对大坝下游造成的后果；②采取措施减少溃坝所造成洪水的影响（损失），其中包括采取消极的措施（控制占用土地）及积极的措施（预警系统、疏散计划、提供信息以及公众和地方当局做好准备）；③在发生意外事故和危急情况下，对上下游土木工程及居民的适宜保护措施；④救援物资的准备等。

为此水电站大坝的应急处理计划可分两类：①内部应急计划，侧重于每座大坝安全的措施和手段；②外部应急计划，侧重于每座大坝下游的保护设施和救治手段。

对大坝安全应急处理计划而言，大坝是控制性源头，内部应急计划应强调限制大坝事故的范围、抢险救灾、提出预警等功能，防止发生严重事故、减少事故发生可能性及其影响。

（1）内部应急计划应包括以下内容：

1）紧急情况的确定和估计。根据工程和所在流域的特点预先估计各种可能的事故模式、后果及针对不同紧急情况的预防措施，包括可以使用的机械设备、材料、人力等资源，由此来决定操作人员和其他工程技术人员在各种意外事件中应采取的行动。

2）明确在发生紧急情况时减低库水位的方法，如溢洪道、泄水孔开启的规则和步骤等。

3）减少进出库流量的方法。如什么情况下可以通过减少上游水库的下泄流量来减少入库流量，什么情况下应通过下游河道的分洪设施或支流水库的下泄流量来减少下游河道的流量等洪水调度原则。

4）通知程序和流程。计划应注明若发生紧急情况时需要通知的所有人员名单和联络方法（电话、手机、对讲机等）以及通知层次图表。这些人员包括业主、所有运行管理人员、上级主管部门、各级防汛机构、地方政府、军队、警察、消防、可能危及的居民等。有关人员都要根据事故的不同等级明确通知的深度和广度，通知程序应清晰明了，易于执行。

5）通信系统。应急计划应包括详细的内部和外部通信系统的架构图。在主要系统失控的情况下选择可供使用的通信手段和工具。

6）交通计划。应急计划应标明发生紧急情况时进出现场的道路，包括主要道路、次要道路以及道路的路况、适用的交通工具等。

7）无电力情况下的对应措施。应急计划应包括在电力供应（照明）中断条件下对抢险工作做出预计，标明应急电源的位置和操作规程，还应对恶劣（如严寒、大雪、风暴等）环境下的抢险措施做出预计。

8）物资储备。应急计划应详细载明抢险物资的数量、性能和储存地方，保证发生紧急情况时具有足够的储备并便于取用。

9）报警与疏散系统。应急计划还应明确在紧急情况发生时应如何、何时、由何人启动预警系统，及时向下游哪些区域的居民、工厂等提供警报信号，保证人员、设施的及时撤离。

（2）外部应急计划应包括以下内容：

1）明确下游流域最重要的特征，特别是居民占地及经济分布情况，从社会角度确立防御战略。

2）进行溃坝洪水分析研究，利用 GIS 等信息技术对下游地区进行淹没范围分析，确定不同事故的影响范围。

3）设立整个流域的预警和疏散系统，遇到危险情况时，在内部应急计划发出警报后，如何向流域发出警报，及时疏散将受影响的居民，计划应标明在警报发生时哪些地区的人员设备需要疏散、如何组织疏散、往何处疏散等问题。

4）明确安全责任，确定各自的责任及作用。将抢险救灾等的安全责任分解到各个部门和地方政府，明确各村、乡、镇、县行政主管部门的责任及应起的作用。

5）载明救急物资的数量、位置、性能及分发、领用的程序。

6）确定保护区及交通道路。

7）确定紧急情况下可使用的通信、运输系统等。

内部应急计划重点在大坝枢纽，而外部应急计划则涉及整个流域，两者结合形成一个从内而外的完整的救治系统。对应急处理计划而言，制定计划只是第一步，对制订的计划进行宣传、培训、测试是更为重要的一环。计划制定后，所有有关的技术人员和社会抢险人员都应在应急模式下进行训练培训，并指派专人或机构定期对计划进行检查、更新。

3.3.2 水库水雨情预警预报

3.3.2.1 水库水雨情预警预报规则

资源 3.3

根据水情站点各自的水雨情预警标准，进行水位雨量的判别，对超出警戒范围的水雨情要素进行预警。当有水雨情要素超过设定值时，应显示所有超警站点的水雨情信息，并对各级别站点数进行统计和排序。统计应包含各站点的特征值、雨量图及水位过程线，同时应能查看其站名、所属河流名、所属水系名称及历史水位（雨量）过程线，并提供水位（降雨）过程报表，以及相关的统计分析报表。对于水位站应能查看其警戒水位、梅控水位、台控水位及相应库容等属性值。

1. 水情信息预警

通过水位过程曲线、水情监测情况表及水情实时记录数据，不但可以实现对水情信息的监控，还可以对超警站点实现声音和图像预警。对不同超警等级用不同颜色和大小的图标渲染各站点，并显示各超警站点，同时在点击相应站点时，发出声音预警。

2. 雨情信息预警

雨情信息预警主要包括雨情原始数据、实时监测、时段雨量、雨量日报、雨情月逐日、雨情年逐日等，同时可以使用报表展示或图形展示功能。通过雨量过程曲线、雨情监测情况表及雨情实时记录数据，可以实现对雨情信息的监控。

当某一个站点的小时雨量达到预警标准时，系统应及时启动报警，并生成详细的报警信息。

（1）综合预警预报。预警预报系统以雨情信息采集系统为基础，按照预先设定的预警标准进行预警等级划分，并借助于互联网和 GIS 实时水雨情信息发布与预警平台，将预警信息以短信的方式发送给相关人员，确保第一时间将预警信息发送到基层，提高受影响区域对水雨情信息的实时掌握能力。

（2）预警预报标准的建立。洪水预报与警报的分类与标准依据各国的习惯与特点可以采用不同的办法。关于洪水预报的分类，目前国际上一般将其分为三类，即洪水咨询、洪水警报和洪水情报。而依照我国以往习惯来划分，则可分为预备警报与订正警报。根据预报分析的结果，当预报测站的水位有可能超过预先规定的警戒水位时，要发布洪水咨询。当预报测站实测水位已经达到并超过了规定的警戒水位，而且依据预报推测还有可能超过设计高水位，甚至有可能发生严重的灾害，譬如大坝的溃决、坝顶的崩溃等，这时必须发布洪水警报。如果预报的情势临时有特殊的变化，事先没有预报出来，而根据最后分析，确认有预报订正的必要，即对原来已发布的洪水咨询或洪水警报需要做修正预报时，则应发布洪水情报。

关于防洪警报的问题，服务面更为广泛，影响作用也更为重要。就警报内容来说，可包括洪水警报、暴潮警报、泥石流警报等。就分类而言，目前国际上分为预备警报、准备警报、动员警报、信号显示、解除警报五类。

防洪警报标准可分为五级。依据气象天气预报警报和河流具体洪水位，以预先规定的洪水位为依据，再一次发生涨洪时，应发布防洪预备警报。这时防洪管理部门应做好派遣防洪人员的准备。对洪情进行分析，如果河流未来洪水位有可能超出警戒水位，就应该发布防洪准备警报。这时实际上是通知防洪管理部门立即派出防洪人员奔向各防洪要害位置，投入防洪抢险工作。如果实际河流水位已超出了实际警戒水位，依据洪水警报分析，还有可能出现更恶劣情况，即有可能出现破坏性洪水时，就应发布防洪动员警报。这时防洪管理部门应该向防洪人员发出抗洪动员令。如果河流实际洪水已超过警戒水位，防洪警报已发布了三道，而且洪水可能造成溃坝、浸堤、裂缝、漏水、河岸崩塌等事故时，应立即发布信号显示。这时防洪管理部门必须再次向防洪人员作进一步抢险的动员令。当河流水位在警戒水位上时，依据预报，洪水将要消退或洪水位已经退到警戒水位以下时，就应该发布防洪解除警报。防洪管理部门可以撤下防洪人员，防洪工作结束。

3.3.2.2 水库水雨情预报方法

水库水雨情预报的主要内容为洪水预报。洪水预报是根据洪水形成的客观规律，利用已经掌握的水文、气象资料（称水文信息或水文数据），预报河流某一断面在未来一定时期内（称预见期）将要出现的流量、水位过程。根据发布预报时所依据的资料不同，洪水预报可分为水文气象法、降雨径流法和河段洪水演进法三类。

1. 水文气象法

水文气象法所依据的是前期的气象要素情况，例如我国中央气象中心，根据全球的气压场、温度场、湿度场、风场等，按天气学原理在巨型计算机上进行高速运算，其中的成果之一是每天发布大尺度的12h、24h、36h、48h雨量预报，水文工作者对此进一步加工，即可作出超前期的洪水预报。又如有些单位根据前一年的某些水文气象要素，采用多元回归分析法做出预见期长达一年的径流预报。

2. 降雨径流法

降雨径流法是依据当前已经测到的流域降雨和径流资料，按径流形成原理制作产汇流计算方案，由暴雨预报预测流域出口的洪水形成过程。现在随着计算机的普及和信息传输技术的现代化，许多大流域，将降雨-流域-出流作为一个整体系统，用一系列的雨洪转化方程编成计算机程序，将信息自动采集系统获得的降雨、蒸发等数据直接输入计算机，即可算出洪水过程。

3. 河段洪水演进法

河段洪水演进法是根据河段上游断面的入流过程预报下游断面的洪水，常用的算法有河道流量演算法和相应水位法。

这三类方法中，水文气象法的预见期最长，但预报精度往往最差，因为由水文气象因素演变为洪水，要经历许多复杂多变的环节，很难确切估计。降雨径流法的预见期一般不超过流域汇流时间，预报精度虽不及河段洪水演进法，但多能满足实用的精度，故应用比较广泛。河段洪水演进法的预见期大体等于河段洪水传播时间，比较短但精度往往很高，大江大河常常采用此法。后两种方法的预见期一般不长，多为短期预报，但预报精度较高，是当前应用的主要方法。另外，近些年来，为提高预报精度，还在实际预报过程中，利用随时反馈的预报误差信息，对预报值进行实时校正，称为实时洪水预报。

3.3.2.3 预警内容和级别

水库水雨情预警预报系统的要素是指预警过程中包含的具体组成部分，即预警信号的主要构成部分。灾情预警主要包括：①信息来源、日期和时间；②紧急区域的具体位置；③灾害危险的性质；④灾害可能构成的后果；⑤灾害可能持续的时间和空间范围；⑥在可能的灾情区域内要采取的基本措施。因此，洪涝灾害预警要素主要包括以下内容：预警信号的发布主体、发布时间、发布对象、时效性、强度和范围、可能造成的影响、应采取的预防措施和查询单位等。

为了正确地指导防洪，组织广大群众开展适宜的防洪活动，各级防洪主管部门应及时、准确地发布洪水预报和警报。

洪水预报是根据所搜集到的雨量、水情气象信息，预测未来发生洪水的可能性及其规模，并将预报结果呈送防洪决策部门。洪水警报是由防洪决策部门根据所掌握的水情信息及洪水预报结果发布各种相应的行动命令，并通过各种传播渠道通知相应的防洪组织和广大居民。

洪水预报包括情报搜集、预报作业、预报校正和预报传递等工作。情报搜集是通过卫星云图、雷达测雨站、地面雨量站、水文站、水位站以及各级气象部门获取可靠的雨量、水情、气象情报，再通过电话、电报、电传、微波、传真等各种通信手段，及时将这些情报报送防洪主管部门和负责洪水预报的部门。各级预报部门根据所收到的情报，运用各自掌握的预报方法预报所管辖范围内河道水位、洪峰流量、洪峰到达时间和持续时间等洪水要素的未来过程。当洪水发生时，若所出现的洪水要素与预报结果的误差超过一定的幅度，还要应用各种预报校正技术随时修正已做出的预报。预报结果要通过各种通信手段报送主管防洪的决策部门，并通知沿河各有关水文、防汛部门。

防洪决策部门根据洪水预报的结果做出洪水调度方案，并对有关地区和部门发出警报。根据内容，警报可分为5个级别。

（1）注意警报。有可能发生洪水灾害，提醒有关地区的人员注意洪水情报。

（2）准备警报。发生洪水灾害的可能性增大，提醒做好防洪的物资准备。

（3）行动警报。洪水随时可能发生，实际开展防洪和避难活动。

（4）待命警报。洪峰已顺利通过，但仍有再次出现发生灾害的可能性，全体防洪人员和避难人员原地待命，进一步观察水情变化。

（5）解除警报。发生洪水的危险已经消除，各种防洪和避难活动可以解除。

1. 洪水预报

根据洪水形成和运动的规律，利用历史和实时的水文、气象资料对未来一定时段内的洪水情况的预测即为洪水预报，包括河道洪水预报、流域洪水预报和水库洪水预报等，主要预报项目有最高洪峰水位洪峰流量、洪峰出现时间、洪水涨落过程和洪水总量等。

河道洪水预报方法有相应水位法、流量演算法等。流域洪水预报包括径流量预报和径流过程预报。径流过程预报方法有单位过程线法、等流时线法、流域汇流计算模型、水力学方法等。水库洪水预报包括入库洪水预报、水库水位预报和水库施工期的洪水预报等。

洪水预报的发布应根据预报内容，按有关授权单位的规定分别通过广播、电视、电话及时传送至有关部门。全国范围的重点江河流域性洪水预报由国家防汛抗旱总指挥部发布；大江大河的重要河段的洪水预报由国家防汛抗旱总指挥部和水利部授权的有关机构发布；各省水文局根据各地防汛指挥部和政府的授权发布本地区的洪水预报；个别重要地点的水文站根据上级机关的授权发布所在河段或水库的单站补充洪水预报。

2. 洪水警报

洪水警报是当预报即将发生严重的洪水灾害时，为动员可能受淹区群众迅速进行应变行动所采取的紧急信息传递措施。通过发布洪水警报，可使洪水受淹区的居民及时撤离危险地带，并尽可能地将财产、设备、牲畜等转移至安全地区，从而减少淹没区的生命财产损失。发布警报后的应变计划一般是预先布置的；但也有临时安排的。洪水警报与洪水预报有密切的联系，如根据预报将出现特大洪水而发布警报；但有时两者没有联系，例如，在防汛抢险中险情急剧恶化，工程将要失事时发布的警报。发布洪水警报是国家政府的职责，其效果取决于社会有关方面的配合行动。发布受淹区的洪水警报后，政府的抗洪、救济部门应立即尽可能地做好紧急抢险、救济灾民、防治疾病等工作。洪水警报愈及时、愈准确，人民生命财产的损失就愈少。

3. 暴雨预报

暴雨预报的方式主要有以下两种。

（1）应用天气图预报暴雨。暴雨的天气图预报有两种：一种是根据预报区域暴雨出现时各种天气系统活动情况，概括出暴雨出现时各种气压系统配置的特点，并用概略模式图表示出来，这种模式图称为暴雨天气-气候的模型；另一种是根据预报区域暴雨出现时，各种同降水有关系的气象因子（如上升速度、气层湿度、水汽的水平输送、层面结构不稳定情况等）的分布特点，概括出暴雨出现时间、地点以及这些气象因子必须满足的条件。

根据暴雨出现时气象要素的条件用落区法预报暴雨区位置。夏季暴雨是出现在高温潮湿、层面结构不稳定并有大尺度上升的运动区域，如果未来预报区域内满足这三个条件，就预报在该区域有暴雨出现的可能性，这种预报称为暴雨落区预报。做出落区预报后，就把注意力集中在这个区域，仔细分析每3h一次的天气图，抓住系统的活动情况，注意地形对暴雨的作用以及实时降水分布、强度变化、移动方向；同时雷达观测的注意力也应集中在该地区，注意对流单体生成的地区，追踪对流性降水回波的动向，做好未来短时间内（3～6h）暴雨的落点落时预报。

（2）应用卫星云图预报暴雨。卫星云图能直观地反映大范围内云的分布和变化状况，又能补充常规观测记录稀少地区资料的不足，是暴雨预报的重要工具。卫星云图应用大致有以下两个方面：①利用卫星云图与天气形势结合预报强降水；②利用云系特征与天气形势结合预报强降水。

思考

你认为未来还可以利用哪些新的技术进行暴雨预报？

3.3.2.4　应急响应和救助处理

应急响应时期是一个过渡时期，一般是指受到洪水袭击和破坏后，到洪水退去生活秩序基本恢复正常，并开始恢复重建工作之间的一个过渡阶段。因此，应急响应管理的主要目标是减少人员伤亡，降低财产损失，将洪灾对人们生产生活带来的影响减小到最低水平。

应急响应管理的最基本内容是信息管理和紧急救助管理。这两个部分影响整个应急响应管理的反应速度和救助效果，没有准确及时的信息、充足的抗灾救灾物资储备，用好的计划管理和内行的工作人员都会显得毫无用处。

（1）洪涝灾害应急响应时期的信息管理应该做到如下几点：

1）在保证快的前提下，尽可能全面地提供灾区当地的雨情水情影响范围及发展趋势等与紧急救助相关的各类实情信息。

2）根据所掌握的灾害情况及时决策，组织开展各类紧急救援行动。

3）加强灾情信息的发布，组织做好灾区群众的安抚工作。

4）维护和管理应急响应时期灾区查灾报灾系统，保证灾情信息和疏灾决策能及时通畅地上下传送。

洪涝灾害应急响应时期的紧急救助管理的主要工作内容如下：①根据预测及预警的可能结果，包括灾害影响范围、影响时段，有针对地提前组织准备抗洪救灾物资；②洪涝灾害来临后，应根据情况及时提供各类物资，保证紧急救援行动的高效有序进行；③为灾区灾民提供完备的基本生活物资和医疗救助服务；④为灾区的其他应急响应工作提供完备的后勤保障。

（2）洪涝灾害发生后，应组织抢险救援。抢险救援应做好以下两方面的工作：

1）组织抢险队。抢险队伍一般由专业抢险队伍和群众抢险队伍等组成。专业抢险队伍主要包括洪涝灾害出险水利工程管理单位的技术人员和专家组成的抢险技术骨干，负责跟踪不同险情时投入的人员、时间和技术要求等。群众抢险队伍主要参加出险水利工程的抢险救灾和当地灾民的救助等。

2）紧急救援物资储备。紧急救援物资包括抢险物资和救助物资两大部分。抢险物资主要包括抢修水利设施、抢修道路、抢修电力、抢修通信、抢救伤员、卫生防疫药品和其他紧急抢险所需的物资。救助物资包括粮食、方便食品、帐篷、衣被、饮用水和其他生存性救助所需物资等。抢险物资由水利、交通、经贸、通信、建设、卫生、电力等部门储备和筹集，救助物资由民政、粮食、供销等部门储备和筹集。

（3）紧急救援的主要内容：①转移安置受灾群众；②进行紧急抢救和抢险工作，对道路、桥梁、电力、通信等设施进行抢修；③搜救被洪水围困或失踪人员；④紧急医疗救治受伤人员；⑤调运和征用灾区急需的救援物资；⑥组织救灾捐赠，发动社会力量向灾区捐款捐物。

3.4　大数据背景下水利信息预报

3.4.1　大数据技术

资源 3.4

当前，大数据的概念已经形成，但尚缺乏统一的定义。百度百科解释为：无法在一定时间范围内用常规软件工具进行捕捉、管理和处理的数据集合，是需要新处理模式才能具有更强的决策力、洞察发现力和流程优化能力的海量、高增长率和多样化的信息资产；麦肯锡认为，大数据是"无法在一定时间内用传统数据库软件工具对其内容进行抓取、管理和处理的数据集合"；美国国家标准和技术研究院从其体系出发，认为"大数据是指数据的容量、数据的获取速度或者数据的表示限制了使用传统关系方法对数据的分析处理能力，需要使用水平扩展的机制以提高处理效率"。

大数据技术其实就是巨量资料的搜集和分析，对于应用来说，其主要就是有别于以往的随机分析法而言的，主要就是针对所有的数据资源进行全面的分析和处理，进而为具体的目标任务提供较强的支持效果，大数据应用过程如图 3.14 所示。具体到大数据技术的使用过程来看，其主要的特点表现在以下几个方面：①大量，这也是大数据技术应用的一个本质特点，正是因为其对于所搜集和处理数据的大量性特点，才能够提升其相应的使用效果，这一点对于很多领域中大数据技术的应用来说都是如此；②高速，对于大数据技术的应用来说，其处理的效率和速度一般都是比较快的，虽然需要处理的数据量比较大，但是因为其所用技术手段的先进性，所以相对应的处理效率还是比较快的；③类型多，对于大数据技术的应用来说，不仅仅在数据的数量上表现得比较突出，在具体的数据类型上也存在着较为复杂的特点，不仅仅涉及传统的数字信息，还可以针对相应的图片、视频或地理信息位置进行恰当的处理和分析；④价值高，水利数据对于水行政部门的规划、建设、管理和社会各界开展与水利相关的活动，以及满足人民群众对水资源信息日益增长的需求具有重要的价值；⑤分散性，水利大数据分散在各个不同的部门并由其管理，如省水利厅数据中心、下属单位、城区防办、市供水节水管理处、市政府信息中心等多个部门，因此需要水利相关部门积极主动地参与数据共享工作，尽量完善水利大数据；⑥异构性，水利数据分别由中央、各流域机构等各个水利部门单独进行管理和存储，且各个部门所采用的数据管理平台以及数据库系统也是截然不同，导致各类水文数据结构存在明显的差异性。

水利是大数据产生和应用的重要领域之一，是我国大数据发展的基础和重要组成部分，在国民经济和社会发展中发挥着极为重要的作用，水利大数据已成为实施国家大数据战略的重要组成部分，它对于各级水行政部门的规划、建设、管理和社会各界开展与水利相关的活动，以及满足人民群众对水资源信息日益增长的需求具有重要的价值。基于水利大数据的资源整合如图 3.15 所示。

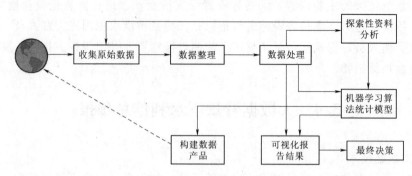

图 3.14　大数据应用过程

图 3.15　基于水利大数据的资源整合

　　水利大数据资源化的本质是实现数据的共享与服务，因此，通过构建水利数据基础服务平台，实现分布异构数据的互联互通与高效利用，是进行资源化技术探索的有效途径。目的是进行"数据开放"，顺应大数据共享的趋势，以开放的态度，构建数据基础服务平台，打破行业内数据事权限制，向社会大众提供数据服务，让数据可以重复使用、自由架构，支持利用数据进行创新。一般包括三类重要数据：①基础数据，如历史水文数据、土壤历史墒情数据、地理信息数据等；②专用数据，包括实时雨情数据、动态影像、水土保持数据、水利建设数据、水利财务数据、农村水利管理数据等；③元数据，水利大数据系统还应该融合各级政府、相关政府、部门内部不同业务系统的数据。总之，它是一项系统工程，除了高效存储等一些关键技术之外，还涉及支持高效数据交换的大数据分发技术，为避免用户"信息迷失"的数据服务推荐技术，以及提供高通量信息内容的新型可视化人机交互技术等，这些技术相辅相成，共同构成水利大数据资源化的关键技术体系。水利大数据中心基础架构示意如图3.16 所示。

思考

水利大数据会带来哪些变革特征？

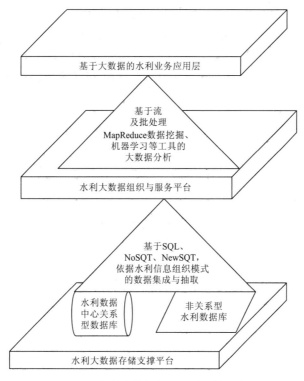

图 3.16　水利大数据中心基础架构示意图

3.4.2　水利信息预报

水利信息预报是根据前期和现时的水文、气象等要素，揭示和预测水情的发生及其变化过程的应用科学技术，直接为防汛抢险、水资源合理利用与保护、水利工程建设和调度运用管理及工农业的安全生产服务。一般分为水文预报技术、农业用水信息预报技术、洪水预报技术。

3.4.2.1　水文预报技术

水文预报技术指在未来一定时间内，对水文情况作出科学预测并发布预报的技术与作业。目前，用于我国水文预报技术的方法基本上可以分为基于相关图法的实用水文预报方案和基于物理概念的流域水文模型两种方法。

基于相关图法的实用水文预报方案是我国水文预报人员长期实践工作经验的总结和凝练，是行之有效的作业预报方法。它既有一定的理论依据，又有大量实测资料为基础，能充分结合本流域的特征，一般具有较高的预报精度，特别是在水位流量关系复杂、水利工程影响较大的流域和河段。它主要有如下方法：考虑前期降雨量的降雨径流经验相关法（antecedent precipitation index，API 法）、相应水位法、合成流量法、水位（流量）涨差法、多要素合轴相关法、降雨径流法等，这些方法是对大量的各种各样错综复杂情况下监测数据的统计分析和科学归纳，以及大量预报经验的积累和运用，水文监测如图 3.17 所示。但是，这些方案也有其局限性。随着计算技术不断飞速发展，特别是优化计算、数据及图像处理、人工智能和专家系统等新一代技术的应用，将丰富和促进水文预报方法的发展和应用。基于物理概念的流域水文模型的方法有：在水文作业预报中，我国自行研制的新安江模型、双超产流模型、河北雨洪模型、姜湾径流模型、双衰减曲线模型等，从国外引进水箱、Sacramento、NAM 模型和 SMAR 等模型，以及改进的国外模型，如连续 API 模型、SCLS 模型等。

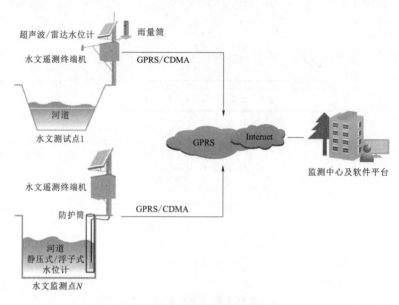

图 3.17　水文监测示意图

3.4.2.2　农业用水信息预报技术

根据农业需水预测结果的属性，农业用水信息预报技术通常分为三类：定性预测、定量预测和综合预测。定性预测是指在对以往用水历史数据的分析和需水规律认识的基础上，判断未来用水趋势的方法。定量预测是指人们对事物规律的认识建立的预测模型，计算出未来需水状况数量的方法。综合预测是指两种以上方法的组合运用，可以取得较好的预测结果。

3.4.2.3　洪水预报

洪水预报是对未来一定时期内的洪水要素及特征值进行预测的一门应用科学技术。根据前期和现时出现的水文、气象等要素，对洪水的发生和变化过程做出定量、定时的科学预测，包括河道洪水预报、水库洪水预报、流域洪水预报等。其主要预报项目有最高洪水位、流量、洪峰出现时间、洪水历时、涨落过程等。

洪水预报技术分为传统洪水预报和现代洪水预报两类，传统洪水预报技术主要是相关图、谢尔曼单位线、马斯京根法；现代洪水预报技术主要是数学优化技术（最小二乘法、LS、RLS）、系统数学模型技术（流域水文模型）、计算机技术（图形交互技术）。

思考

你认为水利信息预报技术变革主要体现在哪些方面？

3.4.3 大数据在水利信息预报中的应用

基于水利大数据进行长时间数据规律和多维要素的挖掘，对于水利信息的精准预报至关重要。

3.4.3.1 灌区水文、水情的采集

资源3.5

由于灌区的水质情况极为复杂，根据自身的情况对各类水情、水文数据进行分析；对闸门自动控制、流量计算、水费计收等采集到的数据进行统计；对每一个渠道的水位精确测量出数据，完成对水位和水速的检测。选用超声波的流速仪还有超声波污泥厚度仪，实现在灌区内对压阻式水位传感器、超声波流速仪进行实地检测，准确地测量及计算出结果，从而完成对水位、渠道流速等的实时监测。根据不同实时信息的具体特点，长期采集这些动态信息，并将其存储到灌区水利信息数据库中。

3.4.3.2 洪旱灾害管理

资源3.6

随着全球气候变化，降水的时空分布将更加不均匀，从而导致极端气候灾害频发。其中，特大致洪暴雨对社会经济影响巨大，然而中国每年最大致洪暴雨的出现具有随机性，为此需要在长期气候尺度上对致洪暴雨进行分析。传统洪涝灾害预测通常是通过在辖区设置雨量监测站，再分析监测站的雨情数据，然后做出预测。应用这种方法时，洪水发生前的预警时间短，而利用大数据技术，融合更多的洪涝灾害相关数据，可以提高预测的准确性和延长预测期。贵州省"东方祥云"将大数据与水利结合，利用卫星遥感、地形地貌和气象预报等信息，并通过算法分析将洪涝灾害预测期延长至72h，在修文县40年水文数据实测检验中准确率超过85%。IBM在加拿大南安大略省建立了水利大数据共享平台，基于该平台能够较精确地预测洪旱灾害。欧洲洪水感知系统（EFAS）融合遥感、地理信息和水文气象数据，实现欧洲范围内长达10d的极端天气预测和洪水预警。美国先进水文预报系统（AHPS）在融合气象水文、防汛减灾、灌溉和供水等数据的基础上为防灾减灾决策提供依据和支撑。在洪旱灾害管理方面可以通过对卫星遥感、地形地貌、降水量、江河水位和历史灾情等海量数据进行数据整合，建立综合性的大数据库，并在此基础上建立洪旱灾害预测模型。从而使得水利管理部门能够有效地预测洪水流量，提前优化水库蓄水，合理进行洪水调度与管理；针对旱灾，在对旱情预测的基础上，增加引水调水工程的建设投入，加强水资源优化调度，加大节水宣传等，降低旱灾发生的可能性，减少旱灾损失。

方法论

极端天气下洪旱灾害精准预报对于最大程度减少人民生命和财产损失具有非常重要的意义。这也启发我们在科学研究时，要多考虑边界条件和特殊情况，在普适性（或一般性）方法和模型的基础上不断改进，以理论指导实践，以实践检验修正理论。

3.4.3.3 城市洪涝模型中的应用

城市洪涝模型主要包括城市地形分析的禁忌搜索算法模型、面雨量计算模型和回归分析模型。模型的实现使用Web GIS来完成模型的地理空间信息数据的预处理，

以及平台处理结果的可视化等。模型对城市排水管网、城市地面特征、城市高程地理数据的数字化和数据划分网格分块处理采用大数据 Hadoop 技术来实现，很大程度上提高了模型的处理效率，突破了数据处理的数据量和速度的限制瓶颈，将大数据分布式并行计算的优势应用到模型中。将城市洪涝雨量预报信息代入 MapReduce 实现的城市洪涝分析模型中，对历史数据进行回归分析，得出城市洪涝积水的分析结果，并将结果通过 Web GIS 实现可视化返回到城市洪涝分析预警平台上，从而达到对城市洪涝分析预警的目的。平台总体构架如图 3.18 所示。

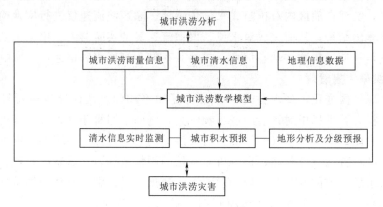

图 3.18　平台总体构架

3.4.3.4　提高抗旱防汛决策系统

运用大数据思想，集成 GIS、报表工具、工作流引擎、可视化工具、云计算、水文模拟等新技术和手段，加大信息采集覆盖面，整合现有资源，通过实时监测和对未来一定时段内的洪水分析预报，迅速、准确、直观地知晓洪水风险发生地点、现状和未来发展趋势，实现水利数据集中采集、集中存储、集中管理、集中使用，一体化地解决水利信息资源整合与应用，系统集成问题为防汛抗旱指挥决策提供科学依据，打造高水平的防汛抗旱指挥决策支撑平台，如图 3.19 所示。

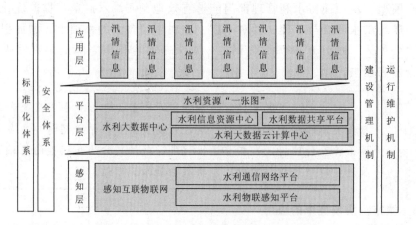

图 3.19　防汛抗旱指挥决策平台总体构架

思考

你认为大数据在水利信息预报中还可以应用在哪些方面？

3.5 科 学 研 讨

深度学习是机器学习领域一个新的研究方向，近年来在语音识别、计算机视觉等多类应用中取得突破性的进展。深度学习之所以被称为"深度"，是相对支持向量机（support vector machine，SVM）、提升方法（boosting）、最大熵方法等"浅层学习"方法而言的，深度学习所学得的模型中，非线性操作的层级数更多。试研究卷积神经网络等某种深度学习算法，并尝试将其应用在下面的 Lorenz 水文系统预报中。

$$\dot{x}_1 = a(x_2 - x_1)$$
$$\dot{x}_2 = bx_1 - x_2 - x_1 x_3$$
$$\dot{x}_3 = -cx_3 + x_1 x_2$$

其中 $a=10$，$b=28$，$c=8/3$。

课 后 阅 读

［1］ *Advances in hydrological forecasting*，He Minxue，Lee Haksu. *Forecasting*，2021.

［2］ *Development of drought forecasting techniques using nonstationary rainfall simulation method*. Park J H，Jang S H，Kwon H H. *Journal of the Korean Society of Agricultural Engineers*，2016.

［3］ *Catchment memory explains hydrological drought forecast performance*. Sutanto S J，VAN Lanen Henny A J. *Scientific Reports*，2022.

［4］ 《基于数值天气预报产品的气象水文耦合径流预报》，金君良、舒章康、陈敏等，《水科学进展》，2019 年。

［5］ 《基于机器学习模型的淮河流域中长期径流预报研究》，胡义明、陈腾、罗序义等，《地学前缘》，2022 年。

［6］ 《降水临近预报及其在水文预报中的应用研究进展》，刘佳、邱庆泰、李传哲等，《水科学进展》，2020 年。

［7］ *Predicting hydrological drought alert levels using supervised machine - learning classifiers*. Muhammad J，Ali S S，Jun H S，et al. *KSCE Journal of Civil Engineering*，2022.

［8］ *Real - time drought forecasting system for irrigation management*. Ceppi A，Ravazzani G，Corbari C，et al. *Hydrology and Earth System Sciences*，2014.

［9］ *Flood forecasting in urban reservoir using hybrid recurrent neural network*. Bo C，Yaoxiang Y. *Urban Climate*，2022.

［10］ 《新疆地区棉花和甜菜需水量的统计降尺度模型预测》，李毅、周牡丹，《农业工程学报》，2014 年。

［11］ *Statistical model optimized random forest regression model for concrete dam deformation mo-*

nitoring. Dai B，Gu C，Zhao E，et al. *Structural Control and Health Monitoring*，2018.

[12] 《山区暴雨山洪水沙灾害预报预警关键技术研究构想与成果展望》，刘超、聂锐华、刘兴年
等，《工程科学与技术》，2020 年。

[13] 《基于天气预报信息的参考作物需水量预报研究》，白依文、鲁梦格、程浩楠等，《中国农村
水利水电》，2021 年。

[14] 《基于水利信息平台的信息获取与快速处理技术研究初探》，崔瑞玲、高广利、吕永红等，
《中国水利》，2013 年。

[15] *Study on the evolution law of performance of mid－to long－term streamflow forecasting
based on data－driven models*. Fang W，Zhou J Z，Jia B J，et al. *Sustainable Cities and So-
ciety*，2023.

课 后 思 考 题

资源 3.7

资源 3.8

(1) 说明水文预报的研究方法并简述其具体内容。

(2) 简述作物需水量的概念及其影响因素。

(3) 大坝安全预警应当考虑哪些方面？

(4) 水利大数据的建设与应用路径有哪些？

(5) 大数据技术在水利信息化建设中有哪些应用？

第4章

水利工程信息管理与优化调控

知识单元 与知识点	1. 农业用水调度与信息管理技术 2. 水力发电系统控制技术 3. 泵站系统控制技术 4. 水库调度管理信息化
重难点	重点：灌区配水系统实时调度、水力发电系统 PID 控制 难点：灌区用水管理决策、水力发电系统智能控制
学习要求	1. 熟悉农业用水调度与管理 2. 掌握灌区配水系统实时调度、水力发电系统 PID 控制技术 3. 熟悉泵站自动控制系统和泵站运行与调节技术 4. 了解水库调度管理信息化

4.1 农业用水调度与信息管理技术

4.1.1 灌区配水系统实时调度

4.1.1.1 灌区配水计划的编制

1. 搜集基本资料

（1）用水单位基本情况。基本情况包括各用水单位的耕地面积，需提供用水保证的灌溉面积、作物品种、种植计划及地块分布情况、灌溉制度和栽培技术、灌水习惯、有无井渠结合、土壤质地，了解用水单位的要求，如供水次数和供水时限等。

资源 4.1

（2）主要作物灌溉制度。搜集灌溉管理所或试验站长期积累或测试的各种作物灌水方式、灌水定额、灌溉定额等资料，通过资料分析、汇总，总结各种农作物的需水规律和最佳灌水时间。据此制定符合当地实际情况的灌溉制度，并对灌区内各类土壤进行物理性能的观测分析，掌握不同土壤田间最大持水量的实际资料。

（3）调查可为灌区供水的水源情况。从水库或江河自流引水与提水的灌区，其主要水源大都受降雨径流影响较大，在编制配水计划前，必须了解不同时期水源地可为灌区供水的能力，在编制计划中做到水量平衡。

（4）渠系工程情况。渠系工程情况可从竣工测量或运行实测资料取得。必须测算渠系水的利用系数，有的灌区也可采取重点渠段实测与多年运行积累的资料相结合的办法，用实测出的典型渠道及渠系水的利用系数，分析推算其他渠道或渠段，并在实用中观测对照，加以修正，使其较为接近实际情况，按照这种方法，误差必须符合有关规范规定。

2. 编制配水计划基本原则

（1）按年度用水计划分期分次配水。根据各用水户提出的需水申请，首先由灌溉管理单位按水源条件、水文和气象预报等资料，编制灌区年度用水计划。然后从农作物实际需要供水出发，区分水、旱田各种农作物不同生长期的需水情况，编制出某一时期（时段）或某一轮次配水计划，并经相应的各级水管委员会民主讨论，以确保需要灌水的作物按时按量得到灌溉。

（2）统一调配水量、分级配水。在编制配水计划时，要充分考虑灌区内的各种水源，施行全灌区统一调配水量，从全局着眼，分级行使水权。供水的原则是：先下游后上游，上下兼顾，及时准确，留有余地。

（3）自下而上汇总灌溉面积，从下游向上游逐段推算灌溉需水量。灌水前，先由村屯提出用水申请书，由支渠管理所（或乡水管站）汇总，制定支渠用水计划，报灌区管理处。由灌区管理处汇总所辖各支渠的用水计划，进行综合平衡，并从末级固定渠道下游进水口，向上游逐段推算各进水口所属的流量，一级一级进行计算，直到干渠，最后提出应从干渠渠首引入的流量和本次配水计划，报主管部门批准。

（4）自上而上，分段下达配水计划。灌区管理处按批准核定的引水流量（或总水量），依据乡镇所在位置和灌溉需水情况，将水量分配到各支渠，实行干渠续灌、流量包段；支渠管理所再将配得的水量，分配到各村，实行支渠轮灌、定时包灌；如此逐级分配下达直至屯、户，再实行定地块、定水量、定时间的"三定"轮灌。

你认为编制配水计划还应考虑哪些原则？

思考

3. 渠道引水流量的计算方法

由于灌区大小和地形不同，在渠系布置上存在着以下区别：一是级别不一致，有的灌区设干、支、斗、农四级固定渠道，有的设干、支、斗三级固定渠道，也有的只有二级固定渠道；二是同一级渠道，控制的耕地面积和灌溉面积不同，有时甚至相差很大。编制配水计划时，需要根据渠系布置的具体情况，从下级到上级、从渠尾到渠首逐段演进推算。

各级渠道引水流量可按下式计算：

$$Q = MF/(86400Tn) \tag{4.1}$$

式中：Q 为渠道引水流量，$\mathrm{m^3/s}$；F 为灌溉面积，$\mathrm{hm^2}$；M 为灌水定额，$\mathrm{m^3/hm^2}$；T 为放水天数，d；n 为支渠以下渠系水的利用系数。

4.1.1.2　灌区用水调度工作

灌区用水调度工作是灌区灌溉管理工作的重要组成部分。做好灌区的配水工作，对于保证渠道安全输水、提高水的利用率、建设高效节水灌区有着十分重要的作用。近几年，因作物种植结构调整等因素的影响，粮食播种面积减少、经济作物播种面积增加，引水模式已从大流量短历时变为小流量长历时。因此，做好灌区配水工作，应在认真贯彻用水计划、坚持按机组配水等原则的基础上，灵活采取以下几种配水方法。

1. 续灌

在水源水量比较充沛，能满足需水要求时，采取续灌，原则上按需配水。若渠首所引流量在 $15m^3/s$ 以上，但不能满足需水要求时，可按用水计划中的配水比例配给，即

$$渠首流量×总干渠利用系数×单位配水比例＝各单位应分流量$$

2. 轮灌

以某灌区为例，在河源水量不足，不能满足需水要求，而且渠首引水量降到 $15m^3/s$ 以下时，实行轮灌。据多年来的灌溉经验，当渠首流量在 $10\sim15m^3/s$ 时，全灌区可分为 2 个轮灌组，其中北干和南干为一组，西干和东干为一组；当渠首流量在 $6\sim10m^3/s$ 时，分 3 个轮灌组，其中南干和西干为一组，北干和官道为一组，东干为一个组；当渠首流量在 $6m^3/s$ 以下时，按经济效益配水，渠首流量全部分配西干和南干等高效益区。轮灌期间，其中一组用水（具体哪一个轮灌组先用水以作物种植面积和旱情而定，面积大、旱情严重的先用水）以用水量平衡、轮期 3 天、用水量计算的依据为用水权。这样划分轮灌组，从渠系上看，一个组都在一条渠段上；从面积上看，分 3 个组时，每组的面积占到全灌区面积的 1/3 左右，分 2 个组时，面积各占一半；从配水调度上看，既做到了均衡用水、全面受益，又提高了渠道利用率。

3. 轮灌和续灌同时并用

轮灌过程中，在能保证轮灌正常进行的情况下，对于不受调水过程影响的各渠段上游，用水单位可按其配水比例，分给一定水量，让其续灌。这样做，主要是利用它们来调节渠道水位。当水位升高时，多余的水可以直接加给它们；当水位下降时，可以适当压减它们的流量，以保证机组照常运行，轮灌工作正常进行。

4. 用调配渠（或站）调整配水

因抽水机组不能合理搭配，所以在一般情况下灌区配水工作不能按计划配水。为此，可在保证大部分站和渠段按计划用水的情况下，通过设置调配渠（或站）的办法调整流量以解决这一问题。

5. 特殊情况下的水量调配

（1）高含沙情况下的水量调配。在过去，当河源水含沙量上涨趋势达 10％时，按规定应关闸停机。现在，因为渭河沙粒结构与之前相比发生了变化，粗沙少泥沙多，当河源水含沙量上涨趋势达 6％时就应关闸停机。渠道中剩余尾水含沙过大时，应尽量让各渠的上游引用或从退水闸泄走，以免整个渠道淤积；因含沙超限停机时，要通知各抽水站，把站前输水渠水位降到最低，以减少输水渠的淤积；当含沙临界超限时，抽水站机组要经常轮换运行，以防进水池淤积，埋没喇叭管口，影响下次机组

启动。

（2）天降大雨时的水量调度。此时关键是保证渠道安全，停水顺序为从上到下依次进行，严禁私自关闸关斗，对违反规定造成渠道缺口的，按有关制度严肃处理。

（3）冬季结冰情况下的水量调配。当渠道中发现水面有浮冰现象时，正在行水的渠道尽量不要停水，若发生停水，余水就会结冰，影响下次放水。渠道内水位应尽量保持稳定，使其浮在水面上或抽水站进水池拦污栅前的水面上，让水流由冰下通过。

你认为灌区用水调度还可以采取哪些配水方法？

思考

4.1.1.3　灌区配水到户

1. 工作内容

（1）全灌区许可水量的分配。将全灌区的分水总量控制指标从区域水量分配方案中分离出来。如金临渠灌区，就要将临川区和金溪县灌区的分水量从两区域水量分配方案中分离出来。

（2）灌区内的行业配水。在江西省的大部分灌区一般只有农业用水，仅少数灌区同时兼有生活、工业及生态等用水。在金临渠灌区现状只有农村生活用水和农业灌溉用水。

（3）灌区内行业配水到户。在南方丰水地区，生活用水一般不需要进行配水到户控制，行业配水到户的工作重点是工业和农业。工业配水到户由于其用水户的单个整体性较好，工作一般难度不大；而农业灌溉配水到户工作由于受农作物种植结构和渠系水文边界条件及行政区域分块管理等因素的影响，工作难度相对较大。

2. 技术思路和方法

（1）确立分配原则。分配原则直接影响分配方法。在制定分配原则时，除考虑一般性的（如可持续、合理有效利用、粮食安全用水保障等）指导思想原则外，重要的是制定好具体的分配原则。灌区农业灌溉配水到户应遵从三大基本原则：一是尊重现状原则，二是公平原则，三是分类分析原则。尊重现状原则要求分水应以灌区现状用水情况为基础，这样可增加分配方案的可实施性；公平原则要求在分配时应考虑灌区内各区块用水净定额和用水效率的公平性；分类分析原则强调灌区农业灌溉配水应按耕地性质和作物种植情况分类区别进行分析。以上三个原则为主要因素，其他分配原则可根据灌区用水的不同情况因地制宜地予以制定。

（2）调查灌区农业灌溉现状。调查灌区农业灌溉现状是配水到户的基础性工作，具体应包括灌区农业灌溉的面积、水田和旱地分布情况、作物种植结构、粮食作物和经济作物的播种情况、耕地复种指数、灌区渠系结构、水文边界条件、灌区行政分块情况、灌区农作物灌溉制度、灌区管理制度等。

（3）分析灌区农业灌溉现状综合亩用水定额。农业灌溉现状综合亩用水定额应分水田和旱地两大类进行分析。首先应核定各作物田间灌溉定额（含斗口以下损失），如无可参考的灌溉试验资料，最好能做一些现场典型测定，以真实反映各作物的田间用水情况；其次应通过分析作物种植结构和复种指数核定出综合亩用水定额；然后应核定各渠系渗漏情况，分总干、干、支、斗四级分别予以核定，若无可参考的资料，最好能做一些现场典型测定。用水定额核定工作是一项烦琐、细致的工作，涉及配水方案的公平合理，需要认真对待。

（4）制定配水方案。制定配水方案首先要明确配水到户的受体。目前江西省灌区的耕地一般由千家万户承包，且每户亩数较少，配水到户如配到千家万户，今后管理的难度很大且管理成本高。因此笔者认为配水到户最理想的受体应是用水户协会组织，协会以下的配水管理，在规范程序的指导下可交由协会自行协商管理。同时，为便于今后对配水方案的控制和管理，配水方案应结合渠系情况，配水到斗口以上的各级渠系控制口。因此，制定的配水方案应是配水到各级渠系同时明确用水户协会组织的方案。制定的配水方案为今后发放用水户水权使用证的依据，一般指多年平均频率（可用50%频率近似替代）情况下的方案，而不同来水频率情况的实际用水则通过用水计划予以实现。

（5）编制用水计划和管理规则。灌区配水到户方案是水量分配自上而下的终端实施方案，方案应注重实际，可操作性很重要，因此根据配水方案、灌区灌溉制度和不同来水频率情况等编制用水计划非常必要，年度用水计划应细化到季度，季度用水计划应细化到月、旬和每灌溉轮次。用水计划编制后，同时应编制相应的管理规程，明确供水单位和用水户的权责关系，明确灵活、平行管理的原则和办法。

4.1.1.4 灌区信息化建设

灌区管理信息系统是一个为灌溉水利服务，集水雨情信息、水利工程信息、运行控制、水资源配置与调度、行政事务管理于一体的，完整的、复杂的管理信息系统，旨在实现灌区信息的采集、处理、加工、存储、传输、反馈的一体化和自动化，其本质是灌区管理的信息化。灌溉管理信息是灌区管理信息系统的基础和中心内容，合理灌溉、科学用水、提高灌溉效益的一切措施均取决于准确、可靠、及时的灌溉用水管理信息。

资源 4.2

1. 建设内容

建设灌区管理信息系统的核心功能有两个：①收集与灌溉相关的数据信息并对信息进行分析和动态管理；②水资源的管理和调度。以上两个功能的实现是灌区管理信息系统在灌溉工程中有效利用资源、发挥其优势和作用的前提。为了实现这两个核心功能，一般将灌溉信息系统分为数据采集与管理子系统和水资源管理调度子系统。数据采集与管理子系统主要是实现灌区渠道信息、农田信息及气象信息等信息的采集。系统通过图像采集、数据视频等先进的技术采集渠道水量、雨水雨量等信息，利用传输技术实时传输信息。除此之外，系统会全天监控灌区的日常运作，保证意外发生时能够及时发现并处理问题。水资源管理调度子系统的实现是为了将系统收集到的灌区数据通过一定的数据模型进行分析，包括灌区水量、降水规律和农作物特点等信息。工作人员根据分析结果控制灌溉的水量、时间等参数，合理地调度水资源进行灌溉，从而达到良好的灌溉效果。同时，水资源管理调度子系统还可以计算配水量，根据计算结果进行模拟调度操作，在进行灌溉之前进行试验和调试，保证进行灌溉工作时达到最好的效果。在信息化系统的实施中，要构建数据库平台，搭建基础的通信网络，要保证数据的真实性、有效性和安全性。数据库的设计和实施是非常重要的，只有设计合理完整的数据库结构，才能实现对数据的高效存储和管理。通信网络是连接整个系统数据传输共享的基础。在实际的系统建设中应该以计算机技术和测量监控技术等为基础，对灌区的实际情况进行充分的研究和调查，结合工作人员的需求构建完善的信息系统。系统的运作第一步是采集灌区内的信息，然后将信息传输到灌溉区域系统中，调用相应的程序对数据进行处理分析。最后工作人员根据分析结果制定科学合理的用水计划，做出正确的决策。

2. 国内外的发展现状

(1) 国外灌区管理信息化建设现状。国外灌溉水管理日趋朝着信息化、高效化发展，这种先进的灌溉水管理流程为"信息采集→分析加工→指导实践→信息反馈"，即主要由水信息管理中心、用水信息采集传输系统、用水数据库、灌溉用水管理系统、灌溉渠系自动化监控系统等组成，以实现水资源的合理配置和灌溉系统的优化调度。国外灌区信息管理化建设主要表现在以下几个方面：

1) 灌区基础数据的采集、整理和存储。西方发达国家灌区管理部门对灌区基础数据的收集和整理比较重视，灌区渠系、闸门、水文站、用水户等的数据一般都由计算机管理，并存储在文件或数据库中。

2) 灌溉系统的自动化程度。国外滴灌、管灌等灌溉系统的自动化程度总的来说比较高。美国垦务局将自动控制技术应用于灌区配水调度后，配水调度效率由 80% 提高到 96%。以色列的灌溉农田均采用了喷灌、滴灌等现代灌溉技术和自动控制技术，配水调度效率均达 90%。但对于渠道灌溉的灌区而言，灌溉系统的自动化程度水平并不高。主要原因是一般的自动化闸门造价过高，且在野外恶劣环境下的可靠性没有得到很好的解决。

3) 灌区灌溉管理通用软件系统等的标准化和通用程度。发达国家在灌区灌溉管理所需要的软件的标准化和通用程度方面较为领先，开发了一批用于灌区灌溉管理的通用软件。国际粮农组织为了推进灌溉计划的管理开发了灌溉计划管理信息系统 (SIMIS)，该系统是一个通用的、模块化的系统，具有适用性好、多语言（英、法、西等）和简单易用的特点。

澳大利亚农业产量研究机构 (APSRU) 研究开发 APSIM 系统，该系统通过一系列互相独立的模块（如生物模块、环境模块、管理模块等）来表现被模拟的灌溉系统，这些模块之间通过一个通信框架（也称为引擎）进行连接。

美国佛罗里达大学针对佛罗里达州的农业特点开发了 AFSIRS 系统，用户可以使用该系统，根据作物类型、土壤情况、灌溉系统、生长季节、气候条件和管理方式等诸多变量，估计出对象区域的灌溉需水量。该系统收集了佛罗里达州 9 个气象观测站的长期观测资料，比较全面地反映了佛罗里达州的气象条件，在佛罗里达州得到了广泛的应用。

（2）国内灌区管理信息化建设现状。我国灌区信息化建设开始于 20 世纪 80 年代，当时称为计算机技术在灌区中的应用。一些水利单位和科研单位开始了研究和试点，取得了一批研究成果并在生产实践中应用。

山西夹马口灌区通过建立灌区水费管理系统，在全灌区大力推行"阳光工程"，实行配水"三公开"，即流量公开、时间公开、水价公开。该系统设有水费查询子系统，用水农户随时都可通过触摸屏或电话查询自己或他人的用水及交费情况，加大了群众监督力度。据统计，全灌区水费回收率持续五年达 100%，农民亩次用水量由 $72m^3$ 左右减少到 $65m^3$ 左右，亩次成本平均下降 1～2 元，全灌区农民年减少水费支出 60 余万元。

黑龙江省水利厅用了两年的时间，建立了覆盖全省 322 处大中型灌区的"黑龙江省灌区信息管理系统"，实现了远程数据管理，对提高行业管理水平和效率做出了重大的贡献，取得了理想的效果。

江苏渠南灌区在灌区改造的同时，进行了灌区自动化、信息化建设试点，由灌区自动化综合数据采集 DCS、数据库、地理信息系统 GIS、网络与通信、计算机及控制等技术组成了一个高可靠性的科学管理系统。

甘肃景泰川灌区充分利用先进的技术，采用了分层、分布、分散的集保护、测量、控制于一体的泵站综合自动化装置，建成并开通了景电管理局国际互联网站。同时，在景电一、二期工程 40 个支渠口、97 个独斗口及二期总干三支渠 34 个斗渠口安装了自动记录仪和水位变送器，配水计量实现了规范化、科学化。

河北省石津灌区管理局与石家庄水电设计院和合肥智能机械研究所合作，成功开发了"石津灌区管理专家系统"，该系统计算中运用了基因算法，实现了灌区灌溉方案的优化，而且能优化灌溉面积和解决各干渠灌溉区域的水量配置。

总之，经过多年的发展，水利信息化已具备了一定的基础，进入了全方位、多层次推进的新阶段。

思考

灌区信息化建设的关键点和难点是什么？

4.1.1.5 灌区信息化的未来——智慧灌区

我国现有部分灌区已实现信息化，但迄今未实现智慧化。随着近年人工智能技术飞速发展及在各行各业广泛深入应用，人工智能涉及行业也逐渐由制造型行业向服务型与管理型行业扩展。较强的人类活动使得灌区水文/水力循环过程复杂且具有极强的人为痕迹，若在灌区信息化基础上引入人工智能和灌区用水全过程模拟仿真技术，势必能为灌区管理提供智慧预警、智慧调度/调控和智慧决策等技术支持，从而提高灌区用水过程的调控和管理能力，高效便捷地开展灌区用水管理工作。

1. 智慧灌区内涵

智慧灌区遵循人、水、灌区和谐发展的客观规律，在灌区信息化的基础上，融合人工智能和灌区用水全过程模拟仿真技术，依据以水定需、量水而行、因水制宜原则，实现灌区智慧预警、智慧调度/调控及智慧决策，推动灌区发展与水资源和水环境承载力相协调，发展完整的灌区水生态系统，建立灌区永久水资源保障制度，构建先进的水科技文化。

2. 智慧灌区建设战略定位

（1）智慧灌区建设是水利改革发展的需要。2024 年，全国水利工作会议在京召开，会议强调要推进灌区现代化建设与改造，实施重点区域水利帮扶。目前，各级灌区管理单位正逐步开展灌区信息化建设，部分灌区已率先完成信息化建设，并开始探索灌区智慧化建设。随着我国水利改革进程不断推进、工作内容不断深化、社会服务功能不断拓展，除原有农业灌溉、防洪排涝等功能外，农业水资源优化配置、农业水资源利用效率提高、灌区生态环境保护愈发成为灌区管理工作的重要任务和中心环节。实施智慧灌区建设，统筹灌区建设与生态和谐，通过融合人工智能、灌区用水全过程模拟仿真技术和水利信息化，实现灌区用水安全与高效管理，提高农业水资源利用效率，这些都对灌区管理工作提出了新要求，极大丰富了灌区现代化建设的内涵，拓展了高新技术与传统水利相互促进的空间。

（2）智慧灌区建设是灌区现代化发展的高级形态。智慧灌区建设基于统筹灌区信息化建设与生态灌区建设，强调人工智能、灌区用水全过程模拟仿真技术与灌区管理工作有效融合，实现"人—灌区—环境"三者之间协调可持续发展，有利于提高灌区防洪排涝安全、工程设施安全、信息化设备安全，有利于提高灌区水资源配置效率，统筹农业用水与生态用水，有利于提高农业水资源利用效率，实现从以需定供到以供定需的转变，能够为灌区提供有理有据、直观可视的决策方案支持。

3. 智慧灌区建设相关探索

针对现代灌区的理念、内容、目标等方面，中国水利水电科学研究院水利研究所以"十三五"国家重点研发计划项目"现代灌区用水调控技术与应用"为依托，联合中国灌溉排水发展中心、中国农业大学、西北农林科技大学、中国农科院新乡农田灌溉研究所和扬州大学等单位的专家学者展开了研究讨论。2017 年，中国水利水电科学研究院水利研究所组织项目参与单位先后赴甘肃省疏勒河灌区、湖北省漳河灌区、河北省冶河灌区等进行调研，调查了现有渠/管灌区工程建设及信息化建设现状、灌区日常管理工作，研讨了人工智能、灌区用水全过程模拟仿真技术与灌区管理相结合的目标及具体实施方法，形成了灌区建设融入人工智能和灌区用水全过程模拟仿真技术的意见，并计划定期邀请本行业、计算机行业及相关高校专家召开智慧灌区建设研讨会，链式推进智慧灌区建设。智慧灌区建设思路如图 4.1 所示。

4. 智慧灌区建设建议

（1）"产—学—研"相结合，促进智慧灌区科研成果转化。以"十三五"国家重点研发计划项目"现代灌区用水调控技术与应用"为支撑，以"产—学—研"相结合为指导，实现公司—灌区管理单位—科研院所/高校联动。其中科研院所/高校负责理论机理研究，科研院所/高校与灌区管理单位构建智慧灌区建设方法，公司负责科研

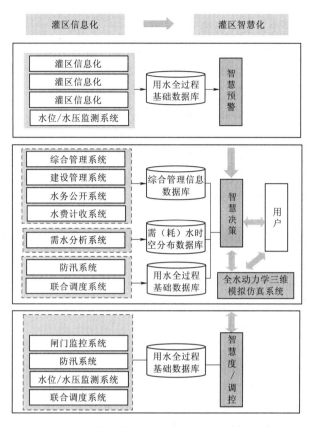

图 4.1 从灌区信息化到灌区智慧化建设思路

技术成果集成，科研院所/高校与公司共同执行软硬件开发，在灌区进行落地应用。三者之间相互配合，推动科研成果服务于生产实际。

（2）通过示范引领，推动智慧灌区建设进程。当前，智慧灌区建设仍处于起步阶段，因此需选取部分灌区开展智慧灌区示范区建设工作。通过加强理论及技术指导，完善建设及管理制度，积累丰富的实践经验，为推进智慧灌区建设开辟思路。示范区在探索实践中形成体系完整的建设标准及模式，给其他灌区智慧化建设提供参考依据。

（3）建设人才梯队，保障智慧灌区良性运行。为保障智慧灌区良性运行，灌区管理单位应加强人才培养，提升人才培训战略地位。通过建立健全的人才培训计划，采取"请进来，走出去"的模式培养专业型及复合型人才，聘请专家和相关技术人员开展系统性培训，开设讨论组定期组织讨论，支持各灌区管理单位间相互交流学习、取长补短。

思考

你认为未来智慧灌区发展的趋势是什么？

4.1.2　灌区用水管理决策支持系统

灌区的灌溉用水管理是一项复杂的任务，它受气象、水文、水源、作物需水、灌溉面积等各种因素的影响，而这些因素中许多是不确定和不完全的，既依赖于历史统计数据和数学模型分析的帮助，又着重对作物生长过程中环境信息的实时监测和评价，同样需要高水平专家的经验和各种专业知识对用水管理决策进行支持。决策支持系统迄今尚无统一的定义，但普遍认为决策支持系统是一个面向问题的基于计算机技术的人机交互信息系统，一般由数据库及其管理系统、模型库及其管理系统和人机交互系统三个部分组成。

4.1.2.1　灌区用水决策支持系统的建设内容

1. 基本功能设计

资源 4.3

灌区用水管理决策支持系统是辅助决策者实现信息化建设目标的关键，应具有以下功能。

（1）完善的信息资源管理功能。决策支持过程作为一种数据挖掘技术，需要大量的数据，但用水管理决策涉及的信息内容繁多，处理过程复杂，因此灌区用水管理决策支持系统必须提供强大的数据管理功能。

（2）核心的灌溉用水管理决策支持架构体系。一个完整的灌溉用水决策支持系统应由数据库、模型库、方法库、知识库和对话管理五部分组成。如何把这五部分有机集成为一个完整的系统，使之成为一个有效的灌溉用水管理决策支持系统，是极其重要的工程。因此，数据库、模型库、方法库、知识库及其管理系统和它们之间架构设计是灌溉用水管理决策系统的核心。

（3）通信控制功能。

（4）供水量预测功能。对灌区而言，供水量是指蓄水量和未来一段时间内流域的来水量之和，对供水量的预测是计划用水的前提。

（5）灌区用水量模型模拟功能。通过对灌区主要作物需水规律的研究，建立用水量模拟模型，作为灌溉计划制定的基础数据。

（6）渠系水流模拟功能。

（7）灌溉计划和配水方案制定功能。

（8）水费结算功能。

2. 灌区用水管理决策支持系统的主要实体

灌区的用水单元包括农业用水单元和城乡生活用水单元。具体而言，用水系统的主要实体包括以下几个方面。

资源 4.4

（1）灌区内的行政区划分是一个具有上下级隶属关系的体系，数据库要表示这个体系，并包括各行政区划的社会经济资料。

（2）农业用水系统指的是以基本农业用水单元为基础、与灌区行政区划分相一致的农业用水系统。

（3）基本农业用水单元、与灌区的管理体制相适应的基本农业用水单元，其属性主要包括社会经济情况、拥有土地的情况和作物种植情况。

（4）生活用水系统指的是以基本生活用水单元为基础、与灌区行政区划分相一致的生活用水系统。

（5）基本生活用水单元。

（6）作物包括粮食、经济作物、果树、牧草等。

（7）基本农业用水单元的作物种植情况包括复种指数和种植面积等属性。

（8）基本农业用水单元的土地状况包括不同土壤的类型及其分布情况。

3. 灌区用水管理平台设计

（1）供水量预测。

（2）需水量模拟。

（3）渠系水流模拟。

（4）水资源优化配置。

（5）灌溉计划及配水计划的制定。

（6）方案评价。

（7）灌溉水费征收管理系统。

（8）灌区电子政务系统建设。

4.1.2.2 无人机遥感技术在灌区信息化建设中的应用

1. 无人机遥感平台的组成

无人机遥感平台由动力系统、飞行控制系统、遥感系统及地面控制系统组成，各部分的性能和参数直接影响无人机遥感系统的作业范围和应用效果。动力系统主要指无人机机身，提供无人机起降、空中稳定、完成飞行任务所需要的动力。材质根据机体大小分为泡沫塑料、塑料合成材料、碳纤维等，动力来源分为电动和油动两种，动力装置分为固定翼、单旋翼、多旋翼三种形式。机身具有一定的载荷能力，便于飞行控制系统和遥感系统的安装。飞行控制系统主要实现无人机空中作业过程，无人机的起降过程由作业人员在地面进行遥控，到达预定高度后的定点控制通过飞行控制系统进行。控制模块包括飞行姿态传感器、飞控计算机、传感器负载及稳定平台、惯性导航系统、无线信号收发装置等，这部分设备固化在无人机动力系统中，能够自主飞行及实时响应地面遥控系统的指令，并实现航路及遥感影像数据的自动回传。遥感系统包括机载传感器，如可见光传感器（数码相机）、近红外及热红外等多光谱传感器等，以及机载传感器控制系统相关附属装置，主要作用是航摄影像的获取和存储。机载传感器体积小，能够进行定时曝光和定点拍摄，数据采集完成后可以导入计算机进行数据预处理。地面控制系统主要由无线遥控和通信系统、监控计算机和监控软件等部分构成，负责无人机的航线规划，通过设置遥感系统参数、航向及旁向重叠度、航迹航向等，精细规划飞行任务，还可以进行无人机飞行的姿态、航线等状态的监测和调控。

2. 无人机遥感平台的优势

相较于卫星遥感和有人机航空摄影测量，无人机的优势主要体现在以下几个方面：①飞行高度一般低于1200m，在大部分地区可以不申请空域直接作业，应急性好，作业周期短，作业时间极为灵活；②作业高度低，可以获得较高分辨率的影像数据（0.05～0.2m）以及大比例尺的灌区测绘成果（1∶1000～1∶500）；③无人机系统集成性较好，体积远远小于传统航空摄影飞机，具有便携性，2～3人即可完成现场作业；④场地要求低，多旋翼无人机无须特定机场起飞，固定翼无人机只需要一块较平整的空地即可完成起降，如果采用弹射起飞和伞降的方式，对场地基本无要求；⑤无人机系统的整体投资较小，目前10万元以下的无人机系统基本可以满足航摄要求，且为一次性投资，此外，无人机是遥控飞行，危险性也大大降低。

3. 无人机遥感技术在灌区信息化中的应用

无人机遥感技术的最大优势在于能够在灌区尺度提供宏观的、实时的、精确的连续动态观测成果，在灌区信息化的应用主要体现在以下几个方面：

（1）灌区种植结构快速分类。灌区信息管理中，灌区的基本灌溉面积、种植结构及比例是最重要的信息数据。根据种植结构变化，制定不同种植作物的灌水定额，根据灌溉面积的变化，预测灌溉用水需求和趋势，是实施最严格水资源管理的基础需要。利用无人机遥感的高分辨率、灵活机动的特性，实现灌区点线面相结合的时空监测，及时准确发现灌区人为或自然导致的灌溉面积及种植结构的现状和变化，可以预测不良发展趋势，提供宏观的科学数据和决策依据。田振坤等在北京顺义利用低空无人机遥感平台，以冬小麦和玉米为研究对象，基于农作物波谱特征和NDVI变化阈值，提出了一种农作物快速分类提取方法。试验表明，该方法处理时间短，分类精度高，冬小麦的分类精度达到96.62%，玉米的分类精度达到90.14%，图像分辨率和分类精度较原有卫星影像分类方法有较大的提高。

（2）灌区遥感ET监测。ET是作物棵间蒸发和叶面蒸腾的统称，ET可以代表作物的真实耗水量，是灌区水资源管理和作物用水需水评价的一个重要参数，利用ET进行用水控制和水资源分配是目前国内外进行水资源管理的新的有效手段。利用遥感技术监测ET，能够监测出作物蒸散量时空上的差别。目前遥感方法几乎成为监测区域地表蒸散的最重要的技术手段。遥感技术监测ET的相关模型所用的波段主要是可见光（VIS）、近红外（NIR）和热红外（TIR），监测卫星包括气象同步卫星GMS、极轨气象卫星NOAA系列、陆地资源卫星Landsat系列等。目前国内外众多学者和机构进行了遥感ET反演方法的研究，开发出很多较为成熟的模型及应用模式。无人机搭载可见光传感器技术已经成熟，随着技术的进步和成本的下降，可用于小型无人机搭载的近红外和热红外传感器也趋于商用化。基于无人机的遥感ET监测，可以突破卫星遥感平台的过境时间、分辨率、气候条件等因素的限制，极大地提高相关模型的监测和模拟精度。

（3）灌区输配水系统优化。随着我国农村土地流转、农业规模化经营发展的需求，灌溉输配水网络的规模化、标准化和信息化已然成为节水灌溉的主要发展方向。灌区的输配水网络包括引水渠系、管网、排水沟、河网、湖泊和塘坝等，它们组成了整个灌溉系统。既有灌排水网络的分布图是通过测量得出，时效性和准确性差，相当一部分灌区甚至停留在示意图阶段。水体在中红外波段的光谱特征非常明显，无人机搭载红外波段传感器获取的高分辨率遥感影像可以轻易地识别灌溉系统网络。此外，应用相关解译模型，结合灌区地形、水文资料，可以模拟灌区的水资源量。基于无人机系统同期采集的灌区地形地貌数据、灌区面积及种植结构数据，结合灌区灌溉输配水网络数据，借助已有的水动力学模型和智能优化模型能快速自动地开展灌区输配水系统和农田布置模式的优化和管理，极大地节约人力和物力，提高灌区的智能管理水平和水资源配置能力，达到最大限度节地、节水和节能的目的。

思考

你认为无人机遥感技术未来的发展趋势是什么？

4.1.2.3　"互联网＋"灌溉平台开发与应用

1. 灌溉平台架构

灌溉平台通过 GPRS 网络传输信号与数据，可以收集大范围、分属不同灌溉系统管辖的土壤水分数据，并通过发送预先设定的控制指令完成控制过程。用户可以通过网页客户端和手机 App 查询、下载数据，管理自己的系统，并设定灌溉策略，完成手动调试。同时，灌溉平台的后台可以将各灌溉系统水分数据归类、统一，并收集、抓取各地的天气数据以供实现灌溉决策。可同时进行多终端、多设备、多系统的管理，实现从系统到平台的跨越。智慧灌溉系统实行的灌溉策略为：通过水位传感器、土壤水分传感器得到数据，判断土壤水分或水层深度是否达到所设定的下限。同时结合从网站上自动抓取的本地天气预报信息，根据平台独有的灌溉策略对每个控制器的对应开关做出判断和自动控制，从而根据预设条件启闭阀门，完成一次灌溉。不同于以往自动控制系统"到下限自动灌"的模式，程序会根据智慧灌溉策略并结合未来的天气信息，决定是否进行充分灌溉，充分利用降雨，做到节水灌溉、高效用水。

2. 灌溉平台设计

灌溉平台架设于云服务器，跳出了工业局域网的限制，扩大了数据传输的范围。用户可通过域名访问，并自主完成注册、登录、添加灌溉设备、提交必要信息等操作。灌溉平台功能模块如图 4.2 所示。

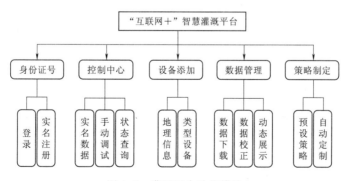

图 4.2　灌溉平台功能模块

（1）灌溉平台技术结构。灌溉平台技术结构为：灌溉平台的底层采用了 Linux 操作系统，通过其上搭载的 Apache 服务器软件和 MySQL 数据库软件，使用 PHP 语言和 CodeIgniter 框架实现控制与数据库调用,在用户界面层上使用了 Html、CSS、Javascript 等前端技术。

(2)灌溉平台功能实现。

1)建立灌溉平台各功能模块所需数据库,保存水分数据、用户信息、天气预报、灌溉决策等信息,并方便存取,保证处理效率。

2)利用 PHP 爬虫程序和 Python 通信程序,通过 Linux 云服务器的定时任务功能实现自动抓取专业天气预报网站气象数据和自动收集传感器水分信息,并存入对应数据库。

3)用户可登录用户界面查看并定制要求,通过定时任务功能执行灌溉决策核心程序,从数据库中读取所需信息并输出判断结果,如灌溉命令、灌溉时长等信息,并通过移动网络发送给终端设备。

4)接收到传输信号并确认无误后,终端设备打开指定开关,开始执行灌溉计划,并在完成后反馈给灌溉平台。未来还将通过当地气象站等反馈实际的天气信息作为灌溉平台自动学习功能的数据基础。

3. 灌溉平台开发工具与技术

灌溉平台的开发采用浏览器/服务器(B/C)模式,网站以 LAMP(Linux+Apache+PHP+MySQL)架构为基础。以“新浪云”服务器上的 Linux 操作系统为底层运行灌溉预报核心程序以及 Linu 自带的 Cronlab(计划任务)功能,采用免费开源的 MySQL 数据库管理系统以及 PHP 扩展库中内置的数据库操作函数,可以方便地对数据进行增、删、改、查操作。由方便内嵌于 Web 页面的 CSS、JS 语言等组成交互友好的前端界面,采用 MVC 设计模式,可以将灌溉平台模块化,分离系统的数据控制和表示功能,并通过 CodeIgniter 框架整合统一,为灌溉平台的后续升级提供便捷。采用具有承载能力、多并发、开源免费的 Apache Web Server 软件向用户、管理人员提供安全、稳定的网络连接。

4. 平台实际应用

目前灌溉平台已成功管理武汉大学灌溉排水试验场、江西省灌溉试验中心站的灌溉系统,其中武汉大学灌溉排水试验场内种植作物为吉祥草,江西省灌溉试验中心站试验基地种植作物为水稻。灌溉平台可支持水稻及多种旱作物,用水管理高效。通过灌溉平台将水分数据收集归纳,节省了手动录入数据的人工成本,避免了潜在的记录误差,保证了数据的真实性、可靠性。

江西省灌溉试验中心站的灌溉系统是江西省水利厅科技项目“南方灌区节水减排关键技术研究与示范”(编号 KT201427)的一部分。经过前期的设备安装、管道铺设,现可正常运行,减少了人力资源投入与人工干预,目前正在进行节水灌溉试验,进展良好。

武汉达润达科技发展有限公司将着力于灌溉平台的推广应用,以建设服务于灌区、城市、园林的灌溉平台为目的,通过推广灌区信息化工程与管理服务、小区园林绿化灌溉系统、整合大数据资源等方式实现盈利和灌溉管理的高度智能化、集成化。

5. 平台前景

“互联网+”智慧灌溉平台利用移动通信、大数据、云计算、机器智能等技术以及互联网平台,将互联网思维深度融合于灌溉管理中。灌溉平台具有实际应用价值,同时实现了节水灌溉与作物优质高产的统一和有效水资源的充分利用。未来将通过海量灌溉相关数据，采用大数据方法，进行自主学习并实时改进灌溉策略，显著提高灌溉智慧化水平。

"互联网＋"智慧灌溉平台已具有比较成熟的灌溉解决方案，可提供高度智能化的灌溉决策。在水分状况等实时信息监测的基础上，精确预报未来作物需水量、降水量、降水有效利用和受旱减产风险。

在国家大力号召支持"互联网＋"创新的浪潮下，智慧灌溉平台的应用前景广阔。灌溉平台既可以管理成千上万个小型灌溉系统，也可通过全田块水循环实时模拟模型及灌区水流精准"快递"技术管理复杂的大型灌区。智慧灌溉平台的应用还将大幅度提高管理效率，降低软件成本及人力成本，同时获取海量灌溉管理数据，为智能决策提供数据支持，通过有效推广，扩大覆盖范围，普及节水灌溉，可有效推进节水型社会建设。

4.1.2.4 基于物联网与云计算的决策系统

云计算技术与物联网技术的提出和快速发展，为研究开发新一代的分布式灌区信息管理系统提供了全新的思路。云计算是能够提供动态资源池、虚拟化和高可用性的下一代计算平台，具有硬件基础设施架构在大规模的廉价服务器集群之上、应用程序与底层服务协作开发、最大限度地利用资源、通过多个廉价服务器之间的冗余、使用软件获得高可用性等特点。在云计算模式下，用户不需要购买复杂的硬件和软件，而只需要支付相应的费用给"云计算"服务提供商，通过网络就可以非常方便地获取所需要的计算、存储等资源。本书对基于云计算技术和物联网技术的灌区信息管理系统进行了研发，系统是在引入云计算的理论和方法的基础上，依靠现代计算机技术和网络技术，按照物联网体系进行分层而搭建。该平台避免了大量的重复性工作，提高了灌区信息管理系统的整体效率；具有可扩展性，能够随着灌区水利业务规模扩大；根据用户需求，不断扩展其平台功能、数据信息等，具有可持续性；引入了云计算技术，加强了水利计算与前沿计算机技术的结合，创造出了灌区信息管理系统的新方式。

1. 基于物联网与云计算的灌区信息管理服务系统架构

本系统应用物联网技术，对灌区的供水工程设施、水源等进行全面感知，充分发挥已建设和即将建设的自动监测站的作用，将监测点/站作为物联网前端数据感知设备，实现灌区水资源监测的全面物联；建立对水资源等各方面的在线监测系统，通过无线传输实现对雨量、水位、水量、水质等的在线自动监测和数据传输，为灌区综合决策提供科学依据；在云业务管理平台上，对自动监测数据进行分析计算，产生报警信息，提高管理局对水资源的监控管理能力。

基于物联网与云计算的灌区信息管理服务系统架构如图4.3所示。

如图4.3所示，整体结构按照物联网3层模型进行设计，各层之间的关系如图4.4所示。

（1）感知层。感知层可以认为是系统的神经末梢，是识别物体、采集信息的来源，这些采集信息将直接提供给更高层的管理以及决策应用。进行感知层部署的主要采集设备有水位、流量、视频、温度、湿度、光强、蒸发量、降雨量等，还包括大型机组设备、小型发电机、电动机、光源、闸门等控制设备。

（2）网络层。网络层负责传递和处理感知层获取的数据信息和视频监测信息，主要包括光纤、同轴、网线等有线传输链路及传输设备，还包括微波、无线电、GPRS、3G等无线传输链路。

（3）云计算平台。整个云计算平台是系统的中枢，负责所有的数据处理、交换以及共享，并将决策结果向下发送到网络层和感知层。在基于云计算的灌区信息管理系统

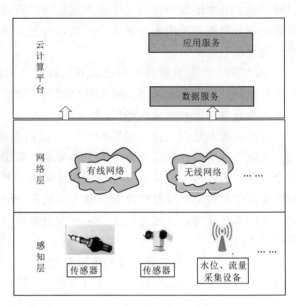

图4.3 灌区信息管理服务系统架构

中，计算资源和存储设施都交由云计算服务提供商负责云计算服务，提供商可为灌区信息管理系统提供性能强大、极具可扩展性的计算资源和存储设施，所以在信息系统的开发过程中只需要应用云计算服务商所提供的接口即可完成系统的开发，无须考虑计算资源和存储设施的细节情况。这样既简化了系统的架构设计和开发，又有利于系统的更新和升级。与灌区相关的水利部门、企业等都可以通过数据交换从平台获取相应的信息和服务，实现资源共享和按需服务，避免"信息孤岛"。

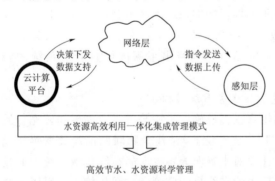

图4.4 灌区信息管理系统各层之间的关系

2. 系统应用情况

该系统应用在吉林前郭灌区。该灌区是东北四大灌区之一，在灌区内完成信息采集系统的建设并利用微波通信特有的频带宽、大容量特性，将无线技术、感知层技术与新型应用有效结合起来。以前郭灌区管理局的身份注册，将应用系统部署到GAE上，用户通过PC、手机或者平板电脑等通过Web方式登录该系统。系统通过丰富的报表、多维分析方法对实时监测数据和历史数据进行分析，准确判断灌区水资源情况并作出科学的分析，通过本系统工程管理产生的投资以及维护成本每年可节省20%；通过对水资源的联合调度提高了灌溉面积；对灌区管理可以实现人工与自动化相结合的方式，节省了人力成本，提高了灌区各项工作的效率。该系统可有效提高前郭灌区信息管理的现代化水平，为实现灌区现代化管理和信息资源共享奠定基础，对推动前郭灌区的发展有着重要的作用。

3. 基于物联网和云计算的灌区信息管理系统优势

（1）实时、准确监测、科学预测、及时发布，并为应急调度和综合决策提供一个可靠平台。

（2）集成各个现有子系统，形成一个灌区综合管理操作平台；基于云计算的灌区信息管理系统是一个综合管理服务系统平台，为各业务部门、管理决策部门、水利专家、行政执法人员、企业、公众和其他应用部门提供智能化、可视化的灌区信息管理应用和综合服务平台，提升灌溉管理局对水资源的监管能力，便捷、及时地对企业和公众提供灌区综合信息服务，打造良好的互动平台。

（3）分布式处理基于工程综合管理平台中数据的生命周期、访问频度、响应时间要求等不同，构建分布式数据存储和访问架构，形成"数据云"应用。不再关心数据的存储细节，只需按自身需求通过"云"完成数据的存取，实现对传统"存储云"的超越。

（4）良好的可扩展性。系统的良好可扩展性是多种技术优势的综合体现，协议适配技术支持接口协议的可扩展，基于面向服务的业务模型组件技术支持模型的可扩展，分布式处理技术支持系统规模的可扩展。

（5）满足业务创新的需求。在灌区水利业务管理信息大发展的趋势下，业务创新越来越多也越来越快，要求工程综合管理平台要具备"随需而变"的分析和支撑能力。平台综合运用组件模型技术解决业务创新"多"带来的业务模型析构和重建问题，运用服务生命周期管理技术解决业务创新"快"带来的业务模型版本更新问题。

4.2　水力发电系统控制技术

价值观

白鹤滩水电站是实施"西电东送"的国家重大工程，是当今世界在建规模最大、技术难度最高的水电工程之一。全球单机容量最大功率百万千瓦水轮发电机组，实现了我国高端装备制造的重大突破。全体建设者和各方面发扬精益求精、勇攀高峰、无私奉献的精神，团结协作、攻坚克难，为国家重大工程建设作出了贡献。这充分说明，社会主义是干出来的，新时代是奋斗出来的。

水力发电系统是一个由水力系统、水电机组、调速系统、励磁系统等子系统组成的复杂非线性大系统。其基本系统结构包括水库、引水涵洞、缓流槽、压力引水管和水轮发电机，其水力发电系统结构如图4.5所示。

水轮机调节系统调节性能的好坏是影响电网系统频率性能的重要因素之一。因此深入研究水力发电水轮机调节系统的控制方式对于提高电力系统频率稳定质量、提高电力系统稳定性具有十分重要的现实意义。

水轮机调节系统是一个集水力、机械、电气为一体的复杂闭环自动调节控制系统。水轮机调节系统的基本任务就是根据电力系统负荷的不断变化来调节水电机组有功功率的输出，并维持机组频率在规定的范围之内。从控制的角度看，水轮机调节系统是一个典型的高阶、时变、非最小相位、参数随工况点改变而变化的非线性复杂系统，加上其

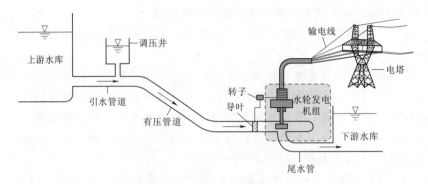

图 4.5　水力发电系统结构

自身具有的特点，系统相对来说结构复杂、功能要求较强、不易保持稳定。

　　水轮机调速器是水轮机调节系统中最重要的组成部分，也是保证水电厂机组稳定运行的重要控制设备，直接关系到机组的安全与稳定运行。纵观国内外水轮机调节技术的发展，水轮机调速器（包括数字式电液调速器）的主导调节规律仍然是 PID 调节规律，或者是以 PID 为基础的调节规律。近年来，国内外都在进行自适应、模糊、神经元网络等新型调节规律在水轮机调节系统中应用的研究与探索。这些研究成果在理论研究和工程实践中对调速器的发展均起着积极的推动作用。

4.2.1　PID 控制

　　1922 年，美国洛尔斯基首先提出 PID 调速器，由于其结构简单、可靠，易于操作、调节，至今仍是生产自动化中使用最多的一种调节器，也是目前水电机组调速器中使用最广泛、技术最成熟的一种。PID 控制是按偏差的比例、积分和微分线性组合进行控制的方式，在工况确定的情况下，适当选择 PID 控制参数，可以使水电机组得到较满意的动、静态性能。国内外水轮机数字式电液调速器均采用 PID 或以 PID 为基础的调节规律。

　　1. 水轮机调速器的 PID 调节规律

　　在 PID 调节中，有并联 PID 和串联 PID（即频率微分＋缓冲式）两种基本结构，如图 4.6 和图 4.7 所示。

　　（1）机组频差 $\Delta F(S)$ 至计算导叶开度 $Y_{PID}(S)$ 的传递函数。当取 $b_p=0$ 和忽略 T_y、T_{1v} 的作用时，并联和串联 PID 结构有同样的传递函数：

$$\frac{Y_{PID}(S)}{\Delta F(S)}=K_P+\frac{K_I}{S}+\frac{K_DS}{1+T_{1v}S}=\frac{T_d+T_n}{b_tT_d}+\frac{1}{b_tT_d}\frac{1}{S}+\frac{\frac{T_n}{b_t}S}{1+T_{1v}S} \tag{4.2}$$

　　（2）开度给定增量 $\Delta Y_c(S)$ 至导叶开度的 $Y_{PID}(S)$ 的传递函数。

　　由图 4.6 和图 4.7 可以看出，并联 PID 结构中引入了开环增量环节，当开度给定 Y_c 为恒定值时，此环节不起作用；当以 Y_c 斜坡函数增减时，则有一相应的增量直接加在 PID 输出点。因而对开度给定增量而言是一个比例、积分调节。不难证明，当取机组频差 $\Delta F=0$ 时，其传递函数为

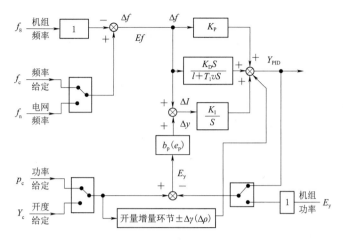

图 4.6 并联 PID 传递函数结构

Δf—频率偏差；Y_{PID}—计算导叶开度；K_{P}、K_{I}、K_{D}—比例、积分、微分系数；

$b_{\text{p}}(e_{\text{p}})$—永态差值系数（功率永态差值系数）；$T_{1\text{v}}$—微分衰减时间常数

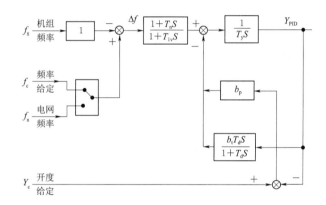

图 4.7 串联 PID 传递函数结构

b_{t}、T_{d}、T_{n}—暂态差值系数、缓冲时间常数、加速度时间常数；T_{y}—积分环节时间常数

$$\frac{Y_{\text{PID}}(S)}{\Delta Y_{\text{c}}(S)}=1 \tag{4.3}$$

式（4.3）表明，在开度给定 Y_{c} 增减过程中，计算导叶开度值 Y_{PID} 可以瞬间跟踪于 Y_{c} 的变化。

图 4.7 所示的串联 PID 结构，开度给定 Y_{c} 至计算导叶开度 Y_{PID} 的传递函数为

$$\frac{Y_{\text{PID}}(S)}{\Delta Y_{\text{c}}(S)}=\frac{b_{\text{p}}(1+T_{\text{d}}S)}{T_{\text{y}}T_{\text{d}}S^2+[(b_{\text{t}}+b_{\text{p}})T_{\text{d}}+Y_{\text{y}}]S+b_{\text{p}}} \tag{4.4}$$

式（4.4）中取 $T_{\text{y}}=0$，得

$$\frac{Y_{\text{PID}}(S)}{\Delta Y_{\text{c}}(S)}=\frac{(1+T_{\text{d}}S)}{\left(\dfrac{b_{\text{t}}}{b_{\text{p}}}+1\right)T_{\text{d}}S+1} \tag{4.5}$$

式（4.5）表明，当取 $b_{\text{t}}=0.4$、$T_{\text{d}}=10\text{s}$、$b_{\text{p}}=0.05$ 时，其分母的时间常数为

90s，考虑式（4.5）中分子零点的作用，其单位跃阶响应 Y_{PID} 至 95% 稳定值的时间约为 260s，这种无开环增量的串联 PID 结构使得在开度给定 Y_c 变化时，计算开度 Y_{PID} 有较大的时间滞后。这就是国内某大型电站采用的上述结构的进口调速器，在功率调节过程中出现过程缓慢、调节振荡甚至导致油源耗尽而紧急停机的原因之一。

2. PID 的两种参数 b_t、T_d、T_n 和 K_P、K_I、K_D

b_t、T_d、T_n 是频率微分＋缓冲式调节结构的参数，由式（4.2）易得

$$K_P = \frac{T_d + T_n}{b_t T_d} \left.\begin{array}{c} \\ \\ \\ \end{array}\right\}$$

$$K_I = \frac{1}{b_t T_d} \tag{4.6}$$

$$K_D = \frac{T_d}{b_t}$$

当前的数字式电液调速器即使以 b_t、T_d、T_n 形式给出参数，在计算机内仍然据式（4.6）计算出 K_P、K_I、K_D 并采用图 4.6 的并联 PID 结构。

与 K_P、K_I、K_D 参数组相比，b_t、T_d、T_n 参数组使用时间长，与调速器物理概念联系紧密，在参数整定时，不易出现配合不当的参数组合。K_P、K_I、K_D 参数组是工业自动控制系统的通用形式。运行实践表明，一些水电站调速器整定的 K_P、K_I、K_D 参数组明显地搭配不当。

由于与 T_d 取值相比，T_n 的数值很小，故可用下式近似表示 K_P、K_I、K_D 与 b_t、T_d、T_n 的关系：

$$K_P = \frac{1}{b_t} \left.\begin{array}{c} \\ \\ \\ \end{array}\right\}$$

$$K_I = \frac{1}{b_t T_d} = \frac{1}{T_d} K_P \tag{4.7}$$

$$K_D = \frac{T_n}{b_t} = T_n K_P$$

式（4.7）表明，比例系数 $K_P = 1/b_t$ 是 P、I、D 三项调节参数相同因子，在选择它们的数值时，一定要注意 K_P、K_I、K_D 的合理搭配，积分系数 K_I 与缓冲时间常数 T_d 成反比关系，微分系数 K_D 则正比于加速度时间常数 T_n。

水轮机调节系统的理论分析和仿真研究，大都采用刚性水锤、理想水轮机特性的对象模型，特别是采用同一个模型对不同型式机组（混流式、轴流定桨、轴流转桨、贯流式等）不同型号转轮、不同引水系统，进行理论分析和仿真研究，由此得出的结论只能是定性的和起辅助决策支持的作用。国外有的调速器供货商也有将水轮机综合特性以数表形式输入仿真模型，因而与简化模型相比，有了较大的进展。但是对于大多数被控机组而言，对空载运行工况稳定性进行复杂的仿真是不必要的。只要根据分析和仿真的定性结论并结合水轮机调节系统的调试经验，给出调节参数的推荐初始组合，在现场试验中是很容易通过数次调整得到较好的 PID 调节参数组合的。

3. 空载工况 b_t、T_d、T_n 的推荐初始参数

下面给出的方法是一种既在一定程度上考虑了机组的特性，又不需要在现场进行

复杂计算的方法。因为给出的仅是初始参数的范围，还需要在机组空载运行工况进行试验并修正上述参数。

用以确定推荐初始参数范围的主要依据是引水系统水流时间常数 T_w 和机组惯性时间常数 T_a。《水轮机调速系统技术条件》（GB/T 9652.1—2019）规定，对于 PID 调节规律的调速器，反击式机组 T_w 和 T_a 有以下限制：

$$T_w \leqslant 4s, T_a \geqslant 4s, \frac{T T_w}{T T_a} \leqslant 0.04$$

根据理论分析、仿真研究和工程实践，b_t、T_d、T_n 的推荐初始参数范围可以用下式表示：

$$\left. \begin{array}{l} 1.5\,\dfrac{T_w}{T_a} \leqslant b_t \leqslant 3\,\dfrac{T_w}{T_a} \\[2mm] 3T_w \leqslant T_d \leqslant 6T_w \\[2mm] T_n = (0.4 - 0.6)T_w \end{array} \right\} \tag{4.8}$$

式（4.8）中被控机组为混流式时可取小的 b_t、T_d、T_n 初始值，为轴流式时可取 b_t、T_d、T_n 范围内的中间值作为其初始值，为贯流式时则要取较大的 b_t、T_d、T_n 初始值；对于同一机组，水头高时要取较大的 b_t、T_d、T_n 值。在水电站采用正交法对水轮机调节系统进行 PID 参数选择的试验结果表明，对于机组空载工况下的频率给定阶跃扰动过程，T_d 和 T_n 对其超调量起着决定的作用，即当过程超调量大时，应选用较大的 T_d 和 T_n 值；对于过程的稳定时间而言，b_t 取值的增大有加长稳定时间的趋势，选取较大的 T_d 和 T_n 值，由于过程超调量明显减少而使调节稳定时间有一定程度的缩短。当然，只有在了解 b_t、T_d、T_n 参数值对动态性能指标影响的基础上，注意它们的合理搭配，才能得到较好的快速而近似单调的动态响应特性。

4. 空载工况 K_P、K_I、K_D 的推荐初始参数

K_P、K_I、K_D 的推荐初始参数范围见下式：

$$\left. \begin{array}{l} 0.33\,\dfrac{T_a}{T_w} \leqslant K_P \leqslant 0.67\,\dfrac{T_a}{T_w} \\[2mm] 0.167\,\dfrac{K_P}{T_w} \leqslant K_I \leqslant 0.33\,\dfrac{K_P}{T_w} \\[2mm] 0.4T_w K_P \leqslant K_D \leqslant 0.6T_w K_P \end{array} \right\} \tag{4.9}$$

式（4.9）表明，应先确定比例系数 K_P，再据式（4.9）确定积分系数 K_I 和微分系数 K_D。K_P、K_I 和 T_w 呈近似反比的关系。K_D 与 T_w 呈近似正比的关系。

一般来说，对混流式机组，应取较大 K_P、K_I、K_D 的初值；对于轴流式和贯流式机组，则应取较小的 K_P、K_I、K_D 初值。

对于 K_P、K_I、K_D 来说，在其间搭配总体合适的前提下，选取较小的 K_I 和 K_D 值，可以显著地减少空载工况阶跃扰动响应特性的超调量，从而可能缩短动态过程的调节稳定时间。

5. 其他工况的 PID 参数

（1）被控机组并入大电网，带给定负荷。调速器在有人工频率死区，在功率模式

或开度模型下工作，采用功率或开度给定的积分调节，功率或开度给定增量的比例积分 PI 调节。对于有 AGC 的水电站，调速器按其下达的功率给定值进行调节；对于尚无 AGC 的水电站，则按调度命令控制机组功率。对这种情况下的 PID 参数和其他调节规律的分析、仿真研究意义不大。

（2）被控机组并入大电网起调频作用。调速器在有人工频率死区但人工频率死区等于零时，主要的调频任务由电网 AGC 和水电站 AGC 完成。调速器按其下达的功率给定值来调节机组功率，完成一个功率控制器的作用。

（3）被控机组在小（孤立）电网运行。调速器应工作于频率调节模式的 PID 调节。PID 参数的整定则更为复杂了，必须在现场根据机组容量、突变负荷的容量、负荷性质等加以试验整定。

但是，即使对被控对象整定了一组满意的 PID 控制参数，一旦对象特性发生变化，也难以保持良好的控制性能。当过程的随机、时滞、时变和非线性等特性比较明显时，采用常规 PID 调节器也很难收到良好的控制效果，甚至无法达到基本要求。因此，要保证在各种工况下均能优化运行，必须采用在线自整定技术，基于专家式 PID 自整定和模糊 PID 自整定方法等其他控制方法已显示出良好的应用前景。

思考　你认为水轮机调节系统的 PID 控制优缺点是什么？未来发展趋势是什么？

方法论　PID 控制虽然只是一种线性控制方法，但具有简单实用的特点，实际水轮机调节系统控制大多采用这种方式。这其中蕴含着抓住主要矛盾、忽略次要矛盾的科学思想，从而有利于简化问题，与抓"关键少数"有异曲同工之妙。

4.2.2　智能控制

1. 专家控制

专家控制系统是一个有大量专门知识与经验的计算机程序系统，根据一个或多个人类专家提供的特殊领域知识和经验进行推理和判断，模拟人类专家做决策来解决那些需要专家决定的复杂问题。对于水轮机调节系统，专家控制就是依据控制对象开环传递函数的设计所必须遵守的原则建立一个设计知识库，然后依据知识库进行控制器参数的选择。也有基于特征辨识的 PID 水轮机调速器的设计方法，通过引入专家系统，对水轮机的信息进行在线提取并直接应用于 PID 参数的在线整定。还有基于仿人智能控制的原理，根据水电机组转速偏差的大小和方向自动改变控制策略，也可以较好地改善动态特性和适应性。

2. 模糊控制

模糊控制是智能控制较早的形式，不需要精确的数学模型，对于处理非线性时变参数一类控制问题具有良好的控制效果，但它对信息简单和模糊的处理将导致系统控制精度降低和动态品质变差。传统的模糊控制已改进了许多，出现了多种形式，如模糊模型及辨识、模糊自适应控制，并在稳定性分析、鲁棒性设计等方面取得了进展。水轮机模糊调速器是一种决策速度快、符合实时控制要求的有效控制仪器，水轮机模糊—双积分并联变结构复合控制器，克服了一般模糊控制存在较大静差的缺陷。模糊控制相对于常规 PID 控制调节性能更具有适应性，常规 PID 控制器很难在减小"反调"、加快调节速度和减小"超调"之间达到比较理想的效果，将模糊决策理论和 PID 控制相结合，改进后的水轮机 PID 模糊控制器，由于加入微分作用和采用变宽度的隶属度函数，其调节性能更好。模糊控制本身具有一定的鲁棒性，但也较难直接用于在调节过程中结构和参数变化范围较大的水轮机调节系统，若使模糊控制器具有学习能力，自动调整自身的规则、参数，是可以完成各种工况下的控制任务的。

3. 人工神经网络控制

人工神经网络是模仿人脑神经系统，以一种简单计算处理单元即神经元为节点，采用某种网络拓扑结构构成的活动网络，它在不同程度和层次上模拟人脑神经系统的信息处理、存储和检索功能。人工神经网络可以充分逼近任意复杂的非线性关系，所有定量或定性的信息都存储于网络内的每个神经元，具有很强的鲁棒性和容错性。有的学者利用人工神经网络的自适应、自学习和非线性逼近能力来实现水轮机调节系统的智能 PID 控制，为了使水轮机调节系统具有在线自学习能力，引入衰减激励和能在线评价控制效果的评价函数，从而可以激发系统的各个模态，在线选择样本和学习强度。考虑到样本中偏差信号、积分信号和微分信号的差别很大，不利于学习机制进行学习，因此在输入环节前加滤波环节，除了起到滤波作用外，还可以将误差信号及其积分和微分信号投影到控制器的敏感输入空间中，以提高学习速度。同时，改变每次参加训练的样本的顺序，以提高逼近精度和加快逼近速度。将多层神经网络的输出范围扩大到整个实轴，并采用变因子学习算法。基于神经网络控制方法对于水轮机调节系统的严重非线性具有较好的适应性和鲁棒性。但神经网络控制仍然存在学习速度慢、决策时间长、容易收敛到局部最小点等缺陷。

4. 自适应控制

水轮机调节系统是调节电网频率的主要环节，由于水轮机的非线性特性，它通常用额定工况点附近的线性化模型来近似描述。当水头、负荷、转速等量偏离额定点时，模型的参数也会发生变化，所以使用常规控制方式难以保证系统在不同工况下都具有良好的调节性能。自适应控制的实质是控制策略在控制过程中不断地识辨对象的变化情况，将系统现有的品质和期望的品质指标进行综合比较，并同时作出相应的决策对控制策略本身进行修改，以使系统趋于最优。

我国学者在水轮机调速器方面进行了模型参考自适应控制及转速自适应控制的研究，提出了一种基于测试系统频率特性的自适应控制策略。针对水轮机发电机组工况的变化，也有采用变结构并增加非线性补偿器的办法。按照极点配置的原理推导水轮机调速器 PID 参数的优化公式，以该方法为基础的水轮机调速器自适应调节规律也能较好地兼顾频率扰动和负荷扰动对水轮机调节系统动态性能的影响。

5. 其他控制策略

将模糊控制、神经网络控制和 PID 控制相结合，在大偏差范围内采用模糊控制，在小偏差范围内转换成 PID 控制，既具有模糊控制简单有效的非线性控制作用，又具有神经网络的自学习能力，同时也具有 PID 控制的精确性，可以实现 PID 控制器参数在线调整，能够直接用于水轮机调节系统的实时控制。

遗传算法是一种模拟自然进化而提出的简单高效的优化组合算法，是建立在自然遗传学机理基础上的参数搜索方法，最基本的操作有复制、交叉、变异，它不需要求梯度，能得到全局最优解。将遗传算法用于水轮机调节系统所处的不同工况进行 PID 调节器参数寻优，使系统在任何工况下都能得到比传统 PID 更好的控制效果和更强的鲁棒性，这也是水轮机调节器设计的一个新的途径。也有将遗传算法的并行搜索结构和模拟退火算法的可控性概率突变特性相融合，构造高效混合策略，也能够有效解决水轮机调节系统控制器参数的整定，抑制非最小相位正零点的影响。也有用改进的遗传算法来优化水轮机调速器的参数，引入自适应变换的变异概率和交叉概率，改善了遗传算法的寻优效率，并提出了分段加权的目标函数，能够改善水轮机调速器的反冲影响，其寻优效率比简单的遗传算法有较大的提高，具有很好的鲁棒性。

思考　你认为还可以采用哪些方法对水轮机调节系统控制品质进行改进？

4.3　泵站系统控制技术

4.3.1　泵与泵站

泵是一种能量转换机械，它将外施于它的能量再转施于液体，使液体能量增加，从而将其提升或压送到所需之处。用以提升、压送水的泵称为水泵。除水泵本身外，还必须有配套的动力设备、附属设备、管路系统和相应的建筑物等组成一个总体，这一总体工程设施称为水泵站（简称泵站）。泵和泵站类型繁多，应用广泛，在农田水利工程中，主要用于灌溉、排水以及乡镇的供水。

泵站结构组成大体可分为机电设备和建筑设施。机电设备分主机设备和辅助设施，主机设备主要为泵和动力机（通常为电动机和柴油机）；辅助设施包括充水、供水、排水、通风、压缩空气、供油、起重、照明和防火等设备。建筑设施包括进水建筑物、泵房、出水建筑物、变电站和管理用房等。

泵站是大型水利、环保、城市供排水及企业水务等工程的重要组成部分，一般由供电和排水（或供水）两大系统构成。大型泵站的自动化由供电系统自动化、PLC 集散控制及数字视频闭路监视等几部分组成。随着计算机技术、网络通信技术及 PLC

软硬件的快速发展，工业自动化控制也开始向智能集成、信息整合方向发展。

4.3.2 泵站自动控制系统

1. 对泵站自动控制系统的要求

泵站的自动控制系统、机组性能和效率应达到先进水平，自动化系统具有技术先进、安全可靠、经济合理、管理方便等特点。在保证设备运行可靠性、稳定性、安全性的同时，注重提高效率、降低能耗、降低维护成本。通过改造，使泵站安全运行率达到98%以上，并提高管理信息化水平。设计标准按"无人值班（少人值守）"进行。

泵站自动控制系统建设包括计算机监控系统、微机保护系统、视频监控系统以及网络通信系统，主要实现对泵站主要设备的动态监视、测量、自动控制与微机保护，调度通信和视频监控自动化，以及计算机联网调度及管理等功能。

2. 泵站自动控制系统的组成

系统结构宜采用分层分布式网络结构，由现地控制层、泵站主控层、调度控制层等三级构成。

（1）第一级——现地控制层，通过各种传感器、开入量等全方位采集泵组、辅助设备、电气设备及周边设施、水工建筑物和环境数据和信息；负责采集泵站各种数据，通过下位机对变电部分、主机泵、辅机、闸门进行控制，对变压器、电动机、电容器、高压馈线等电气设备进行保护；将现地控制层的信息上传到泵站控制层，并接受泵站控制层的命令。

（2）第二级——泵站主控层，对第一级现场采集的所有数据进行处理、分析计算、存储、报表，完成运行控制指令的收集和发布，保护动作的分析和指示；将泵站主控层的信息远传到调度控制层，并接受调度控制层的命令。

（3）第三级——调度控制层，接收泵站主控层送来的各种实时数据或者历史数据，可以直接指挥泵站设备，具有调度、决策、安全监督等功能。

3. 泵站自动控制系统的功能

（1）现地控制层主要有以下功能：

1）数据采集和处理，安全运行监视，控制和调整，数据通信，设备诊断，水泵与电机的轴承温度监控，电机绕组与铁芯温度的监视，技术供水压力监视，枢纽上下游与前池水位监视，真空泵抽真空能力、水泵进水口真空度监视，水泵出口压力、流量、排水池水位等的监视。

2）水泵的启动、控制、调速、停泵等的控制；水泵的状态与故障报警。

3）微机保护功能，按照相关规程配置电动机、主变压器、母线、线路、电容器、站用变等设备的保护。

4）辅机自动控制功能，包括油压装置的自动控制，压缩空气装置的自动控制，技术供水装置的自动控制，集水井排水装置的自动控制，电动机的软起动、软停车控制（需选配软启动装置）；油、气、水的压力、液位、流量检测；开关量位置的监测；辅机设备的故障状态监视、故障状态的报警等。

5）闸门的自动控制功能，包括格栅除污机的控制、压榨机/输送机的控制、检修闸门的自动控制、防洪闸门的自动控制；实时采集闸前、闸后水位，闸门开度、闸门荷重，并显示、处理及越限报警。

6）同步电动机励磁系统的控制与调节。

7）变频调速器的控制与监测。

8）现场的视频监视系统。

9）防火、防盗安全监控系统。

（2）泵站主控层主要有以下功能：

1）数据采集和处理。泵站主控层应能自动实时采集泵站主要电气量、非电气量及有关过程参数，包括温度量、模拟量、状态量、报警量、SOE 量和电度量等。系统应对采集的数据进行必要的处理计算，存入实时数据库，并用于画面显示、刷新、控制调节、记录检索、统计、操作、管理指导等。

2）安全运行监视与报警。安全运行监视应包括状态监视、越限监视与报警、过程监视和监控系统异常监视与报警。

3）控制与调节。泵站主控层应可根据预定的原则或按照运行人员、远方调度的命令进行泵组的手动或自动调节，包括泵组启动停止控制、同步电动机的无功功率调整、断路器的分/合操作；辅助设备及公用设备的开、停操作等。

4）人机接口。泵站值守人员可通过显示器、键盘、打印机、报警装置等设备实现人机联系，对泵站生产过程进行安全监控、在线诊断，对监控系统进行调试、参数设定、程序修改、技术开发和技术培训等。不同职责的运行管理人员在计算机上具有不同安全等级操作权限。

5）运行维护管理。泵站主控层应在实时采集全站各设备的运行参数和工况的基础上，进一步完成统计制表等一系列运行管理的工作、历史数据库存储及归档，为提高泵站运行、维护水平提供依据。

6）系统通信。泵站主控层应实现与上一级调度中心的通信。通信方式可采用光纤通信、GPRS 网络、无线扩频等。

7）系统自诊断。泵站主控层应具有完善的系统自检、在线诊断和自恢复等功能。进行在线诊断时，应不影响计算机系统对泵站设备的监控功能。

8）远程诊断。泵站主控层应能接受远方在线诊断的功能，为防止病毒的感染，设置必要的软硬件防火墙，保证网络信息传输的高度安全。

4.3.3　泵站的运行与调节

1. 泵站 PLC 的控制模式

泵站 PLC 一般有三种控制模式：①手动控制，在泵机组调试时使用，并作为自动控制的后备方式；②按水位的自动控制，在水位经常变化时采用；③按时间的自动控制，在水位相对变化不大时使用，可以按泵机组的运行时间轮流工作。

2. 按水位的自动控制

水位的测量有以下几种方法。

（1）采用浮球液位开关，优点是简单、投资少，但是使用寿命不长，大约半年左右就要更换，而且对水位的测量是有级的，不能连续测量。只能用于要求不高的小型泵站。

（2）采用液位传感器，将水位转换成 $4\sim20\text{mA}$ 的电信号，输入到 PLC 的 A/D 模块，然后根据测量的水位进行对泵的控制。

（3）采用超声波液位计。超声波液位计的测量精度较高，维护、校验也很方便，无论是明渠或是管道均能精确测量。为增进可靠度，可以考虑采用两个超声波液位计，以防因液位计的故障导致进水泵的误操作。超声波液位计有 $4\sim20\text{mA}$ 的输出，可输入到 PLC 的 A/D 模块，进行测量，根据测量值进行对泵的控制。

3．按时间的自动控制

在水位相对变化不大时，可按泵运行的时间控制。PLC 内部都有定时器，可以很方便编制梯形图来控制泵组的运行时间，可以根据运行时间让各泵组轮流工作。

思考

你认为泵站运行与调节的难点是什么？

4.4　水库调度管理信息化

4.4.1　水库调度的概念

水库调度亦称为水库控制运行。水库调度工作是根据水库承担的水利任务及规定的调度原则，运用水库的调蓄能力，在保证大坝安全的前提下，有计划地对入库的天然径流进行蓄泄，以除害兴利，综合利用水资源，最大限度地满足国民经济的需要。水库调度是水库运行管理的中心环节。水库调度研究的任务是研究在水库面临时段初蓄水量 V 已知，水库面临时段天然来水量 S 预知（即知道预想的来水量）的条件下，如何确定水库的泄水量 R，即研究 R 与 V、S 之间的关系。

4.4.2　水库调度的意义

水库调度是在保证水库工程安全、服从防洪总体安排的前提下，根据上级主管部门批复的水库调度规程、工程的实际运用状态、水文气象特性，协调防洪、兴利等任务及社会经济各用水部门的关系，对水库进行调度运用，安排蓄泄关系，力争在防洪、灌溉、发电等方面发挥最大综合利用效益，是水库控制运用的重要非工程措施之一。水库调度由水库主管部门管理，水库管理单位组织实施，要采用先进的技术和设备，研究优化调度方案，不断提高水库调变运用工作的技术水平。水库调度包括防洪调度和兴利调度。

实践表明，实行水库优化调度可使发电效益平均提高 $2\%\sim5\%$。因此，无论是从实际需求还是可行性方面，建立符合需要的水库优化调度系统迫在眉睫。

4.4.3　水库调度管理

水库调度单位负责制订水库调度计划、下达水库调度指令、组织实施应急调度等，并收集掌握流域水雨情、水库工程情况、供水区用水需求等情报资料。

重要大型水库应编制水库调度月报上报水库主管部门，其内容有水库以上流域水文实况、水库调度运用过程及特征值、下月的水库调度计划和要求。

水库主管部门和运行管理单位负责执行水库调度指令，建立调度值班、巡视检查与安全监测、水情测报、运行维护等制度，做好水库调度信息通报和调度值班记录。

水库管理单位要建立调度值班制度，汛期值班人员应做到：

（1）及时收集水文气象情报，进行洪水预报作业，提出调度意见。

（2）密切注意水库安全及上下游防汛抢险情况，当发生异常情况时，要及时向防汛负责人和有关领导汇报。

（3）当水库泄洪、排沙或改变运用方式，以及工程发生异常情况危及大坝和下游群众生命财产安全时，要把情况和上级主管领导的决定及时向有关单位联系传达。

（4）做好值班调度记录，严格履行交接班手续，对重要的调度命令和上级指示要进行录音或文字传真。

（5）严格遵守防汛纪律，服从上级主管总调度指挥。

（6）水库管理单位要配置专职调度人员，负责处理日常的兴利调度事宜。

水库调度各方应严格按照水库调度文件进行水库调度运用，建立有效的信息沟通和调度磋商机制；编制年度调度总结并报上级主管部门；妥善保管水库调度运行有关资料并归档；按水库大坝安全管理应急预案及防汛抢险应急预案等要求，明确应对大坝安全、防汛抢险、抗旱、突发水污染等突发事件的应急调度方案和调度方式。

水库管理单位要建立水库调度运用技术档案制度，水文数据、水文气象预报成果、调度方案的计算成果、调度决策、水库运用数据等，要按规定及时整理归档。

水库调度一般每年都要进行总结，总结报告应报水库主管部门备案。总结的内容应包括对当年来水情况（雨情、水情，多沙河流包括沙情）的分析、水文气象预报成果及其误差评定、水库防洪兴利调度的合理性分析、综合利用经济效益评价、经验教训及今后的改进意见。

4.4.4　水库调度管理信息化功能设计

1. 汛前准备业务模块

资源 4.5

防汛工作是关系到国计民生的大事，汛前准备工作的好坏将直接关系到汛期防汛工作完成的质量，所以说汛前准备工作是非常重要的。同时，汛前准备工作也是比较繁杂的，杂乱、烦琐的工作恰恰需要科学的统计管理，以保证万无一失。汛前准备业务模块一般包括：相关信息数据维护，相关信息查询，汛前防汛设备检查维护记录及查询，设备系统运行状态记录及查询，汛前防汛检查及存在问题、解决问题情况和其他信息的统计，相应文档生成。

2. 汛期值班业务模块

汛期水库调度值班是汛期防汛非常重要的一项工作，包括对水情数据的采集、整理、计算、发布等多项业务，直接关系到防洪工作。汛期值班业务模块主要包括：值班人员管理，值班日记管理，值班主要防汛电话记录，汛期设备运行状态（故障）记录，接收、翻译、整理水情电报，编制、发出水情电报，汛情简报生成，语音水情信息咨询，相关信息维护，相关信息查询。

3. 文档管理模块

水库调度工作的原则性很强，特别是在防洪的关键时刻，权衡利弊、运筹帷幄、果断决策，往往需要大量的规程、文献、命令等文档作为参照和指导，所以文档管理在水库调度工作中显得十分重要。依据业务特点、需求主次对文档进行科学分类，既是本模块的重点，又是本模块开发的难点。本模块内容包括：相关信息数据维护、相关信息查询、收文管理、发文管理、文档多条件查询、文档打印输出。

4. 水库运行统计模块

水库运行统计，特别是对有发电能力的水库来说，是必不可少的。它主要完成对水库整个运行过程的数据记录，包括各时段的水位过程、入库流量、出库流量、发电过程及其他出流过程，其中较为复杂的是有发电能力的水库水能计算。水能计算的任务是推求水电厂动力指标值及各参数之间的关系，经常遇到的课题是推求一定来水情况下发电量、发电流量和水库水位三者之间的关系。本模块包括：相关信息数据维护，相关信息查询，逐日发电用水计算（效率曲线），生产日报生成，由机组负荷推算瞬时发电流量，旬、月、季、年、多年发电运行统计，统计查询，历史相关对照查询。

5. 水库运行计划模块

为适应客观情况的变化，有效地指导水库实际运行，加强电力生产的计划性，需要定期编制年度、汛期、供水期发电调度计划和月及旬水库调度计划，并生成水库调度报告，上报各有关部门和单位。本模块主要包括：旬发电计划、月发电计划、季发电计划、汛期发电计划、年度发电计划、相关数据维护、相关信息查询、相应报表及文档生成。

6. 水库经济运行分析模块

水库经济运行分析是用水库调度图理论分析得出的调度结果，与实际调度结果对比，来计算水能利用提高率和节水增发电量，以此来评价水库运行的经济指标，以及实际水库调度的成功与否。这同时也是对后期调度运行的一个参照。本模块主要包括：水库水能利用提高率计算，节水增发电量计算，水库时段综合经济运行分析，报表及文档生成，旬、月、季、年经济运行分析，相关数据维护，相关信息查询。

7. 水库调度工作总结模块

一般水库在每年汛末都要编制本年汛期工作总结，年底完成年度水库调度工作总结。通常总结内容应以汛期工作为重点，以发电、防洪调度为中心，有情况，有分析，有结论，力求较全面地反映实际情况。一般年度（汛期）水库调度工作总结通常应包括：①汛前准备情况；②汛期主要工作，包括主要天气形势与来水特性、主要来水过程、发电与水库调度经过、各类预报误差的评定、水工建筑物观测、机组运行情况、发供电设备运行情况、经济运行和节能情况等；③汛期大事记，包括上级相关批文、水库防汛指挥部主要决定、主要降雨、洪水调度研究过程和上级防洪调度命令，主要经验和体会及附表、附图。

　　基于以上水库调度工作总结内容，文档格式相对稳定，历年内容也较为相似，所以完全可以建立一个模板式的生成软件，特别是像洪水预报评定、中长期预报评定、水情统计、水库运行统计等完全可以实现自动生成，一些数据可以利用动态文档中的相应统计数据直接与数据库关联，这将大大降低工作量，同时也避免了一些人为误差的产生。

　　8. 常用相关参数查询模块

　　在水库调度工作中，常常要进行许多参数的查询或换算，如一些单位量纲的换算，库容、溢流量、机组效率、平均耗水率等的查询。建立一个方便查询的软件模块，对水库调度工作将起到一定的作用，其主要功能应包括：各种随机分析检验参数查询，各种设备参数查询，物理量纲换算，水文常用物理量取值范围，水库常用设计参数查询，相关业务规程、规范的查询。

　　以上各功能模块相对独立，又通过数据库紧密地联系在一起，之间的部分功能也是相互联系的，所以一些通用性功能相对较强的计算程序，应当以面向对象的设计思想，设计成函数、控件等，以便其他部分能够灵活地调用。这既保证了系统的整体一致性，又提高了系统的开发效率。

思考

　　以上从编者的角度，给出了 8 个功能模块，你认为水库调度管理还可以在哪些方面进行拓展？

价值观

　　"工程造福人类，科技创造未来。"上天入地、穿山越岭，南水北调用"硬核"技术攻克难关：东线建成世界最大规模泵站群，让"水往高处流"成为现实；中线实施国内规模最大的大坝加高工程，确保一库清水自流进京……南来之水万里情长的背后，正是大国重器的实力支撑。

4.5　水库大坝日常管理信息化

4.5.1　概述

　　水库大坝日常管理工作主要包括维修养护注册登记、安全鉴定、管理考核、档案管理、办公自动化管理等。我国水库运行管理方面的制度和技术规程、规范众多，针对水库运行、维护、巡视检查与监测均有相配套的技术标准，如《土石坝养护修理规程》（SL/T 210—2015）、《混凝土坝养护修理规程》（SL 230—2015）、《电子文件归档与管理规范》（GB/T 18894—2002）等。大多数水库管理部门根据这些规范编制了适合水库实际情况的维修养护、管理考核等方面的规章、规程，对提升水库管理水平、规范水库大坝日常运行管理工作起到了非常重要的作用。为推动水库安全管理行业技术进步,有必要将水库日常运行业务进行管理信息化。

4.5.2 水库日常管理的主要内容

（1）水库管理单位职责如下：遵守国家有关安全生产的法律、行政法规以及有关的技术规程、规范；编制大坝安全管理年度计划和长远规划,建立健全大坝安全管理规章制度,并认真执行；负责大坝日常安全运行的观测、检查和维护；负责对大坝勘测、设计、施工、监理、运行、安全监测的资料以及其他有关安全技术资料的收集、分析、整理和保存,建立大坝安全技术档案以及相应数据库；按规定进行巡视检查、大坝安全鉴定、大坝注册登记的相关工作,开展和配合定期检查、特别检查；定期对大坝安全监测仪器进行检查、鉴定,保证监测仪器能够可靠监测工程的安全状况；配合组织实施大坝的除险加固、更新改造和隐患治理；负责大坝险情、事故的报告、抢险和救护工作；负责大坝安全管理人员的培训和业绩考核；接受社会监督及安全信息汇报。

（2）水库管理范围如下：水库大坝及其两端各 50～80m、大坝背水坡坝脚外 100～150m；库区水域、岛屿和校核洪水位以下的区域；水库溢洪河道以及其他工程设施的管理范围按照《水库大坝安全管理条例》的规定确定。

（3）水库管理单位有权在水库管理范围内禁止下列活动,必要时应向上级水行政主管部门上报：围垦、填库、圈圩；建设宾馆、饭店、酒店、度假村、疗养院或者进行房地产开发；在大坝上修建码头、埋设杆（管）线；在大坝上植树、垦种、修渠、放牧、堆放物料、晾晒粮草；在水库水域内炸鱼、毒鱼、电鱼,以及向水库水域排放污水和弃置废弃物；擅自在水库水域内游泳、垂钓；其他减少水库库容、危害水库安全以及侵占、损毁水库工程设施的活动。

（4）每年汛前应按照批准的水库调度原则,编制年度水库防洪调度方案,并报批,并服从防汛指挥机构的统一指挥。

（5）水库管理单位应当按照防汛要求,做好防汛工作。每年汛前,对大坝安全监测系统、泄洪设施和水情测报、通信、照明等系统进行全面详细的检查,对泄洪闸门、启闭设备、动力电源进行试运转,做好防洪器材以及交通运输设施的准备工作。

每年汛期,加强对大坝的巡视检查,做好大坝的安全监测、水情测报和水库调度,确保泄水建筑物闸门和有关设施能够按照防洪调度原则和设计规定安全运行。

每年汛前、汛后,对大坝近坝库岸和下游近坝边坡进行巡视检查,发现险情及时报告并妥善处理。

（6）发生地震、暴风、暴雨、洪水和其他异常情况,水库管理单位应当对大坝进行巡视检查,增加观测次数。

（7）水库管理单位应编制大坝安全管理应急预案,并报批。水库管理单位应配置大坝应急需要的报警设施和通信系统。

（8）大坝出现险情征兆时,水库管理单位应当立即报告上级水行政主管部门、防汛机构、按照险情预测和应急处理预案处置。抢险工作结束后,水库管理单位应当将抢险情况向上级汇报。在排除险情后,应当及时组织修复工作。对排除的重大事故隐患，应报上级主管部门检查，经主管部门同意后，方可恢复运用。

（9）水库除险加固前，水库管理单位应当控制运用，并采取有效措施，保证水库安全；对存在安全隐患的水库大坝、泄洪与输水建筑物及有关设施，应当设立警示标志，并采取相应的防护措施。

（10）水库管理单位对在水库水域范围内进行的非法开发利用或影响水体安全的行为应及时上报上级水行政主管部门。

（11）水库管理单位负责开展安全检查工作，检查大坝及其运行的安全可靠性，及时发现异常情况或者存在的隐患、缺陷，提出补救措施和改进意见，并及时整改和处理。

（12）水库管理单位应实事求是、真实准确地向上级水行政主管部门注册登记，并接受检查与复查。

当水库工程存在完成扩建、改建的，或经批准升、降级的，或大坝隶属关系发生变化时，应在此后 3 个月内向上级水行政主管部门办理变更事项登记。

水库大坝安全鉴定后，水库管理单位应在 3 个月内，将安全鉴定情况和安全类别报上级水行政主管部门；大坝安全类别发生变化，应向上级水行政主管部门申请换证。

（13）当责任人因故不能履行职责时，应进行授权委托，并建立授权委托制度。

思考　　你认为水库日常管理还应包括哪些方面？

4.5.3　日常管理信息化功能设计

日常管理信息化功能设计具体包括以下内容。

1. 维修养护

基于精细化管理理念，将水库工程养护方式（经常性维护、年修、大修、抢修）与现代信息化技术有机地结合，根据检查和监测结果，实现维修养护计划的编制、上报、审批以及维护记录管理，可为工程安全运行提供技术支撑。

（1）维护计划编制及上报。水库管理人员在水库大坝的日常巡查、检查、观测中发现安全隐患问题，可以按照水库大坝的维护保养规范，制订大坝安全的维修养护计划，提交给相应的上级主管部门审批，并发送短信通知相应的主管领导。

（2）计划审批。水库主管部门领导可审查水库大坝管理人员提交的维修养护计划，给出审批意见，并发送短信通知相应的水库大坝负责人。

（3）维护记录管理。维护记录管理可实现对水库维修养护计划执行情况的记录、查询。

2. 注册登记管理

（1）注册信息统计。该功能主要用于上级主管部门对已注册的水库进行统计汇总，以便于掌握其管辖水库的总体注册情况。

（2）注册信息查询。该功能主要用于查询已注册的某水库的详细注册资料，支持根据水库名称、所在区域、水库规模等条件进行筛选。

（3）注册申请。该功能主要用于水库现场管理单位进行注册登记申请。水库管理单位人员如实填写注册登记表，提交给管辖水库大坝的主管部门审查。

（4）注册审查。该功能用于水库大坝的主管部门所管辖水库的注册申请，如存在问题，可以将流程退回，由水库管理单位补充修改后，再次提交直到通过审查。水库大坝主管部门审查通过后，注册登记流程自动提交给登记机构审核。

（5）注册审核。该功能用于注册登记机构收到水库管理单位填报的登记表后，进行审查核实。审核通过后，注册登记流程自动流转到注册登记发证。

（6）变更登记。该功能主要用于水库的基础信息发生变化时，水库管理单位申请资料变更的情形。水库管理单位填写变更信息并提交申请流程。当审查通过后，修订的数据才能进入正式的注册登记数据中。

（7）注销登记。经主管部门批准废弃的水库大坝，其管理单位应在撤销前，向注册登记机构申请注销，填报水库大坝注销登记表，并交回注册登记证。

3. 安全鉴定管理

（1）安全鉴定统计。该功能用于根据水库最新一次的安全鉴定时间，对管辖水库的安全鉴定情况进行统计汇总，并依据《水库大坝安全鉴定办法》自动分析下次进行安全鉴定的时间，对水库进行排序。对于已经逾期的水库管理单位，督促相关县主管部门组织开展安全鉴定，以保障水库的安全运行和工程效益发挥。

（2）安全鉴定资料入库。该功能主要用于水库管理单位将安全鉴定信息进行入库，包括鉴定时间、安全评价单位、鉴定审核单位、鉴定结论、大坝安全等级等，并将鉴定报告、安全评价报告等资料进行归档。

4. 水库管理考核

（1）指标管理。根据相关国家及行业规范，将水库安全管理考核划分为组织管理、安全管理、运行管理、经济管理四个部分。管理人员能够针对水库的工程类型、工程级别等相关因素，对指标、考核内容、标准分、评分原则等相关信息进行管理和维护。系统提供各水利工程指标查询、编辑、删除等功能。

（2）任务分配。水库管理单位领导可以基于水库安全管理考核指标，通过系统平台为各科室的职工制定相应的工作任务、时间节点、预期成果及配合的科室与人员等内容。

（3）任务考核。

1）责任人自评。各科室职工须及时将自己的工作任务完成情况反馈到系统平台，根据考核标准、考核细则对自己的工作完成情况进行自评，并将考核结果报上级领导审查评分。

2）分管领导审查。水库管理单位分管领导根据各科室职工的任务完成情况，对自评结果进行审查评分，填写审查意见，并将审查意见及评分结果反馈给各职工。

3）主管领导审核。水库管理单位主管领导根据各科室职工的任务完成情况，对各职工的评分结果进行审核，填写审核意见，将审核意见及评分结果反馈给各职工。

（4）考核结果管理。管理人员能够查询水库管理单位各科室职工的任务考核结果，查询结果以表格、柱状图、饼状图等多种方式进行展示，系统提供相关图表输出、打印的功能。

5. 档案管理

（1）整编归档管理。图档的归档有两种方式：①由公文流程等模块进行直接归档；②由档案管理员进行的手工归档。如果是第二种方式，则在进行图档的归档前需要建立或编辑图档存储的目录结构（即编目）。系统须提供添加新编目、修改编目、删除编目、发布/撤销发布编目、拷贝编目以及作废编目的管理功能。

（2）图档录入。图档录入步骤如下：

1）选择项目名称进入该项目结构树界面。

2）点击需要的设计阶段、分项或设计专业，进入图档列表。

3）图档自动复制至服务器。

4）填写图档属性页面（属性有项目信息、基本信息和归档信息三张卡片）。

5）对已修改图档的操作完成后，系统将有"已存在该图档"的提示，并选择升级或覆盖。

（3）查询检索管理。系统主要提供以下两种图档查询功能：

1）编目查询。用户可以根据编目结构进行图档的搜索及浏览。

2）快速查询。用户可以根据"图档名称"及"关键字"进行图档快速搜索。

（4）图档的预览。图档录入后，系统提供对档案的预览功能，相关人员可以在大概了解图纸内容后，进行进一步的操作。

（5）分级授权功能。系统须提供强大的分级授权功能，以满足实际管理需要，并可以对分类目录、案卷、档案、原件进行相关权限操作设置，以保证数据在采集、存储、处理、传递、使用过程中的安全。

（6）检索、浏览、统计、查询服务。

1）提供包括模糊查找等多种形式任意组合的查询方法。

2）可按用户权限浏览 JPG、TIFF 图像，DWF、DXF、DWG 等图形文件，以及 Word、Excel、RTF、PDF、TXT 等格式的文件，也可按用户需求提供其他格式的文件浏览。

3）提供 Web 方式的查询界面。

4）形成案卷目录汇总、卷内档案目录汇总、档案分类目录汇总，实现历年归档数量统计、归档电子原件或实物统计、部门/个人借阅情况统计、档案原件浏览/下载统计。

5）实现归档率、完整率和准确率的统计及相关信息维护功能。

6. 防汛值班

因汛期容易突然发生暴雨、洪水、台风等灾害，防洪工程设施在自然环境下运行也会出现异常现象，所以水库汛期执行 24 小时值班制度和领导带班制度。汛期值班人员的主要工作内容为：了解掌握汛情，包括雨情、工情、灾情等；对发生的重大汛情等要整理好值班记录，以备查阅和归档保存；及时掌握防洪工程运行和调度情况，及时报送险情、灾情及防汛工作信息；严格执行交接班制度，认真履行交接班手续等。针对防汛业务需求，系统开发了防汛组织查询、防汛值班管理、防汛日志记录、防汛记录查询、待办事项登记及查询和常用电话查询等功能。

防汛组织查询：可在线快速查询防汛组织机构，了解每个人的职责及联系方式，以便发现问题及时传达与上报。

防汛值班管理：用于查询当前值班人员及带班领导信息，以及历史及未来的值班计划。班次安排主要用于在线编制防汛值班表，按照轮班规则排定班组班次。

防污日志记录：填写防汛值班过程中发生的汛情、险情及其处理情况以及指挥调度命令执行情况等。

防汛记录查询：可按照值班人员、记录类型、起止时间查询防汛值班记录。

待办事项登记：在交接班过程中，上一班次把未完成的事项记录到系统中，供下一个班次的人员参考执行。

待办事项查询：查询历史待办事项执行情况。

常用电话查询：主要用于快速查询防汛相关的单位、部门以及人员的电话，如气象预报单位、上级防指、下游村庄联系人等。

7. 物资与设备管理

水库的物资作为水库防汛抢险的重要资源，其重要性不言而喻。为加强防汛物资的管理，发挥好度汛物资在防洪期间的作用，提高防汛仓库存储管理水平，系统开发了从物资采购计划制订到入库管理、出库管理、盘存以及物资库存查询等全面功能，可以对防汛物资的计划申请、采购、入库、出库、使用情况、实时库存情况、账目等有条不紊地进行管理。

计划录入：根据水库管理单位的需要录入防汛物资采购计划，需要录入的内容包括物资名称、数量、采购时间、单价、品牌、来源等信息，并可以发起防汛物资采购计划流程。

物资入库：对防汛物资进行入库登记，登记的内容包括采购人、物资信息、数量、采购单价、存放位置等。

物资出库：对防汛物资进行出库登记，登记的内容包括领料人、物资信息、数量、用途、领料时间等。

库存盘点：定期进行库存盘点，了解库存情况，对库存进行清理。

实时库存：显示水库运管单位防汛物资的实时库存，可以根据物资名称、物资类别进行查询。

8. 综合办公管理

（1）公文管理。公文管理包括各种文件、公文的拟稿、审核、签发环节。系统具有公文的签收、登记、拟办、批办、承办等功能，可将办结的公文自动归档并进行网上流转，实现了公文处理和管理的自动化，包括收文管理、发文管理、公文传输、公文回执、归档管理以及督办催办。

（2）会议管理。会议管理功能可实现会议室资源的申请与撤销（有优先级别限制，会议室资源做到可视化），以及会议通知、会议纪要的发布等。会议通知除了具备在网上发布和个人消息提醒功能以外，还能将短信发布到参会者手机上，参会者亦可通过手机确认是否参会。

（3）信息发布管理。系统支持新闻稿件的分拣和选择，提高了新闻宣传工作的效率。

（4）考勤管理。该功能可按不同时间点来设置考勤时间，并可进行完善的考勤统计；能按职级显示个人工作日志。具体如下：

1）对于许多考勤活动，需要通过审批流程进行管理，通常包括外勤、加班、请休假等考勤分类。

2）支持以短信方式通知相关人员。

3）可对某段时间内人员的个人考勤情况进行查询，查询的结果包括每日上下班的出勤记录以及考勤审批的记录。

4）部门考勤员可根据自动考勤记录和个人考勤记录，确定部门人员的出勤情况。

5）对登记的考勤记录，部门负责人可以定期进行确认，一般为按月确认。

6）支持中控考勤机的配置和对接管理。

4.6　水库水情信息发布与管理

4.6.1　水情信息发布与管理

信息发布分为面向公众的一般信息发布和面向特定人群的内部预警信息发布。面向公众的一般信息发布通过 Web 浏览方式可浏览与水雨情相关的各类信息，这些信息主要包括实时和历史上下游水位和降水量、汛限水位、正常蓄水位、设计洪水位、校校核洪水位、死水位、库容等。

4.6.2　信息发布系统总体架构

信息发布系统总体架构采用面向服务的体系结构（service - oriented architecture, SOA），即 SOA 架构。SOA 是一个强调松耦合基于宏服务的架构，通过契约给服务消费者可用的服务交互。在此架构下，面向信息发布的某些应用功能能够彼此分块，使这些功能可以单独用作单个的应用程序或组件，为整个水库大坝信息发布系统服务。利用 Web 服务可以实现 SOA 架构技术。Web 服务是一种新的 Web 应用程序分支，具有自包含、自描述、模块化的应用特征，并可以发布、定位和通过 Web 调用。Web 服务可以执行从简单请求到复杂处理的任何功能，作为一种新型应用程序可以使用标准的互联网协议，如 HTTP 和 XML，将功能纲领性地体现在互联网和内部局域网中。在网络应用程序开发中，可将 Web 服务作为 Web 上的组件进行编程。一旦部署以后，其他 Web 应用程序可以发现并调用部署的服务。因此，Web 服务能够很好地解决不同组件模型、开发工具、程序语言和应用系统在网络环境中互相沟通和合作的问题，并且在多个方面都有独特的优势，具体体现在如下几方面。

（1）内容更加动态。一个 Web 服务能够兼容来自多个不同数据源的内容。

（2）带宽更加便宜。Web 服务可以分发各种类型的内容（音频流、视频流等）。

（3）存储更加灵活。Web 服务可以处理大量不同类型的数据，使用数据库、缓冲、负载平衡等技术，使其有着很强的可扩展性。

（4）高兼容性。Web 服务不要求客户必须使用某个版本的传统浏览器，兼容各种设备平台、各种浏览器、各种内容形式。

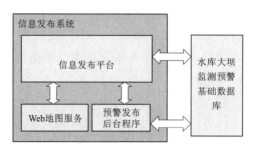

图 4.8 信息发布系统总体框架

信息发布系统主要将地图功能设计为 Web 服务，对外通过 Web 服务接口为 Web 用户提供服务。开发用户通过 Web 服务 API 调用平台提供的服务和自己的业务应用进行集成。预警发布功能作为服务器上运行的后台程序，在服务器启动后按时扫描数据库，通过一定规则对外发布预警信息。信息发布系统总体框架如图 4.8 所示。

4.6.3 信息发布功能描述

（1）地图浏览。地图浏览主要提供地图漫游、定位、图层管理、信息标注、几何量测、地图查询等功能，具体描述如下：

1）地图漫游。提供地图放大、缩小、平移功能，用于浏览地图信息。在面向公众时，采用公共地图服务引擎，提供网络地图服务功能；面向专业管理用户，除提供公共地图服务外，也提供自定义和专题地图信息服务。

2）定位。通过输入坐标信息，地图自动定位到相关位置。

3）图层管理。通过用户操作切换和加载不同的图层，有影像层、矢量层、地形图层、专题图层等，可实现不同目的的浏览。

4）信息标注。将兴趣点标注在地图上，兴趣点相关属性可查询编辑，并可通过兴趣点编码链接更多的相关信息。

5）几何量测。提供基于地图的长度、面积等交互量测功能。

6）地图查询。通过输入位置名称，可在地图上自动定位到相关位置，并显示相关属性信息。

（2）基础信息浏览。

1）工程和水文概况。以网页形式显示工程特性表和水库工程概况描述，包括险情记录与报告表、水位、泄量、下游河段安全泄量、相应洪水频率和水位围表、坝址工程地质条件、坝体填筑和坝基处理情况、工程运行管理条件、水库运行及洪水调度方案等信息。

2）水文气象信息。动态展示水库大坝及相关流域不同位置水位、温度实时信息，显示相关流域气象信息。

3）水库大坝相关示意图。在网页上以平面图像（非地图）形式显示水库大坝相关的重要图形，包括水库及其下游重要防洪工程和重要保护目标位置图、水库枢纽平面布置图及淹没风险图等。

（3）预警发布。预警发布功能只有具备一定管理员权限的人员使用，其基础的预警数据来源于系统数据库中的预警分析数据。在预警分析结果的基础上，预警发布面向更广泛的管理人员，在一定规则支持下，通过短信和邮件方式进行内部预警。预警流程以 Web 服务方式内部运行，其管理界面通过网页开放给用户，如图 4.9 所示。

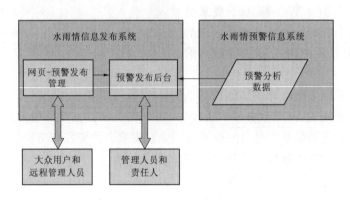

图 4.9 预警发布功能管理示意图

1）预警信息管理。用于管理水库大坝管理人员、相关责任人、受影响相关责任人的基础信息和发布信息内容，设置预警级别。

2）后台预警发布。以后台运行方式，通过定时扫描检查水库大坝监测预警信息系统内相关的预警分析结果，启动短信和邮件预警发布流程，实现内部预警功能。

（4）系统管理。

1）用户管理即用户权限管理，通过设置不同角色赋予不同权限来管理所有用户。一方面，权限与角色关联；另一方面，用户作为相关角色的成员。由于一个组织的行为特征和功能是比较稳定的，从而其角色是比较稳定的。而相比之下，角色所关联的用户和权限是动态的，通过用户—角色、角色—权限的关联，与直接的用户—权限关联的访问控制模型相比，简化了授权管理工作的复杂度。

权限控制主要分为数据权限和功能权限。数据权限是当前用户只能对本身权限范围内的数据进行操作。功能权限是当前用户只能使用本身权限范围内的功能。根据业务职能对用户授予不同的角色，这些角色被定义为不同权限，由此定义了一般用户、工作用户和管理用户。

一般用户：可以浏览、查询系统所提供的向大众发布的非保密的信息和数据。

工作用户：除享有一般用户的权限之外，系统又赋予其一定的使用系统部分功能的权力。

管理用户：系统赋予其特殊功能权限，其对系统的使用权高于一般用户和工作用户。只有管理用户才具有系统管理层的使用权限。

2）日志管理主要由按用户账户访问情况、按用户账户查询、按模块菜单查询、按日期查询等四个功能部分组成。

按用户账户访问情况管理功能：主要对系统的访问情况进行管理，该模块记录了所有用户登录系统的情况，包括最早访问时间、最后访问时间、访问次数、访问 IP 地址等。

按用户账户查询功能：主要可以按某个用户账户的访问情况、使用情况或按指定用户账户的日志记录进行过滤，同时可以对导出的查询结果进行二次处理。

按模块菜单查询功能：主要可以按某个功能模块的访问情况、使用情况或按指定菜单的访问日志记录进行过滤，同时可以对导出的查询结果进行二次处理。

按日期查询功能：主要可以按某个日期范围查找系统的访问情况、使用情况，按日期范围排查系统的日志记录，可以对导出的查询结果进行二次处理。

4.6.4 地图服务

地图服务是面向大众信息发布的重要功能，涉及海量的影像、矢量、专题数据和属性数据。开发和维护一个地图服务功能对开发和运行维护人员提出了很高的要求。通常，国内外各大地图引擎公司（如 Google Map、Microsoft Bing Map、Mapabc、Mapbar）提供了这类面向公众的基础地图服务。面向公众的服务平台通常具有较高的并发访问量，功能相对较单一，但对访问效率的要求较高；同时对公众事件的敏感性和关注度比较高，如 Google 针对汶川地震推出专题地图。在技术角度，各大地图引擎公司通过服务器集群，提供多级空间数据的缓存机制，可以有效解决由于高并发量导致系统性能下降的瓶颈。公众还可以通过调用地图引擎公司提供的 API（应用程序接口），实现基于地图服务的应用开发。

与地图引擎公司相比，政府主导的面向公众的水库大坝空间信息共享平台的优势在于，数据的权威性、现势性，内容的完备性和准确性（基础数据和专题数据）。但地图引擎公司往往已经运营很长时间，运作机制比较灵活，同时积累了较多的公开网站的建设经验。这类网站在公众中有一定的影响力，公众的参与度也较高。此外，维护一个信息量巨大的地图服务也不是一般管理单位能够承受的。国内外一些大的地图提供商拥有较完整的卫星影像数据，在一些偏远地区也能获得较高分辨率的影像。因此，一个有效的地图解决方案是整合国内外地图服务，并结合自己发布的专题数据，形成地图组合服务模式。

服务组合技术主要是针对研究区数据不完备的情况而设计的。某些情况下，研究区的基础地形数据不完备，此时设计服务组合技术的总体思路是：在现有数据服务前提下，通过叠加在线数据服务（如 Google Map Microsoft Bing Map、天地图等）对研究区的数据进行服务层面的弥补。服务组合技术的基本结构如图 4.10 所示。

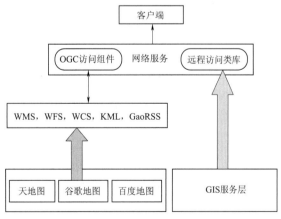

图 4.10　服务组合技术的基本结构

4.7　问　题　研　讨

　　水、能源和粮食作为维持社会稳定发展的生存资源，存在着相互关联、相互依存、相互制约的纽带关系。推动黄河流域生态保护和高质量发展，需要在把握"水-能源-粮食"之间"传导—耦合—协同"的复杂关系和作用机制基础上，分析当前黄河流域"水-能源-粮食"的相互作用关系，科学提出黄河流域粮食生产、能源开发与水资源调配的协同优化路径，从而促进全流域高质量发展。

　　试就黄河流域"水-能源-粮食"的相互作用关系和协同多目标优化问题展开研讨。

课　后　阅　读

［1］《灌溉实时调度研究进展》，顾世祥、傅骅、李靖，《水科学进展》，2003 年。

［2］《泾惠渠灌区配水管理决策支持系统研究》，刘双、侯丽雅、张海宾，《地下水》，2010 年。

［3］《光伏功率扰动下的水电机组海鸥优化模糊 PID 控制研究》，曹飞、钱晶、邹屹东等，《电机与控制应用》，2022 年。

［4］《基于分数阶 PID 控制和粒子群算法的水电机组开机优化》，张官祥、罗红俊、廖李成等，《中国农村水利水电》，2021 年。

［5］《兼顾功角稳定的水电机组调节系统模糊滑模控制器的设计》，孔繁镍、蓝天顺、骆铭等，《中国农村水利水电》，2022 年。

［6］《改进 PSO-BPNN 供水泵站变频恒压 PID 控制》，余梦龙、张进朝、文豪等，《电子测量技术》，2023 年。

［7］《乳化液泵站自动控制系统的研究》，张斌，《机械管理开发》，2021 年。

［8］《变频调角双调节轴流泵机组在大型泵站中的优化运行研究》，侯国鑫、刘梅清、梁兴等，《中国农村水利水电》，2020 年。

［9］《水库群蓄水调度多目标随机规划与聚类分析》，全雨菲、徐斌、岳浩等，《水力发电学报》，2023 年。

［10］《水库工程管理信息化建设现状及管理探究》，张瑞国，《中国设备工程》，2022 年。

［11］《基于实时水情信息的水库防洪调度研究》，耿贵江，《黑龙江水利科技》，2020 年。

［12］ *Water savings with irrigation water management at multi-week lead time using extended range predictions*. Adrija R，Raghu M，A. K. S，et al. *Climate Services*，2022.

［13］ *Nonlinear finite-time control of hydroelectric systems via a novel sliding mode method*. Runfan Z，Xinyi R，Apel M M，et al. *IET Generation*，*Transmission & Distribution*，2022.

［14］ *Comparative analysis of PID*，*IMC*，*infinite H controllers for frequency control in hydroelectric plants*. korassaï，Aurelien T Y，Djalo H，et al. *Control Science and Engineering*，2019.

［15］ *Load frequency control of hydro-hydro power system using fuzzy-PSO-PID with application of UC and RFB*. Milan J，Gulshan S，Emre Ç. *Electric Power Components and Systems*，2023.

［16］ *Spatial variability in Alpine reservoir regulation*：*deriving reservoir operations from streamflow using generalized additive models*. Irene M B，Philippe N. *Hydrology and Earth Sys-*

tem Sciences，2023.

［17］ *Assessing the effect of irrigation water management strategies on napier productivity—a review.* Ntege I，Kiggunda N，Wanyama J，et al. *Agricultural Sciences*，2021.

［18］ *Application of remote sensing and geographic information systems in irrigation water management under water scarcity conditions in Fayoum，Egypt.* Abdelhaleem Fahmy Salah，Basiouny Mohamed，Ashour Eid，et al. *Journal of Environmental Management*，2021.

［19］ *Integration of distributed power sources to hydro power system subjected to load frequency stabilization. Chandan Kumar Shiva，B Vedik，Ritesh Kumar. International Journal of Engineering and Advanced Technology（IJEAT）*，2019.

课 后 思 考 题

（1）什么是水文数据库？其特点和功能都有哪些？

（2）水轮机调节系统的控制方法有哪些？

（3）简述泵站自动控制系统的组成及其功能。

（4）简述水利信息综合调度的目的。

资源 4.6

资源 4.7

第5章

智慧水利工程案例

知识单元 与知识点	1. 农业物联网智能管控 2. 海绵城市建设 3. 水系科学调度 4. 水电机组状态监测与故障诊断
重难点	重点：农业物联网智能管控、水电机组监测与智能诊断 难点：海绵城市建设、水系科学调度
学习要求	1. 熟悉农业水利物联网智能管控系统开发流程 2. 理解水电机组状态监测与故障诊断技术 3. 了解海绵城市建设和水系科学调度系统 4. 思考智慧水利相关科学技术在我国重大水利工程中的发展趋势

5.1 农业水利物联网智能管控系统

资源 5.1

农业水利物联网智能管控系统需要安装哪些传感器？应该实现哪些功能？结合你的思考，我们来看下面的案例。

5.1.1 系统总体设计

农业水利物联网智能管控系统的目的在于解决温室大棚的无人值守问题。针对目前温室大棚的现状，比如难以控制大棚内的 CO_2 浓度、棚内温度以及棚内土壤水分等，运用了新兴的物联网技术，开发了一套应用于温室大棚的物联网系统。本系统可以解决目前温室大棚内各物理量的自动检测以及自动在所设定的阈值内驱动对应的外接设备动作。

对该系统的设计如下：

（1）农业水利物联网智能管控系统主要可分为采集器、控制器、网关、路由器、中间件和用户客户端。其中采集器主要负责采集各传感器信息，并将传感器信息发送到网关；控制器主要负责响应用户的操作并使对应的继电器闭合或者断开，同时反馈继电器的当前状态给网关；网关主要负责收集来自采集器和控制器的数据，并将此数据发送到局域网内的网站或建立在公网上的服务器；路由器分为无线路由器和 4G 路由器；中间件是用户安装在电脑主机上或者是放在服务器上的，主要负责对来自网关的数据进行分离处理，并将对应的数据发送到位于同一位置的网站上；用户客户端主要是用于进行人机交互。

（2）传感器有三根线，分别为电源线、接地线以及输出电压或输出电流线。其工作原理是将采集到的数据转换为输出线上为模拟量的电压或者电流值。

采集器主要用于处理来自传感器的数据。传感器有土壤水分传感器、土壤温度传感器、光照强度传感器、环境温度传感器、CO_2浓度传感器。采集器可以将传感器上发送的模拟量进行 AD 转换，转换为计算机可以识别的数字量。

（3）控制器的输出是八路继电器，它可以实时地将八路继电器的状态信息发送到网关，同时也可以接收来自网关的控制信息，对相应的继电器进行操作。

（4）网关起到的是中介的作用，是下位机与上位机之间沟通的桥梁。网关与采集器和控制器之间的连接方式为无线连接，在采集器、控制器和网关通电之后，进行自组网，完成连接。

（5）中间件主要的作用是进行数据的初步处理，将收到编码的十六进制数据转换为十进制数，并发送到网站。

（6）用户客户端是人与机器进行直接交互的界面。在用户客户端界面中，用户可以实时查询监测点的各个物理量信息，还可以查询各物理量变化的曲线图，以观察变化趋势。同时在界面中用户还可以将不同的传感器信息绑定到任意的八路继电器的输出，也可以开启或者关闭系统的自动控制功能或者是设置自动控制时各传感器测得的物理量的上下阈值来进行实现自动控制功能。

系统总体框架如图 5.1 所示。整套系统以无线通信和互联网技术作为基础，利用传感器以及上位机软件实现了物联功能。各个传感器通过测量对应的物理量，并将数据信息以模拟量的形式发送至采集器的输入口，采集器通过 AD 转换成可供计算机识别的数字量，并将该数据信息发送给网关。控制器会实时读取八路继电器的状态（闭合或断开），将此状态信息发送给网关。所有的数据在发送的时候都需要转换成字节，

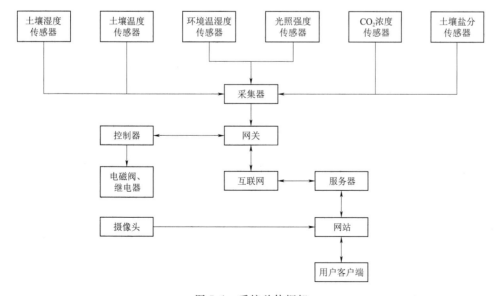

图 5.1　系统总体框架

再进行发送。

方法论

整体和部分不可分割，整体是由部分构成，部分是整体的部分。我们既要树立全局观念又要搞好局部，必须重视局部的作用，使整体功能得到最大限度发挥。对于工程问题，也需要整体分解，逐个突破，再合而为一，达到事半功倍的效果。

5.1.2 系统硬件设计

5.1.2.1 传感器

1. 土壤湿度传感器

土壤湿度传感器如图5.2所示，其主要依据测量的土壤容积含水量对土壤墒情做出判断，支持农业灌溉和林区的防护。土壤湿度传感器的基本原理是利用土壤含水量不同导致土壤介电特性不同来间接地测量土壤含水量。对于固定结构的电容式的水分传感器，其电容量与两极之间的被测物质的介电常数存在着正比例的函数关系。而水的介电常数通常比一般物质的介电常数要大，因此在当土壤的水分增加时，两极的介电常数相应增大。根据传感器的电容量与土壤水分之间的关系便可测出土壤的水分。产品参数如下：

输出：0～2V 电压输出

土壤容积含水率量程：0～100％RH

精度：1％RH

探针长度：7cm

探针直径：3mm

探针材料：不锈钢

密封材料：环氧树脂

测量精度：±3％

工作温度范围：－30～70℃

输出连接线：标准配置 2m

2. 土壤温度传感器

土壤温度传感器如图5.3所示，土壤温度传感器主要用于土壤温度测量，为育苗和播种提供科学依据。主要利用热电阻在不同温度下电阻阻值会发生改变的原理制作而成。其测量范围也较广，最低可测量－200℃的低温，最高可测量800℃的高温。

产品参数如下：

输出：0～2V 电压输出

温度测量范围：－20～100℃

精度：0.1℃

金属探头可浸没

输出连接线：标准配置 2m

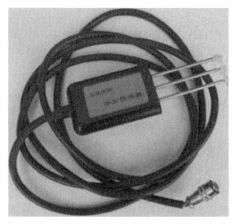

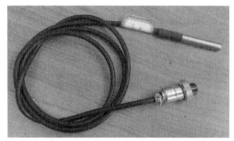

图5.2 土壤湿度传感器 　　　　图5.3 土壤温度传感器

3. 环境温湿度传感器

环境温湿度传感器包括热电阻传感器和湿度传感器。

热电阻传感器主要是利用导体或半导体的电阻阻值会随着温度变化而发生变化的原理制成的。常见的热电阻传感器有金属热电阻和半导体热电阻两大类。热电阻传感器测量温度范围较广，可用来测量$-200\sim850℃$范围内的温度。此次设计中采用的就是基于热电阻测量的传感器。

湿度传感器测量湿度的基本原理是利用湿敏元件在不同湿度下的导电特性的不同。湿敏元件主要可分为基于电阻式和基于电容式两大类，分别为湿敏电阻和湿敏电容。

湿敏电阻主要是在其基片上覆盖一层具有感知湿度能力的特殊材料制成的薄膜，当空气中的水蒸气被吸附在薄膜上时，改变了湿敏电阻的电阻率，进而导致元件的电阻值发生变化，这样依据湿敏电阻的电阻值的变化可以间接地反映出空气湿度。

湿敏电容是由高分子材料制成的薄膜电容。当环境内湿度发生变化时，湿敏电容两极间的介电常数发生变化，使湿敏电容上的电容量发生相应的变化，电容的变化量与相对湿度成正比。利用这一特性可以制成湿度传感器。基于湿敏电容的环境温湿度传感器如图5.4所示。

产品参数如下：

输出：电压$0\sim10V$

温度测量范围：$-40\sim123℃$

温度精度：正负不超过$0.3℃$

湿度量程：$0\sim99.9\%RH$

湿度精度：正负不超过$3\%RH$

分辨率：$0.1℃/0.1\%RH$

输出连接线：标准配置2m

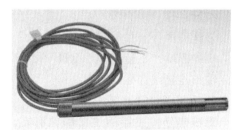

图5.4 环境温湿度传感器

4. CO_2浓度传感器

CO_2浓度传感器分为红外式CO_2传感器和电化学气体传感器。

红外式 CO_2 浓度传感器的原理是利用红外线发生器发射的红外线辐射照射空气中的 CO_2 气体，当气体中 CO_2 的浓度发生变化时，CO_2 浓度传感器测量到的红外返回波也就会发生变化。

电化学气体传感器是利用气体在电极发生的电化学反应，检测电极上的电压或者电流来感知气体的种类和浓度。其最大的特点在于存在电解质以及与电解质直接接触的电极。

CO_2 含量的测量采用的是基于红外式的原理，如图 5.5 所示。与电化学原理相比，红外式的测量的主要优点在于具有温度补偿、高可靠性、不与其他气体发生反应、使用寿命长。

产品参数如下：

电压输出：$0 \sim 5V$ 电压输出

测量范围：$0 \sim 5000ppm$

精度：$50ppm$

响应时间：$< 30s$

预热时间：$3min$

工作温度：$0 \sim 50℃$

输出连接线：标准配置 2m

图 5.5　CO_2 浓度传感器

5. 光照强度传感器

光照强度传感器如图 5.6 所示，其工作原理主要是让不同角度的光线透过余弦修正器汇聚到感光区域。再经过蓝色和黄色的滤光片过滤掉可见光以外的光线，再让可见光照射到光敏二极管上，利用光敏二极管，将可见光强度大小转换成电信号。

产品参数如下：

输出：$0 \sim 5V$ 电压输出

量程：$0 \sim 200000Lux$

灵敏度：$100 \mu V/Lux$

精度：$1Lux$

工作温度：$-40 \sim 80℃$

工作湿度：不超过 $90\%RH$

输出连接线：标准配置 2m

6. 土壤盐分传感器

土壤盐分传感器的主要部件有石墨电

图 5.6　光照强度传感器

极以及可以进行温度补偿的热敏电阻，如图 5.7 所示。主要依据是土壤含盐量不同导致土壤的电导率不同，通过测量电导率就可以转换出土壤的盐分含量。

产品参数如下：

输出：$0 \sim 2V$ 电压输出

盐分测量范围：$0.01\sim0.3mol/L$

最小读数：$0.01mol/L$

电导率测量范围：$0\sim20mS$

最小分辨率：$0.01mS$

工作条件：环境温度为$-10\sim60℃$，相对湿度为小于90%

平衡时间：小于$20s$

输出连接线：标准配置$2m$

图 5.7 土壤盐分传感器

5.1.2.2 采集器和控制器

采集器、控制器与网关之间利用了 ZigBee 技术来实现无线通信。ZigBee 是近几年兴起的一种短距离、低复杂度、低功耗、低成本的双向无线通信技术。利用该技术可以实现终端节点的联网，并通过互联网连接方式对终端的节点进行跟踪和管理。系统的采集器与控制器会在通电后自动与网关进行组网连接，以接收采集器和控制器的数据。

设备搭建分成两个阶段：在第一个阶段里，采集器的数量和控制器的数量只有一组，采集器接有 5 个传感器，如图 5.8 所示，分别测量土壤温湿度、CO_2 浓度、光照强度、土壤水分和空气温湿度等 5 个物理量数据。控制器的控制输出是八路继电器，如图 5.9 所示，额定电压为 220V 的交流电，额定电流为 15A。继电器的连接也较为简单，只需要将继电器的输出口串接进控制回路即可。考虑到目前仅是证明设备的可用性，加入了灯泡、电磁阀以及水泵等相关驱动设备。第二个阶段中，考虑到目前设备仅有一个检测土壤水分的土壤湿度传感器，而在现实情况里，一个传感器智能监测一个点，而一个点的物理量信息不能准确反映一片区域的实际状态。因此在第二个阶段为了解决这一问题，采购了第二组采集器，添加了 3 个土壤湿度传感器以及 1 个盐分传感器。同时为了增加可控性，也引入了另外一组拥有八路继电器输出的控制器。

图 5.8 采集器

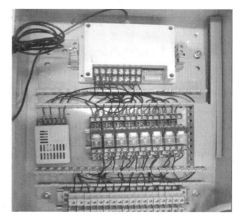

图 5.9 控制器

每次重开软件进入界面时，系统会将控制器的开关状态反馈到网关，并经由网关发送到网站进而被软件接收，主界面如图 5.10 所示。

设备ID	编号	控制点	在线	更新时刻	点击执行对应操作
74D3B50A004B1200	01	电磁阀	在线	2017-05-25 12:41:05	断开
74D3B50A004B1200	02	J2	在线	2017-05-25 12:40:55	闭合
74D3B50A004B1200	03	J3	在线	2017-05-25 12:40:55	闭合
74D3B50A004B1200	04	J4	在线	2017-05-25 12:40:55	闭合
74D3B50A004B1200	05	J5	在线	2017-05-25 12:40:55	闭合
74D3B50A004B1200	06	J6	在线	2017-05-25 12:40:55	闭合
74D3B50A004B1200	07	灯 光	在线	2017-05-25 12:40:55	闭合
74D3B50A004B1200	08	电动机	在线	2017-05-25 12:40:55	断开
80EE0F0E004B1200	01	J1	在线	2017-05-25 12:40:55	断开
80EE0F0E004B1200	02	J2	在线	2017-05-25 12:40:55	断开
80EE0F0E004B1200	03	J3	在线	2017-05-25 12:40:55	闭合
80EE0F0E004B1200	04	J4	在线	2017-05-25 12:40:55	断开

图 5.10　主界面

5.1.2.3　网关

网关叫作协议转换器或网间连接器。网关的主要作用是在网络层以上实现网络互连，是最复杂的网络连接设备，但它仅能用于两个高层协议不同的网络的相互连接，主要充当一种实现转换重任的计算机系统或者设备。网关不仅仅能用于广域网内设备的相互连接，也能用于局域网内设备的连接。网关的实质是一个网络通向其他网络的 IP 地址。在没有路由器的情况下，TCP/IP 协议会根据子网掩码来判定两个网络中的主机是否处于相同的网络中。对于处于相同网络中的主机，它们之间可以直接通信。但是对于处于不同网络中的主机，在没有路由器的情况下是不能直接通信的，此时必须要有网关承担信息传递的中介，以实现两个不同网络中主机的通信。位于两个不同网络中的主机在发送数据包时，若发现发送数据包的目标主机不在本地网络中，那么它会把自己的数据转发给自己的网关，经由自己的网关将数据包发送到目标主机所在网络的网关，目标主机所在网络的网关再将此数据包发送到其所负责网络中的目标主机。因此，只要设置好网关的 IP 地址，利用 TCP/IP 协议就可以能实现位于不同网络的主机之间的相互通信。

在设计中，可分为局域网、广域网两种方式。

在局域网内，各设备的 IP 地址均为 "192.168.＊＊＊.＊＊＊" 方式，以 "192.168" 开头的 IP 地址表明其为局域网内的 IP 地址。中间件所处计算机的 IP 地址设置为 "192.168.1.57"，因此在配置两个网关的时候应该将网关的 IP 地址设置为 "192.168.1.57"，让此网关的数据包的目标地址指向中间件所在的主机，从而使得数据包可以经由网关发到中间件上。

在广域网内，网关应该指向一个公网的 IP，这要求网关应该具备单独上网的功能。为了解决这一问题，可以使用工业用的 4G 路由器，实现网关的单独上网。同时使用一个具有公网 IP 地址的服务器，将中间件与搭建的网站放在这个服务器上，再将网关的指向 IP 绑定为该公网 IP 值 "211.149.156.166"。做到这一步便实现了主机通过访问互联网的方式读取下位机的采集器信息和控制下位机的控制器，实现了物联网的基本要求。

5.1.2.4 相关驱动设备

1. 电磁阀

设计中采用的是常闭电磁阀（图5.11），型号为 2W-025-08，流量孔径为 16mm，常见的额定电压有 AC220V、DC24V 和 DC12V 三种，此次采用的是额定电压为 DC24V、额定电流为 2A 的产品，不能直接接在 220V 的交流电压上，因此需要额外外接一个开关电源。

2. 水泵

设计中采用的水泵是浙江利欧股份有限公司生产的型号为 XKJ1104S、功率为 0.75kW 的自吸喷射泵，其输入电压为三相

图 5.11　电磁阀

380V 电压，如图 5.12 所示。由于其输入电压为三相的 380V，因此需要外接变频器，采用的是单向输入的三相 220V 输出功率为 0.75kW 的变频器，如图 5.13 所示，具体型号为 VFD-V-2T0007B。同时考虑到水泵输入需要 380V，因此应将水泵的接线方式由星形调整为三角形。

图 5.12　水泵

图 5.13　变频器

3. 开关电源

由于电磁阀不能直接外接在 220V 的交流电源上，因此，使用了 AC220V 转 DC24V 的开关电源。该开关电源支持三路输出，额定电压为 220V，额定电流为 10A，满足于三路输出接电磁阀最大电流为 2A，因此可以支持设备的正常工作。开关电源如图 5.14 所示。

5.1.3　系统软件设计

5.1.3.1　C♯语言简介

C♯语言是微软公司在 2000 年 6 月发布的一门新的编程语言，是为程序框架而创

图 5.14　开关电源

造的语言。它支持面向对象的编程，是专门为 .NET 的应用而开发的一门编程语言。C♯语言继承了 C 语言的语法风格，但是同时又继承了 C＋＋面向对象的编程特性。C♯语言简洁，保留了 C＋＋的强大功能，同时具有快速应用开发功能以及语言的自由性。

5.1.3.2　可视化界面

软件设计主要采用 C♯语言编写，实现平台软件界面设计以及自动控制的相关功能。平台软件的主界面主要分为三个界面，分别为物联管控、视频—图像、标准值设置。

在图 5.15 所示的物联管控界面中，软件将已连接设备的 ID 以及各传感器的数据显示在了界面中。在这个界面里，用户可以实时查看客户端软件接收到的传感器数据以及控制器反馈回来的控制器状态，即闭合或者断开，同时可以通过点击界面上相应按钮驱动对应的继电器闭合或断开，从而达到驱动负载的作用。

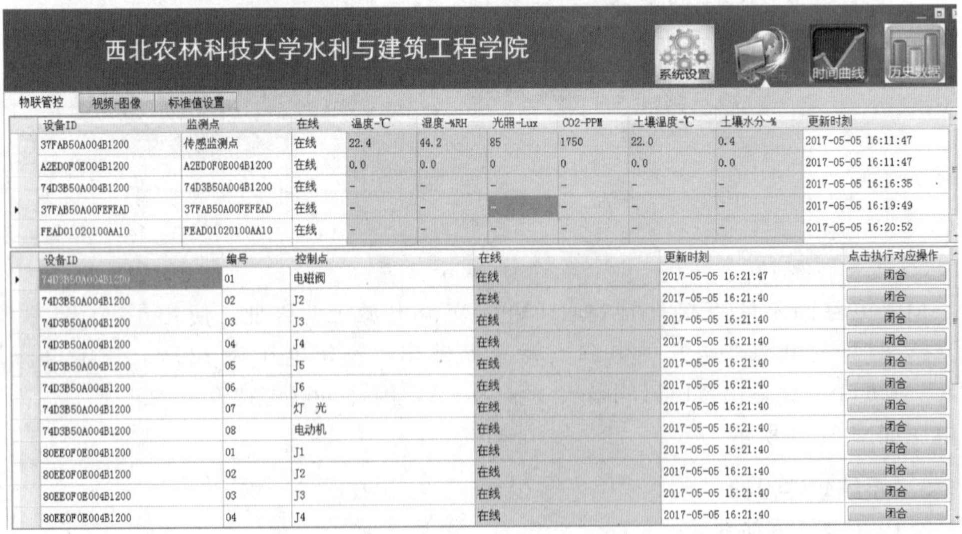

图 5.15　物联管控界面

在图 5.16 所示的标准值设置界面中，软件可以实现对于 4 个采集点的土壤湿度、空气湿度、CO_2 浓度以及光照强度的自动监测与控制功能。系统中存在两组控制器，因此在设置绑定时应考虑到这一问题。在这个界面中，用户可以通过设置对应物理量的上下阈值来启动或者关闭控制功能。同时，用户可将所需要进行的控制操作绑定到两组控制器中任意一组中的八路继电器的某一路输出上。此外，输入文本支持自检功能，当输入错误的文本或者输入的信息不正确时，会提示用户输入错误。比如系统中只存在两组继电器，当尝试将土壤湿度绑定的控制器设置为第 3 组第 5 路时，则提示错误，如图 5.17 所示。这一部分的处理主要是利用了两个函数，分别是 Judge_hanzi() 与 Judge_number()。

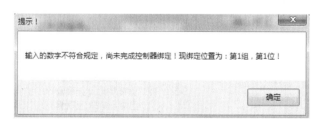

图 5.16　标准值设置界面

图 5.17　输入错误提示

Judge_hanzi() 函数会检测输入的文本中是否存在汉字，代码中的[\u4e00 -\u9fa5] 代表符合《信息技术中文编码字符集》（GB 18030—2022）的字符集，Judge_hanzi() 函数本质上是汉字的 unicode 编码值。如果输入的字符存在 unicode 编码值在这个范围内，说明存在汉字，应予以报错。

Judge_number() 函数会检测输入的文本是否为正确的形式。主要是进行两个方面的判断：一是判断是否全部为 0～9 的数字，对于小数，不可能存在两个小数点，对于这一点在编写函数时也被考虑进去了；二是判断是否输入了汉字字符，如果输入了汉字，则提示输入错误。

将这两个函数结合起来使用就可以准确识别用户输入的字符是否正确地执行了相应的程序。

界面右下角有 5 个按钮，分别是设备 ID 查询、显示绑定信息、显示上下限信息、绑定信息还原以及上下限置零。

图 5.18　设备 ID 查询

1. 设备 ID 查询

用户通过点击该按钮可以查看已连接客户端在线设备的 ID 值。在设备出现故障的时候，该按钮可以帮助用户方便地找出下位机可能存在的问题。在设备实际的运行过程中也可以通过这个按钮显示的信息来检测下位机设备的连接情况，保证设备的正常工作。其显示界面如图 5.18 所示。

2. 显示绑定信息

用户通过点击该按钮可以查看各传感器信号与控制器的对应情况，以判断是否符合预期，同时可以检查用户的设置是否已被写入客户端。控制器默认全部绑定在第一组继电器上，依次绑定在 1～7 位继电器上。绑定信息如图 5.19 所示。

3. 显示上下限信息

用户通过点击该按钮可以查看各传感器设置的上下限值，也可以获知已设置自动控制的物理量。同时通过该按钮可以查看已设置的上下阈值是否设置成功。上下阈值、上下限默认值为零，即不开启自动控制功能。上下限查询如图 5.20 所示。

图 5.19　绑定信息

图 5.20　上下限查询

4. 绑定信息还原

用户通过点击该按钮可以将所有的绑定全部恢复为默认值，相当于复位操作。当用户需要取消全部绑定时，可以通过单个按钮完成操作，便于使用。绑定信息设置如图 5.21 所示。点击确认以后，提示用户设置成功，如图 5.22 所示。

图 5.21　绑定信息设置　　　　　图 5.22　设置成功显示

5. 上下限置零

用户通过点击该按钮可以将所有的上下限全部恢复为默认值，相当于复位操作，一键可以取消设备的自动控制功能。当用户需要取消设备的自动控制功能时，可以通过单个按钮完成操作，在功能上更加人性化。上下限界面如图 5.23 所示。设置成功后提示如图 5.24 所示。

图 5.23　上下限界面　　　　　图 5.24　设置提示

在图 5.25 所示的视频—图像界面中，用户可以查看已连接设备的摄像头定时传递的照片信息。在实际的使用过程中，先确定需要进行图像采集的采集点，安装指定型号的摄像头，让摄像头经由 4G 路由器上网自动将图片传送到位于服务器上的网站，用户通过软件平台就可以查看户外采集点实时的图像信息。

5.1.4　系统调试与运行

在完成了上位机软件的调试和编写之后，需要将设备连接起来搭建完整的物联网系统用以查看整套系统的运行情况。系统搭建过程就是对已有设备的一个连接过程，主要是采集器与控制器、控制器输出、网关、服务器以及相关辅助设备的连接。

1. 采集器与控制器

采集器上分别有上下两个指示灯。下指示灯为电源指示灯，其亮红灯表示电源接

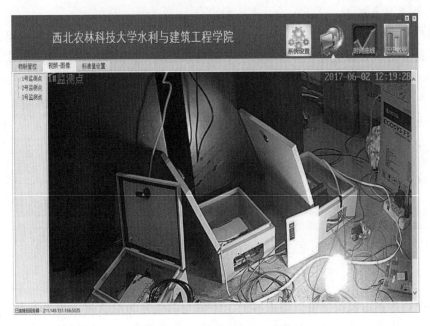

图 5.25　视频—图像界面

通；上指示灯为运行状态灯，首次上电时会长亮，表示正在搜寻网络，当灯熄灭后表示已经加入网络，正常运行时，当采集器收发数据时会闪烁绿灯。

控制器继电器端子有 9 个，其中最左端的为控制器的电源输入口，其余八路是控制器的继电器输出。控制器和采集器的电源输入都是 220V，但在其内部有一个开关电源，具有将 220V 电压转换为 24V 的能力。

2. 控制器辅助设备连接

辅助设备主要为 220V 转 24V 的开关电源，其主要作用是作为电磁阀的电源。因为已购买的电磁阀的额定电压为 24V，民用的 220V 电压无法直接使用，因此需要使用开关电源进行转换。其中每一个开关电源具有输出三路的能力。在接线时只需要将开关电源的输出作为电磁阀的输入，将控制器的继电器输出与电磁阀串联接入电路即可。

3. 网关与服务器的设置

设计中使用的网关是与采集器和控制器配套使用的，它具有与周围相关设备自动连接的功能。在使用时只需要将网关的远端服务器域名设置为服务器的 IP 地址即可。服务器主要的作用是为物联网系统中的中间件提供一个公网的 IP 地址，在这里将网关指向的 IP 地址设置为 "211.149.151.166"，使网关通过互联网访问的方式可以与中间件取得联系。同时可以为网站提供公网的网址，使用户可以通过访问网页的方式实时读取传感器和控制器的数据信息。网关配置界面如图 5.26 所示。

4. 平台软件运行

平台软件运行时，在其主界面可显示各控制器继电器的实时状态，同时将接收到的传感器的数据实时显示在界面中，如图 5.27 所示。

图 5.26 网关配置

图 5.27 运行主界面

用户可以通过标准值设置界面来启动相应的自动控制功能。若将 CO_2 浓度的上下阈值设置为 2000 和 1000，将土壤湿度上下阈值设置为 50 和 0，并分别将其绑定在第二组的 1 号和 2 号继电器上，绑定信息如图 5.28 所示，上下限信息如图 5.29 所示。

经过两个周期的延迟时间，自动控制效果如图 5.30 所示。

思考

通过该案例，请总结农业水利物联网智能管控系统的功能，以及可以进一步拓展的监测指标、控制功能有哪些？

绑定信息！	提示！
土壤湿度：第2组，第2位 空气湿度：第1组，第2位 光照强度：第1组，第3位 CO_2 浓度：第2组，第1位 土壤湿度3：第1组，第5位 土壤湿度1：第1组，第6位 土壤湿度2：第1组，第7位	土壤湿度：上限值：50　　下限值：0 土壤湿度1：上限值：0　　下限值：0 土壤湿度2：上限值：0　　下限值：0 土壤湿度3：上限值：0　　下限值：0 空气湿度：上限值：0　　下限值：0 光照强度：上限值：0　　下限值：0 CO_2 浓度：上限值：2000　下限值：1000
确定	确定

图 5.28　绑定信息查询结果　　　　　　　　　图 5.29　上下阈值查询结果

设备ID	编号	控制点	在线	更新时刻	点击执行对应操作
74D3B50A004B1200	01	电磁阀	在线	2017-06-02 12:15:14	闭合
74D3B50A004B1200	02	J2	在线	2017-06-02 12:15:15	闭合
74D3B50A004B1200	03	J3	在线	2017-06-02 12:15:15	闭合
74D3B50A004B1200	04	J4	在线	2017-06-02 12:15:15	闭合
74D3B50A004B1200	05	J5	在线	2017-06-02 12:15:15	闭合
74D3B50A004B1200	06	J6	在线	2017-06-02 12:15:15	闭合
74D3B50A004B1200	07	灯　光	在线	2017-06-02 12:22:50	闭合
74D3B50A004B1200	08	电动机	在线	2017-06-02 12:15:15	闭合
80EE0F0E004B1200	01	J1	在线	2017-05-25 12:40:55	断开
80EE0F0E004B1200	02	J2	在线	2017-05-25 12:40:55	断开
80EE0F0E004B1200	03	J3	在线	2017-05-25 12:40:55	闭合
80EE0F0E004B1200	04	J4	在线	2017-05-25 12:40:55	断开
80EE0F0E004B1200	05	J5	在线	2017-05-25 12:40:55	闭合
80EE0F0E004B1200	06	J6	在线	2017-05-25 12:40:56	闭合
80EE0F0E004B1200	07	J7	在线	2017-05-25 12:40:56	闭合

图 5.30　自动控制效果

5.2　西咸新区海绵城市

　　海绵城市建设应该包括哪些方面的内容？目前还存在哪些问题？让我们一起来看西咸新区海绵城市的案例。

5.2.1　西咸新区海绵城市建设概况

　　西咸新区是经国务院批准设立的首个以创新城市发展方式为主题的国家级新区，新区自成立以来，一直重视开展雨水综合利用相关工作，在各层次规划中落实低影响开发理念，积极开展雨水综合利用研究和试点项目建设，并出台相关标准和规定，将海绵城市建设纳入常态化的管理和建设中。2012 年初，西咸新区沣西新城管委会与西安理工大学、西安市政设计研究院联合开展了"沣西新城雨水净化与利用技术研究与应用"研究，并在此基础上，制定了《西咸新区生态滤沟系统设计指南（试行）》和《西咸新区雨水花园系统设计指南（试行）》，进一步指导工程设计。

2015 年 4 月,西咸新区成功申报"2015 年海绵城市建设试点城市";2015 年 5 月,《陕西省西咸新区海绵城市建设试点三年实施计划》编写完成并获批,为今后三年新区海绵城市建设制定了详尽的实施计划。

西咸新区海绵城市建设试点区域为沣西新城核心区,南起西宝高速新线,北至统一路,西至渭河大堤,东至韩非路,总面积约 22.5km² 。

2015—2017 年,西咸新区海绵城市建设试点区域计划启动各类涉及海绵项目 77 项,主要包括同德佳苑、康定和园等 4 处保障房类项目,尚业路、沣景路等 21 处新建市政道路类项目,统一路、咸阳职业技术学院等 6 处旧城改造类项目,环形公园景观工程、白马河景观改造工程等 5 处公园绿地类项目,渭河防洪治理、沣河防洪治理等 4 处防洪治理类项目,渭河滩面治理、沣河滩面治理等 3 处水生态修复类项目,渭河污水处理厂等 4 处 PPP 类项目,交大创新港、大数据产业基地等 14 处社会投资类项目,以及其他类海绵城市建设项目 16 项。

5.2.2 水体生态岸线综合提升

5.2.2.1 监测与评价方法

河道生态岸线综合提升工程进展主要通过卫星图片遥感解译植被恢复长度的方式开展,同时配以现场实测及查看生态提升工程的进展,评估生态岸线综合提升的效果。以沣西新城河湖水系专项规划中三条天然河道蓝线保护长度为目标,将遥感监测或现场监测得到的生态岸线综合提升长度与其比较确定项目的完工率。

生态岸线提升工程进度监测频次为每半年实施一次遥感监测,即 2 次/年,同时辅以现场实测与调查,以印证遥感监测结果。

5.2.2.2 监测结果分析

1. 遥感监测

分别采用 2015 年 5 月 26 日的 SPOT7 卫星遥感数据(分辨率 1.5m)、2016 年 6 月 22 日的 SPOT7 卫星遥感数据(分辨率 1.5m)、2017 年 5 月 1 日的 GF1 卫星遥感数据(分辨率 2m)、2015 年 10 月 11 日的 SPOT7 卫星遥感数据(分辨率 1.5m)、2016 年 11 月 5 日的 GF2 卫星遥感数据(分辨率 1m)、2017 年 10 月 26 日的 IKONOS 卫星遥感数据(分辨率 0.5m)对生态岸线情况进行遥感分析。

采用波段 234(绿色波段、蓝色波段和红外波段)进行叠加合成图像,通过近红外波段和红色波段的数据计算得出归一化差分植被指数 NDVI,并通过可视化方式将植被覆盖区域显示出来,最终通过 ArcGis 进行植被部分的统计工作。

由于岸线提升工程施工过程会对原有生态岸线造成临时性的破坏,故已完工生态岸线提升长度及剩余天然岸线长度之和与蓝线目标长度会有一定的差距,且随工程推进和季节变化岸线长度会有一定的波动,但可以肯定的是随着生态提升工程的完工,新城试点区域内三处天然河道岸线将全部恢复原有岸线长度,同时实现水环境质量改善及驳岸生态景观功能。

三处河道生态提升工程的岸线长度遥感解译结果见表 5.1。

表 5.1   生态岸线长度遥感解译结果

监测项目	目标长度/km	生态岸线长度/km					
		2015 年 5 月	2015 年 10 月	2016 年 6 月	2016 年 11 月	2017 年 5 月	2017 年 10 月
渭河	10.40	9.85	10.01	9.48	9.65	9.98	10.26
沣河	2.85	2.49	2.58	1.83	0.73	0.33	2.79
新河	2.00	1.45	0.95	1.28	1.55	1.50	1.49

注 生态岸线长度数据为已完成生态提升长度与原有生态岸线长度的累加值。

2. 现场实测

开展遥感监测的同时，还分别于 2016 年 11 月、2017 年 5 月、2017 年 10 月三个时段对渭河、沣河、新河等水体生态岸线长度（包括已完成生态提升长度与原有生态岸线长度）做了现场踏勘与测量，实测生态岸线综合提升长度见表 5.2。

表 5.2   生态岸线长度现场实测结果

监测项目	目标长度/km	生态岸线长度/km		
		2016 年 11 月	2017 年 5 月	2017 年 10 月
渭河	10.40	9.39	9.76	10.4
沣河	2.85	0.82	0.50	2.85
新河	2.00	1.61	1.55	1.52

注 生态岸线长度数据为已完成生态提升长度与原有生态岸线长度的累加值。

由表 5.1 及表 5.2 的生态岸线长度数据可见，遥感解译数据与实测数据吻合度较高，仅存有微小差异，这也印证了遥感数据的可靠性。两种方式数据差异主要是由于岸线监测时由于季节因素或植被刚刚栽种、枝叶脱落或稀疏，影响遥感图像对植被信息的提取，进而造成遥感监测与实测数值略有出入。

5.2.3 地下水埋深变化

5.2.3.1 监测与评价方法

试点区域共分 6 个排水分区，根据调研和查阅资料发现，试点区域附近有 3 眼地下水埋深监测井，可作为地下水埋深的背景监测点，除此之外，分别在 6 个排水分区内由北向南共布设了 12 眼常规监测井。由于试点区域内拆迁工作的影响，2017 年初对监测点位做了微调，将西张一村监测井位置调整至统一路北，监测井数量保持不变，仍为 12 眼监测井、3 眼背景井。

试点区域内的地下水监测点分布在东张村、西张一村、西张二村、马家寨、王道村、和兴堡和统一路等地点。2016 年 5 月开始进行现场踏勘和调研，6 月开始对已确定的地下水监测井进行了 3 次/月的地下水埋深观测，共监测 19 次，2017 年共监测 36 次。各监测点位周边环境状况见表 5.3。

表 5.3 地下水监测井及周围环境特征

序号	地点	监测数量/个	周 围 环 境 特 征
1	东张村	2	耕地未被征用，蔬菜种植密集，化肥农药用量多，浇灌频繁，监测井周围卫生环境差
2	西张一村	3	大部分耕地已被征用，蔬菜种植面积少，化肥农药用量少，监测井周围卫生环境较好
3	西张二村	2	大部分耕地已经被征用，目前闲置状态的土地很多，周围大棚蔬菜少，化肥农药用量少，浇灌频繁，监测井周围卫生环境较好
4	马家寨	2	耕地还未被征用，蔬菜种植较少，灌溉用水少，监测井周围环境较好
5	王道村	1	蔬菜种植较少，苗木较多，灌溉用水相对较少，监测井周围环境较好
6	和兴堡	2	蔬菜种植少，灌溉用水相对少，监测井周围环境较好

5.2.3.2 监测结果分析

试点区域 2016 年下半年地下水埋深平均为 12.81m。各监测点的地下水埋深波动范围在 0.2~1.0m 之间，平均波动范围 0.5m，其中 5 个监测点的水位埋深波动范围保持在 0.2~0.4m，5 个监测点波动范围在 0.4~0.6m 以内，只有 2 个监测点的波动范围在 0.7~1.0m。试点区域内 80% 以上的监测井年内平均埋深波动范围不超过 0.6m，这说明除个别监测井外大部分监测井年均地下水埋深变化基本保持稳定。

对比试点区域 3 个背景井的历史地下水埋深数据可以看出，试点区域地下水埋深呈逐年上升趋势。其中，2016—2017 年背景井地下水平均埋深较 2013—2015 年上升 3.43m。

试点建设以来，新城已在渭河边建设集中式应急水厂，建成后将服务于区内 70% 以上的用户，逐步封闭地下水源井取水，严控地下水超采；加之海绵城市建设大量新增的绿色屋顶、透水铺装、生物滞留设施、生态湿地、人工渗井等雨水设施，有效增加降雨入渗、水源涵养，回补地下水。随着海绵城市试点建设的全域化推广，未来新城地下水位下降趋势将得到进一步缓解。

5.2.4 天然水域面积保持程度

5.2.4.1 监测与评价方法

试点区域内分布的天然水域主要有渭河（新河入渭口至咸阳铁桥段）、沣河（吴家庄至统一路段）、新河（连霍高速桥至新河入渭口段）三处。通过卫星遥感解译的方法获取试点区域内 2015 年、2016 年、2017 年三条天然河道水域面积，监测频次为每半年实施一次遥感监测，即 2 次/年。具体的监测时间为 2015 年 5 月、2015 年 10 月、2016 年 6 月、2016 年 11 月、2017 年 5 月及 2017 年 10 月。通过分析以上时段河道水域面积变化情况及海绵城市建前（以 2015 年 5 月为代表）与海绵城市初步建成时（以 2017 年 10 月为代表）天然水域面积增减情况，综合判定该指标的达标情况，若海绵城市建设后水域面积大于建设前则视为该指标达标。

5.2.4.2　监测结果分析

分别采用 2015 年 5 月 26 日的 SPOT7 卫星遥感数据 (分辨率 1.5m)、2015 年 10 月 11 日的 SPOT7 卫星遥感数据 (分辨率 1.5m)、2016 年 6 月 22 日的 SPOT7 卫星遥感数据 (分辨率 1.5m)、2016 年 11 月 5 日的 GF2 卫星遥感数据 (分辨率 1m)、2017 年 5 月 1 日的 GF1 卫星遥感数据 (分辨率 2m)、2017 年 10 月 26 日的 IKONOS 卫星遥感数据 (分辨率 0.5m) 对水域面积进行遥感分析。以 2017 年 10 月为例，遥感解译结果如图 5.31 所示。

图 5.31　2017 年 10 月天然水域遥感解译结果

三年试点建设期内，渭河、新河、沣河三条河流天然水域面积保持良好，且较 2015 年海绵城市建设前有所增加，渭河水域面积增加了约 25.4%，新河水域面积增加了约 5.7%，沣河水域面积增加了约 22.7%，总体上三条河流水域面积均有不同程度的增加，其间无填占水体开发建设行为发生。

5.2.5　地表水环境质量监测

5.2.5.1　地表水环境监测方案及评价方法

根据《水质　采样方案设计技术规定》(HJ 495—2009) 的断面布设原则，对于海绵城市建设区域内过境河段——渭河、沣河、新河，在每条河流设置入境断面和出境断面各 1 个，共计 6 个监测断面。在综合考虑监测原则、河岸地貌特点和采样实际条件的前提下，断面具体位置尽量选在了有桥梁、易采样的地点。其中，渭河入境监测断面位于连霍高速渭河桥 (W1)，出境监测断面位于渭河三号桥 (W2)；沣河入境监测断面位于马家庄村段 (F1)，出境监测断面位于连霍高速渭河桥 (F2)；新河入境监测断面位于曹家滩村段 (X1)，出境监测断面位于新河口交通桥 (X2)，详见图 5.32。

地表水监测指标包括常规污染指标：水温、化学需氧量 (COD_{Cr})、高锰酸盐指数 (COD_{Mn})、总氮 (TN)、氨氮 ($NH_3 - N$)、总磷 (TP)、pH、溶解氧 (DO) 等 8 项；水体黑臭评价指标：透明度、氧化还原电位 (ORP)、表观污染指数 (SPI) 等 3 项；径流污染指标：以悬浮物 (SS) 为代表，共计 12 项监测指标。

地表水监测分常规监测和洪水期监测。根据《污水监测技术规范》(HJ 91.1—2019) 对国控监测断面的要求，常规监测每月 1 次，洪水期监测在日降雨量大于 10mm 的有效降雨结束后 24h 内完成地表水采样监测工作，力争使小、中、大各种典型降雨每年有 1～2 场可用数据。

地表水环境质量评价以地表水水质调查分析资料和水质监测数据为基础，参考《环境影响评价技术导则　地表水环境》(HJ 2.3—2018) 和《地表水环境质量评价办法 (试行)》(环办〔2011〕22 号)，采用单因子评价法进行评价。

图 5.32 地表水监测断面位置示意图

[注：根据陕西省水功能区划（陕政办发〔2004〕100号）文件，渭河流域属于水功能
二级区划，渭河咸阳公路桥至沣河入口，水质目标为Ⅳ类；沣河西安市农业及排污控制区，
由秦渡镇至入渭口，水质目标为Ⅳ类]

以《地表水环境质量标准》（GB 3838—2002）Ⅳ类标准为基准（沣河断面以Ⅲ类
标准为基准），将各监测点位的单项水质参数取算术平均值后代入式（5.1）～式
（5.6）计算标准指数。

$$S_{i,j} = \frac{c_{i,j}}{c_{si}} \qquad (5.1)$$

式中：$S_{i,j}$ 为水质参数 i 在第 j 取样点的标准指数；$c_{i,j}$ 为水质参数 i 在第 j 取样点的
实测值；c_{si} 为水质参数 i 的允许标准限值。

pH 值的标准指数为

$$S_{\mathrm{pH},j} = \frac{7.0 - \mathrm{pH}_j}{7.0 - \mathrm{pH}_{sd}} \qquad \mathrm{pH}_j \leqslant 7.0 \qquad (5.2)$$

$$S_{\mathrm{pH},j} = \frac{\mathrm{pH}_j - 7.0}{\mathrm{pH}_{su} - 7.0} \qquad \mathrm{pH}_j > 7.0 \qquad (5.3)$$

式中：$S_{\mathrm{pH},j}$ 为 pH 值在第 j 取样点的标准指数；pH_j 为 pH 值在第 j 取样点的实测
值；pH_{sd} 为 pH 值的允许标准下限值；pH_{su} 为 pH 值的允许标准上限值。

DO 的标准指数为

$$S_{\mathrm{DO},j} = \frac{|\mathrm{DO}_f - \mathrm{DO}_j|}{\mathrm{DO}_f - \mathrm{DO}_s} \qquad \mathrm{DO}_j \geqslant \mathrm{DO}_s \qquad (5.4)$$

$$S_{DO,j} = 10 - 9\frac{DO_j}{DO_s} \qquad DO_j < DO_s \qquad (5.5)$$

$$DO_f = 468/(31.6 + T) \qquad (5.6)$$

式中：$S_{DO,j}$ 为 DO 在第 j 取样点的标准指数；DO_f 为温度 T 时的饱和溶解氧浓度；DO_j 为 DO 在第 j 取样点的实测值；DO_s 为 DO 的允许标准限值。

黑臭水体评价参照《城市黑臭水体整治工作指南》相关标准，对沣西新城境内黑臭水体——新河进行评价，主要评价指标为透明度、溶解氧（DO）、氧化还原电位（ORP）和 $NH_3 - N$。根据表观污染指数（SPI）评价水体表观质量，参考标准如下：SPI≥70，水体表观质量差；45≤SPI<70，水体表观质量较差；25≤SPI<45，水体表观质量尚可；10≤SPI<25，水体表观质量较好；SPI<10，水体表观质量好。

5.2.5.2 水质监测结果分析

地表水环境质量监测工作包括常规期监测和雨洪期监测，主要监测对象为流经西咸新区示范区内的渭河、沣河、新河3条河流的6个监测断面，下面以渭河为例进行分析。

1. 化学需氧量（COD_{Cr}）监测结果分析

2017年除5月、6月、9月外，渭河出入境断面 COD_{Cr} 浓度监测值均在Ⅳ类水质标准范围内（图5.33）。

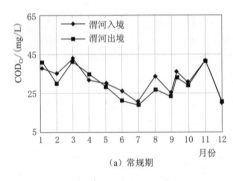
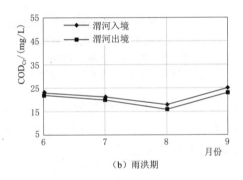

（a）常规期 　　　　　　　　　　　　　（b）雨洪期

图 5.33 渭河出入境断面 COD_{Cr} 监测结果

2. 高锰酸盐指数（COD_{Mn}）监测结果分析

入境断面2017年1—12月期间 COD_{Mn} 监测值大部分在Ⅳ类水质标准限值以下，出境断面2017年1—12月期间 COD_{Mn} 监测值均在Ⅳ类水质标准限值以下（图5.34），可见下游水质有明显好转。

3. 总氮（TN）监测结果分析

2017年1—12月期间，常规期渭河 TN 监测值均在Ⅳ类水质标准范围外（图5.35）。雨洪期 TN 浓度较Ⅳ类水质指标值仍然大很多，但是雨洪期的 TN 浓度在不断减小，说明上游来水水质不断变好。

4. 氨氮（$NH_3 - N$）监测结果分析

2017年1—12月期间，常规期渭河出入境断面 $NH_3 - N$ 监测值大部分在Ⅳ类水质标准限值以内，只有出境断面在12月监测值超标严重（图5.36），整体相对较好。

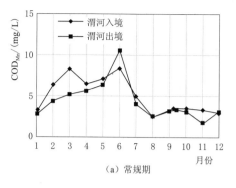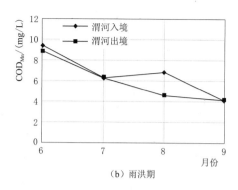

（a）常规期　　　　　　　　　　（b）雨洪期

图 5.34　渭河出入境断面 COD_{Mn} 监测结果

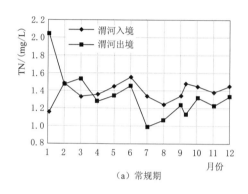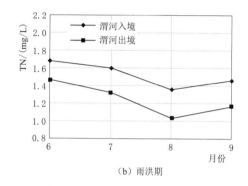

（a）常规期　　　　　　　　　　（b）雨洪期

图 5.35　渭河出入境断面 TN 监测结果

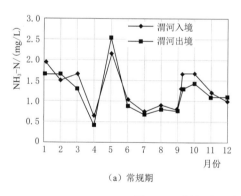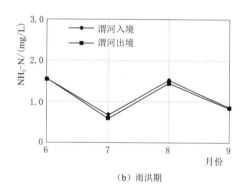

（a）常规期　　　　　　　　　　（b）雨洪期

图 5.36　渭河出入境断面 NH_3 - N 监测结果

5. 总磷（TP）监测结果分析

渭河出入境断面 2017 年 1—12 月期间 TP 监测值部分在Ⅳ类水质标准限值以上，而 9 月以后 TP 浓度在Ⅳ类水限值以下，可见在这一段时间水质有所好转（图 5.37）。

5.2.5.3　黑臭水体（新河）水质监测结果分析

1. 透明度监测结果分析

新河入境断面 2017 年 1—12 月期间透明度监测值大部分在轻度黑臭限值以下，部分在重度黑臭限值以下（图 5.38），可见上游来水水质较差。出境断面 2017 年 1—

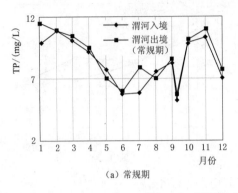

（a）常规期

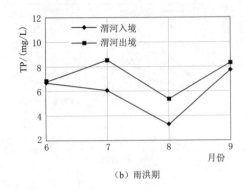

（b）雨洪期

图 5.37 渭河出入境断面 TP 监测结果

12 月期间透明度监测值大部分在轻度黑臭限值以下，部分在重度黑臭限值以下（图 5.38），可见下游水质较差。由图 5.38 可知，新河入境、出境断面透明度均值达到轻度黑臭水平，沿河段水质无显著变化。其中，新河入境断面 25％数据达到重度黑臭级别，50％数据达到轻度黑臭级别；新河出境断面 19％数据达到重度黑臭级别，56％数据达到轻度黑臭级别。

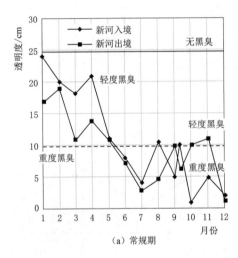

（a）常规期

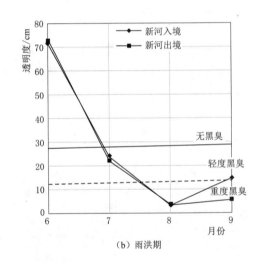

（b）雨洪期

图 5.38 新河透明度监测结果

2. 溶解氧（DO）监测结果分析

新河入境断面 2017 年 1—12 月期间 DO 监测值部分在轻度黑臭限值以下，而 8 月后 DO 监测值在轻度黑臭限值以上（图 5.39），可见上游来水水质有所好转，夏季后无黑臭现象。

出境断面 2017 年 1—12 月期间 DO 监测值均在轻度黑臭限值以上（图 5.39），可见下游水质较好，无黑臭现象。由图 5.39 可知，新河入境、出境断面 DO 均值未达到黑臭水平，沿河段水质无显著变化。其中，新河入境断面 25％数据达到轻度黑臭级别；新河出境断面无数据达到黑臭级别。

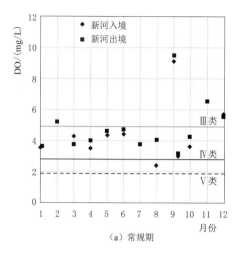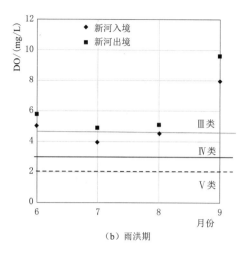

图 5.39　新河 DO 监测结果

3. 氨氮（NH₃-N）监测结果分析

新河入境断面 2017 年 4—7 月期间 NH₃-N 监测值大部分在轻度黑臭限值以下，7 月后 NH₃-N 监测值均在轻度黑臭限值以下（图 5.40），可见上游来水水质有所好转，夏季后无黑臭现象。

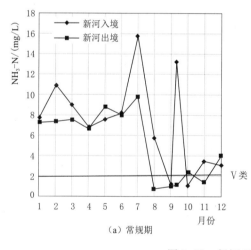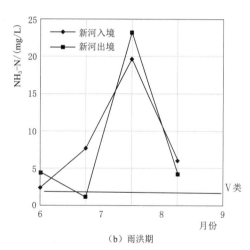

图 5.40　新河 NH₃-N 监测结果

出境断面 2017 年 1—12 月期间 NH₃-N 监测值绝大部分在轻度黑臭限值以下，且有逐渐降低趋势（图 5.40），基本无黑臭现象。由图可知新河入境、出境断面 NH₃-N 均值未达到黑臭水平，沿河段水质无显著变化。其中，新河入境断面 25% 数据达到轻度黑臭级别；新河出境断面 12% 数据达到轻度黑臭级别。

4. 表观污染指数（SPI）监测结果分析

新河入境断面 2017 年 1—12 月期间 SPI 监测值部分在差限值以上，而 9 月后 SPI 监测值在差限值以下（图 5.41），可见上游来水水质略有好转。

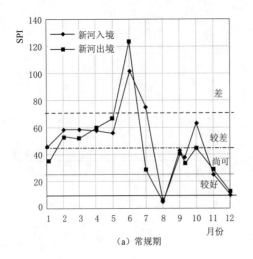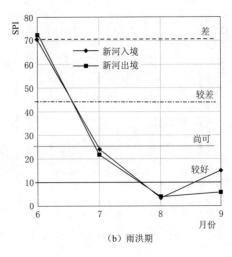

图 5.41 新河 SPI 监测结果

出境断面 2017 年 4—8 月期间 SPI 监测值部分在差限值以上，而 8 月后 SPI 监测值在差限值以下（图 5.41），可见下游水质略有好转。

由图 5.41 可知，新河入境、出境断面 SPI 均值达到较差水平，出境断面中位数达到尚可水平，沿河段水质有所好转。其中，新河入境断面 25% 数据达到差水平，44% 数据达到较差水平；新河出境断面 19% 数据达到差水平，25% 数据达到较差水平。

5.2.6 地下水质量监测

根据陕西省地下水污染特征和《地下水质量标准》（GB/T 14848—93）要求，选定的地下水水质监测指标包含 8 项，即包括 pH 值、总硬度、高锰酸盐指数、氨氮、氯化物、硝酸盐（以 N 计）、氟化物、铁。

2016 年 7 月开始对试点区域内的 12 眼地下水井进行水质检测，每月 1 次，共检测 6 次。2017 年开始进行每两个月一次的监测，全年监测 6 次，两年一共 12 次，2016 年 7 月地下水质监测结果见表 5.4。

表 5.4 　　　　　　　　　　**2016 年 7 月地下水质检测结果** 　　　　　　　单位：mg/L

监测点位	pH 值	总硬度	高锰酸盐指数	氨氮	硝酸盐（以 N 计）	氯化物	氟化物	铁
西张二村 1	7.48	550	1.1	0.226	ND	49.52	ND	0.07
西张二村 2	6.85	465	1.6	0.199	ND	89.33	ND	ND
马家寨村 1	7.75	388	2.5	0.217	1.07	67.8	ND	0.03
马家寨村 2	7.33	429	1.9	0.178	3.56	65.07	ND	0.04
王道村	7.10	355	1.8	0.167	0.65	90.48	ND	0.06
和兴堡村 2	7.22	383	3.4	0.183	2.12	51.32	ND	0.17
和兴堡村 1	7.52	380	1.9	0.107	0.37	48.05	ND	0.08
西张一村 3	7.15	460	1.6	0.199	9.95	42.79	ND	0.1

监测点位	pH 值	总硬度	高锰酸盐指数	氨氮	硝酸盐（以 N 计）	氯化物	氟化物	铁
西张一村 2	7.05	398	1.7	0.139	ND	44.27	ND	0.09
西张一村 1	7.29	310	1.5	0.428	0.76	52.59	ND	0.17
东张村 1	7.08	471	2.4	0.563	ND	64.31	ND	0.08
东张村 2	6.96	477	1.7	0.194	0.83	49.93	ND	0.77

由表 5.4 可以看出，2016 年 7 月试点区域 12 个监测点的检测指标中，pH 值、高锰酸盐指数、硝酸盐（以 N 计）、氯化物、氟化物和铁均达到地下水Ⅲ类标准，个别点位总硬度、氨氮超过地下水Ⅲ类标准，整体水质达标率为 86%。

从以上分析可以看出，试点区域地下水整体水质较好，地下水质量Ⅲ类标准的达标率 83%。

采用 F 值法对 2016 年试点区域内地下水质进行评价。

1. 评价方法

地下水质量评价以地下水水质调查分析资料或水质监测资料为基础，分别采用单项组分评价和综合评价，综合评价采用 F 值法进行评价。

（1）参加评分的项目应不少于规定的监测项目，但不包括细菌学指标。

（2）先进行各单项组分评价，划分组分所属质量类别。

对各类别按规定分别确定单项组分评价分值 F_i，见表 5.5。

表 5.5 　　　　　　　　　　地下水质量单项组分评分

类别	Ⅰ	Ⅱ	Ⅲ	Ⅳ	Ⅴ
F_i	0	1	3	6	10

2. 计算综合评分值

公式为

$$F = \sqrt{\frac{\overline{F}^2 + F_{max}^2}{2}} \qquad (5.7)$$

$$\overline{F} = \frac{1}{n} \sum_{i=1}^{n} F_i \qquad (5.8)$$

式中：$\overline{F}$ 为各单项组分评分值 F_i 的平均值；F_{max} 为单项组分评价分值 F_i 中的最大值；n 为项数。

根据 F 值按表 5.6 确定地下水质量级别。

表 5.6 　　　　　　　　　　地 下 水 质 量 分 级

级别	优良	良好	较好	较差	极差
F 值	<0.80	0.80～2.50	2.50～4.25	4.25～7.20	>7.20

3. 评价结果

F_i 计算结果见表 5.7。

表 5.7　　　　　　　　　　　F_i 计 算 结 果

监测点位	总硬度	高锰酸盐指数	氨氮	硝酸盐（以 N 计）	氯化物	氟化物	铁
西张二村 1	3	3	6	3	1	0	1
西张二村 2	3	2	3	3	1	0	1
马家寨村 1	3	3	6	3	1	0	1
马家寨村 2	3	3	6	0	1	0	3
王道村	3	2	3	0	1	0	1
和兴堡村 2	3	3	6	3	0	0	1
和兴堡村 1	3	3	3	0	1	0	1
西张一村 3	6	2	6	0	1	0	0
西张一村 2	3	3	6	1	1	0	0
西张一村 1	3	2	6	0	1	0	3
东张村 1	6	3	6	3	1	0	1
东张村 2	6	3	6	0	1	0	3

根据表 5.7 和式（5.8）可以计算出 $\overline{F}$，再根据式（5.7）计算出试点区域地下水的整体水质 F 值为 4.51，对照表 5.6 可知，其介于 4.25～7.20 之间，研究区 2016 年地下水质评价类别属于较差级别。

结合区域环境状况分析地下水质部分指标超标的原因，可能有以下三点：

（1）与区域的地貌结构类型及地质岩层类型有关。试点区域为黄土覆盖的冲洪积阶地，地下岩层里还有大量的钙离子、镁离子等，容易导致地下水中总硬度偏高。

（2）与当地人类活动影响有关。试点区域未新开发城市用地，大部分土地利用方式为农业用地，且以大棚蔬菜种植为主，兼有少量小麦和玉米。监测点附近环境相对较差，蔬菜种植期间农药和化肥的用量较大，在施肥过程中大部分肥料（包括人畜粪便）随着降雨和灌溉进入土壤和地下水中，使得水质超标。

（3）与区域内地下水开采程度有关。由于试点区域用水全部来自地下水，地下水超采严重，导致水质超标。

5.2.7　饮用水安全

5.2.7.1　监测方案及评价方法

目前沣西新城海绵城市试点区域尚无已建成的自来水厂，各地块供水均采用地下水，故水源水监测在地下水井处采样分析，饮用水则在用户水龙头处采样分析。根据目前沣西新城建设开发现状，在西部云谷（Ⅰ期）、总部经济园、同德佳苑三地的地下水井供水口各设有 1 处水源水采样点，同时在三地各选有 1 用户龙头水进行饮用水监测。

根据《生活饮用水卫生标准》（GB 5749—2006）、《城市供水水质标准》（CJ/T 206—2005）相关要求，选地下水源水和龙头饮用水进行采样分析，水源水和龙头饮用水检测指标有色度、浑浊度、臭和味、pH 值、高锰酸盐指数、细菌总数、总大肠菌群数、铁、锰、总硬度等 10 项；每两月开展一次水样采集和水质检测。

5.2.7.2 监测结果分析

自 2016 年 8 月以来，每两月开展一次采样并委托有计量认证资质的单位进行水质检测工作，共计检测 9 次（2016 年 8 月、2016 年 10 月、2016 年 12 月、2017 年 2 月、2017 年 4 月、2017 年 6 月、2017 年 8 月、2017 年 10 月、2017 年 12 月），2016 年 10 月检测结果见表 5.8。

表 5.8　　　　　　　　　　　　　2016 年 10 月地下水井水源水检测结果

序号	检测项目	单位	检测结果			标准限制
			西部云谷（Ⅰ期）	总部经济园	同德佳苑小区	
1	色度（钴铂色度单位）	—	<5	<5	<5	15
2	浑浊度（散射浑浊度单位）	NTU	0.1	0.7	0.1	3
3	臭和味	—	无异臭、异味	无异臭、异味	无异臭、异味	无异臭、异味
4	pH 值	—	8.4	8.2	8.3	6.5～8.5
5	铁	mg/L	<0.03	0.1	0.04	0.3
6	锰	mg/L	0.05	0.08	0.06	0.1
7	总硬度（以 $CaCO_3$ 计）	mg/L	78	111	71	450
8	COD_{Mn}	mg/L	0.9	1.0	3.0	3.0
9	总大肠菌群	MPN/100mL	未检出	未检出	未检出	3.0
10	菌落总数	CFU/mL	10	0	90	100

综合以上检测结果，可计算得出 2016—2017 年度 9 次饮用水（管网水）、水源水单指标合格率，见表 5.9。

表 5.9　　　　　　　　　　　　　水源水及饮用水合格率

编号	检测指标	单指标合格率/%
1	水源水	96.3
2	饮用水	100.0

价值观

习近平总书记曾在中央城镇化工作会议中讲到："解决城市缺水问题，必须顺应自然。比如，在提升城市排水系统时要优先考虑把有限的雨水留下来，优先考虑更多利用自然力量排水，建设自然积存、自然渗透、自然净化的'海绵城市'。"海绵城市建设具有多重重要意义，作为青年学生，要更加注重厚植爱国主义情怀，让爱国主义精神在心中牢牢扎根，矢志奉献国家。

思考

上面介绍了西咸新区海绵城市建设概况，以及水体生态岸线综合提升、地下水埋深变化监测、天然水域面积保持程度、地表水环境质量监测、地下水环境质量监测和饮用水安全等，你认为对以上监测方案和评价方法还可以如何改进和拓展？

5.3　福州城区水系科学调度系统

请思考水系科学调度的关键点和难点是什么？让我们一起来看福州城区水系科学调度系统案例。

5.3.1　建设背景和意义

1. 建设背景

福州市地处闽江下游的入海口，地势北高南低，城区北部三面环山、一面临江，山洪穿城而过，城市雨水主要通过雨水管网配入内河，再经排涝站排入闽江。由于依江傍海、毗邻台湾海峡的特殊地理位置，每年 7—9 月为台风暴雨季节，影响城市的台风数量多、频率高、降雨强、影响广，加上自身防洪排涝体系不完善，城市内涝时有发生，若恰逢闽江高潮水位，内涝灾害将更为严重。2005 年的"龙王"台风和 2016 年的"鲇鱼"台风均给福州市造成严重影响，市区大面积内涝、停水停电、交通中断，人民生命财产安全受到极大威胁。福州市内涝治理刻不容缓，利用先进技术手段减少内涝发生，减轻内涝影响，是建设智慧城市的要求，也是为建设开放、文明、和谐、幸福的新福州贡献力量。2016 年 3 月，福建省政府出台了《实施城市内涝防治三年行动计划（2016—2018 年）》，提出"从 2016 年起用三年时间，实现内涝防治水平明显提高，中小雨不积水，大雨暴雨不发生严重内涝，特大暴雨城市运转基本正常，不造成重大财产损失和人员伤亡"的目标。

为了加强城区防涝与水系调度的管理，福州市于 2017 年 3 月底正式揭牌成立福州市城区水系联排联调中心，这标志着城区内河水系治理和内涝防治从"九龙治水"向"统一作战"转型。设立这样的治水机构，改变治水工作机制，在福建省属首创。福州市城区水系联排联调中心主要负责库、湖、河、闸站"一站式"调度。汛期主要是防治内涝，非汛期主要是保持水质水量。按功能来说，包括海绵项目、内河黑臭及正常供排水、中水及水质监测等。还负责城区供排水及中水设施的运行调度，对供排水产品质量及服务情况进行评价。还负责组织开展城区供排水及中水设施市场化及考核，并负责制订海绵城区试点建设规划及考核标准。

福州城区水系科学调度系统是福州市城区内涝防治及城区水系"把水引进来、把水留下来、让水多起来、让水动起来、让水清起来"联排联调专项方案建设的重要内容。其主要建设目的是：综合考虑福州城区非汛时"水多水动"调度与汛时防洪排涝指挥调度的需求，根据内河水质、水动力等实时监测数据，依托科学调度系统实现对城区水系要素的联排联调，进而实现全市水系要素的"六可"——可测、可看、可考核、可追溯、可学习、可复制，以保证城区水系的科学调度。系统主要采用"信息化、自动化、智慧化"三大策略建设。运用大数据、物联网、云计算等技术手段，按照监测体系打造"眼"、数据分析打造"脑"、自动化控制系统打造"手"的思路，从基于"眼"的现状情势监测预警，到基于"脑"的未来情势预测预报以及实时的调度决策，再到基于"手"的人员、车辆和工程的实时指挥控制，打造出全方位的城区水系科学调度平台。

2. 建设意义

建设统一的福州城区水系科学调度系统，基于多源排水防涝数据，采用窄带传感网、空间分析、三维仿真、移动互联、大数据、云计算、空间分析等技术，提供城市排涝设施管理、雨水管道清疏检测健康保障服务，提高排涝决策、应急调度、现场抢险工作成效，实现综合化城市内涝治理，减少内涝灾害损失，全面提升福州城区防涝、治涝水平。

5.3.2 科学调度模型

针对强降雨频发造成的福州城区内涝灾害和城市水体水质恶化等问题，构建包括数值天气预报模型、洪水预报模型、一维河道模型、二维河道模型、一维管网与地面二维模型、水质模型、调度模型及调度方案编制等在内的城市水系统水量水质模拟模型集。

1. 数值天气预报模型

利用高分辨率数值天气模式预报区域降水，并驱动水文模型进行径流预报是目前提高径流预报有效预见期的主要途径。在福州市数值天气预报中，选择基于 ARW 内核的中尺度数值天气预报模式 WRF。为了获取分辨率较高的计算结果，并且尽可能减轻计算负担，使用三层嵌套的方式逐级增加区域的分辨率。嵌套区域的设置充分考虑了周边大地形和重点天气、气候系统，并尽量避免模拟中跨越气候特征或地理特点相差巨大的区域。从外到内各相邻嵌套层的分辨率比例取 5:1。最内层完全覆盖福州城区范围，为 1km 分辨率格网。

进行业务预报时，利用 Shell 脚本每天定时从 NCEP 下载 GFS 数据作为 WRF 模式的初始场和边界场，并自动启动模式运转。在高性能计算平台上，资料下载与模式运转大约需要 1h，另外 GFS 数据的网络更新有一定的延迟，视 GFS 数据来源情况，每天运转 2~4 次，每次可提供最长 24h 的降水预报结果。

选择对降水预报影响较大的云微物理参数化方案和积云对流参数化方案作为优化组合对象，需要说明的是，在模式最内层 1km 分辨率网格下已无须设置积云对流参数化方案，因此仅在外面两层嵌套区域进行该方案的设置。WRF 模式不同参数化方案组合在不同地区的适用性有较大差异，对模拟结果影响较大。为了实现 WRF 模式在福州城区的参数本地化，基于参数化方案优化组合方法及构建的评价指标体系，对各方案模拟结果进行了详细的对比分析，最终结合定性与定量的评价手段，对参数化方案进行了优选。

2. 洪水预报模型

福州市山丘区洪水预报结果为城区内河水系尤其是福州市内 5 座水库的重要输入，因此，专门提取出福州市江北城区的上游山丘区范围，按照其自然水系划分了多个山丘区小流域，并应用了多种水文预报模型方法，包括集中概率预报模型 PDM 模型、新安江模型、降雨径流相关图方法以及推理公式法等。由于仅能收集到福州 5 座水库的长系列水位资料、1 个水文站赤桥水文站的部分历史流量观测数据，大部分小流域的模型参数不能进行率定和验证，因而需要移用就近流域的参数进行洪水预报。因此，综合考虑模型参数的可移植性效果和预报效果，采用 PDM

模型为主要预报模型，其他模型为参考模型，并在后续研究中随着实测数据的增多不断改进完善。

首先以福州市 DEM 数据作为基础数据，通过水文分析模块实现对 DEM 基础数据的洼地填充、水流方向的确定、汇流累积量的计算以及河网的提取、分级，最终达到划分小流域的目的。福州市山丘区共划分为 21 个小流域，且其中 5 个小流域为 5 座水库的控制范围。模型构建完成后，利用收集到的历史降雨数据作为输入条件，驱动洪水预报，完成山区产汇流模型的率定。表 5.10 为八一水库入库预报率模型参数验证结果。由此可见，PDM 模型在福州山丘区预报效果较好，精度满足要求且具备很好的参数移植性。

表 5.10　　　　　　　　八一水库入库预报率模型参数验证结果

时期	台 风 名 称	洪峰流量/（m³/s）			峰现时间/h		是否合格
		实际	许可	绝对误差	许可	实际	
率定期	2009 年第 8 号——莫拉克	17.85	3.57	−0.88	12.6	2	是
	2011 年第 11 号——南玛都	18.10	3.62	−0.06	14.7	0	是
	2012 年第 9 号——苏拉	14.05	2.81	−1.22	7.5	0	是
	2014 年第 7 号——海贝思	15.00	3.00	−0.18	2.1	0	是
	2015 年第 13 号——苏迪罗	56.23	11.25	0.09	1.5	0	是
	2016 年第 14 号——莫兰蒂	129.00	25.80	−12.35	6.9	1	否
验证期	2014 年第 10 号——麦德姆	51.58	10.32	6.18	7.2	0	是
	2016 年第 17 号——鲇鱼	56.60	11.32	2.20	4.5	2	是

基于输入的降雨数据，建立山区洪水预报模型洪涝模拟方案，给出计算结果分析，研究引入实测数据对模型进行自学习，即不断通过模拟预报效果调整模型，自学习不断提高模型精度。图 5.42 为自学习模型在洪水预报中的应用效果。

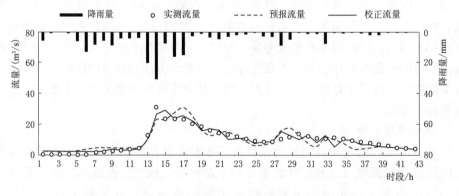

图 5.42　赤桥站 2007 年 9 号台风圣帕洪水校正结果

通过参数敏感性分析参数不确定性对模型预报的影响，挑选其中的高敏感参数，研究考虑其不确定性作用的洪水概率预报模型，并在福州山丘区进行应用研究。研究以赤桥流域为例，选取典型台风洪水进行概率预报分析，预报结果如图 5.43 所示。

概率预报结果可给出一定置信区间的
预报结果，一定程度上规避了极值预
测不到的风险。

3. 一维河道模型

福州市江北城区一维河道模型的
河道有晋安河水系、白马河水系、光
明港水系、磨洋河水系以及新店片水
系，江北城区共计河道总长109172.7m，
河段数107条，横断面10917个。一维
河道模型与管网模型、地表二维模

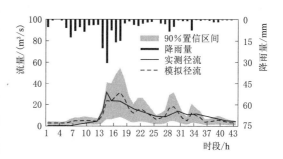

图 5.43　赤桥 2007 年第 9 号
台风洪水概率预报结果

型、调度模型、水质模型均有耦合关系，且在计算中极不易收敛。江北研究区域内选
择 32 个雨量站，将城区管网汇流概化为 1908 个平原汇水区汇流，并将雨量站按泰森
多边形展布到各个平原汇水区。平原汇水区产流采用固定径流量模型，汇流采用非线
性水库法，按附近河长计算水量分配比例，侧向流方式汇入内河。一维河道模型还包
括 5 座水库、6 个湖泊、40 座水闸，10 座水泵站和 11 个堰，其中沿江泵站不仅有引
水泵站还有排水泵站，且沿江有潮水回溯影响，各工程的调度规则由复杂的条件、判
断和循环语句组成。基于福州市一维河道模型，对主要调蓄库湖、河段的最大过流能
力、蓄量以及响应时间进行了分析，最大过流能力见表 5.11。

表 5.11　　　　　　　　库湖段河道不同泄流情况下的最大过流能力

计 算 库 湖	下游水位/m	最大过流能力/（m³/s）
八一水库—琴亭湖	7.50	120
井店湖—琴亭湖	7.50	265
过溪水库—义井溪	10.50	145
登云水库—下游交汇点	5.50	100
晋安河流域	5.50	325
	5.72	305
	6.00	278
	6.25	220
白马河流域	5.50	53
	5.75	50
	6.00	44
	6.25	32

基于一维河道模型，设置河道上游不同的下泄流量，分别对河道下游，以及流域
河道内重要断面进行流量及水位响应分析。以下游流量变化达到 5% 的时刻与上游流
量变化达到 5% 的时刻之间的时间差记作流量开始变化时间，以下游流量变化达到
90% 的时刻与上游流量变化达到 90% 的时刻之间的时间差记作流量流达时间。八一
水库—琴亭湖上游流量变化后的下游流量响应过程如图 5.44 所示。

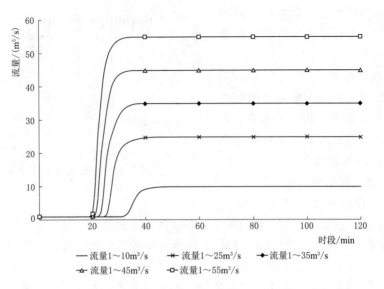

图 5.44 八一水库—琴亭湖上游流量变化后的下游流量响应过程

4. 二维河道模型

福州市二维河道模型研究区域东面以五四北路-五四路-五一北路-五一中路-五一南路为界，西南面以洪甘路-江滨西大道-台江步行街为界。北面以北三环路为界。流域面积 36.7km²，其中城区面积 29.3km²，上游山区面积 7.4km²。

首先构建一维河道模型，保证一维河道模型满足现行防洪排涝规划，利用一维河道中的断面数字高程点构建二维河道模型，再根据 DEM 栅格数据构建二维地表淹没模型，再将二维河道与二维地表淹没模型耦合，形成二维地形数字高程河道模型。

根据预先设计的 9 个计算方案，已将白马河流域的地形数字高程河道模型全部计算完成，从二维地表淹没角度分析，依次分析不同设计情景下的地表最大淹没范围、地表最大淹没水深、地表淹没历时等情况。

5. 一维管网与地面二维模型

一维管网与地面二维模型的构建包括管网模型建立、汇水区划分、地面二维模型构建和模型耦合。逐片整理全部管网数据，确保所有管网上下游关系一一对应无误，最后得到 8837 根管段、9142 个管网节点（包括出水口）、379 个出水口的模型，管段总长 235738.8m。江北共生成 109 万个网格，总面积 1.0647 万 hm²。南台岛地区共生 113 万个网格，总面积 1.2348 万 hm²。在一维管网模型和地面二维模型均构建成功的基础上，将一维模型和二维模型耦合，管网要素选择一维管网、地表产汇流模型共同构建的管网要素编号，二维网格选择剖分网格要素。

通过设计不同重现期的降雨情景，计算模拟不同降雨情景下的城市内涝效果，分别做出管网汇流分析、地表径流分析、管网节点溢流分析、地表淹没分析等。

6. 水质模型

耦合上述一维河道模型、地表产汇流模型，构建一维河网水动力水质模型。该模型能以地图形式反应各个河道的水质情况，在发生污染时反应各污染物的影响范围以及污染物浓度变化情况，有助于快速解决污染事件。该模型模拟的主要水质指标有生化需氧量（BOD）、化学需氧量（COD）、总氮（TKN）总量、氨氮（NH_4）、总磷（TPH）等，地表水环境质量标准基本项目标准限值见表5.12。针对点源污染和面源污染，按不同污染物种类依次模拟计算，共有3个计算方案，见表5.13。

表 5.12　　　　　　　　地表水环境质量标准基本项目标准限值　　　　　　单位：mg/L

分类	Ⅰ类	Ⅱ类	Ⅲ类	Ⅳ类	Ⅴ类
化学需氧量（COD）≤	15	15	20	30	40
五日生化需氧量（BOD_5）≤	3	3	4	6	10
氨氮（NH_3-N）≤	0.15	0.50	1.00	1.50	2.00
总磷（以 P 计）≤	0.02	0.10	0.20	0.30	0.40
总氮（湖、库，以 N 计）≤	0.2	0.5	1.0	1.5	2.0

表 5.13　　　　　　　　　　　　水系污染物模拟计算方案

序号	方　案　情　况
1	水质自然污染逐渐变差，开闸排水后污染物浓度变化情况
2	发生污染事件，开闸排水后污染物浓度变化情况
3	降雨之后，河道不同污染物浓度的变化情况

7. 调度模型及调度方案编制

预先构建城市内涝积水多情景方案模拟，对防洪保护区防汛应急预案的编制、调度运用、避洪转移提供参考，对洪水风险管理非常重要。在开发完成的福州市内涝模型中输入多种情景预设降雨条件，实现对易涝点的预测，并根据不同情境方案下的模拟结果构建洪水风险图。风险图需基于已完成的、可靠的城市内涝模型，对不同设计暴雨频率下的城市内涝洪水进行分析，根据不同地区的地面建筑、人口数量、重要程度等因素，综合实际需求划分风险等级，构建城市内涝风险图，并编制《福州市内涝风险图报告》，为防汛指挥、避险转移、洪水评价等提供支撑。

福州市江北城区包含白马河水系和晋安河—光明港水系两大主要水系。非汛期时，白马河和晋安河—光明港水系主要水源来自文山里泵站和新西河泵站补水，以及下游的开闸纳潮置换水体。白马河水系经由彬德水闸和彬德泵站排入外江；晋安河—光明港水系经由东风水闸、红星水闸、鳌峰水闸、魁岐水闸，以及红星排涝站、魁岐排涝站、魁岐排涝二站和东风排涝站等工程排入外江。为实现福州市城区两大主要水系的科学调度，在保障生态目标的同时，尽可能节约水电资源，保障资源的高效利用，基于构建的城市内涝和水动力水质模型，编制了《福州市江北城区水系非汛期水多水动调度方案》。

针对汛期多发的暴雨、台风等情况，基于建立的气象预报模型、洪水预报模型、一维河道模型等，编制《福州市江北城区水系防涝调度方案》，提升研究区域的排水能力和防洪减灾能力，减少不必要的经济财产损失和人员伤亡，解决暴雨洪涝造成的交通拥堵、出行不便、河道溢流等限制城市发展的难题。

5.3.3 应用系统建设

1. 监测预警系统

监测预警系统在福州市城区水系联排联调中心现有平台一期的基础上进行升级改造，集成雨量、水位、路面积水、视频、水质、管网水位、台风、气象、库湖、泵站、排口等各种监测信息，形成完整的监测信息"一张图"。基于原始监测信息和后台计算生成的各要素预警指标，能够自动生成预警信息，并按照不同等级要素进行内部预警显示。

（1）需实现对雨量、河道、库湖、闸泵、积水、管网、水质、排口等的信息展示。

（2）通过地图方式、列表方式、统计报表对信息进行展示。

（3）对告警信息进行统计。

（4）支持生成各种专题地图。

（5）支撑按行政区划、按水系及按管理单元进行数据分析。

2. 预测预报系统

预测预报系统构建并集成山丘区水文模型、河道水动力模型、城区管网和路面积水模型，形成了支撑城市内涝预测、水质预测的多元模型耦合预测预报模型集。利用系统所接入的降雨、潮位预测信息，驱动系统所建立的相应模型实时滚动计算，预测出未来一定时期内城区库湖河道水位、关键河段水质、易涝区积水等情况，并基于海量空间数据对象的可视化技术，模拟暴雨状况下市区内涝的发生与演变过程、日常纳潮引水状况下市区重点河道水质变化过程，为日常调度、应急布防、指挥提供辅助决策。

3. 调度决策系统

调度决策系统通过对长期观测资料的优化模拟，打造针对日常水多水动和雨时防洪排涝的调度决策方案库。可根据当前的调度情势实时分析事件成因并有针对性地生成调度建议和调度指令。根据气象预报信息驱动模型计算，对未来易涝区域进行预测预报；对福州全市范围管网按照排水口划分为 1600 个小流域，按照小流域进行成因分析，并生成相应的调度决策建议；综合流域全部信息，在"一张图"上实现调度指令的下发；针对日常水多水动的调度情景，系统可推荐纳潮引水的闸门启闭方案；针对雨时防洪排涝的情景，系统可智能推送雨前预排预泄、雨中错峰调度、雨后生态水位恢复的全流程调度方案，供调度决策者参考，为库湖闸站的联排联调提供更精准的方案，提高效率。

4. 指挥控制系统

打造基于"一张图"的实时指挥控制体系，构建集成无人机、视频、单兵、实时监测、实时人员/车辆/物资、实时控制设备等信息的指挥控制"一张图"，实现实时指挥情景下各项信息的全方位掌握。系统可通过与移动 App 的联动，实时接收上报的警情，并基于短信、电话、信息推送、视频通话等多种通信手段对人员、车辆和物资进行实时调配。同时，还可以通过与远程监测和控制系统的联动，综合调度城区上千个库、湖、池、河、闸、站，实现远程一体化调控。

5. 自动化监控集成系统

自动化监控集成系统分为自动化控制系统和自动化监控管理系统，依据"先进实用、资源共享、安全可靠、高效运行"的原则进行设计，通过"一张图"的形式来展现福州市城区所有的水系要素，配合科学调度系统完成联合调度，同时可对联排联调中心直管站点进行远程控制、数据监控以及视频监控等。主要功能包括管理所调度模块、就地控制模块、基础功能、控制支撑能力、系统对接、数据采集与处理、控制与调节、权限分配、时钟同步等。实现水系要素的六可：可看、可测、可考核、可追溯、可学习、可复制。自动化控制系统界面如图 5.45 所示。

图 5.45　自动化控制系统界面

6. 调度评价系统

调度评价系统旨在展示雨量信息、河道水位、库湖站、闸泵站、值守点、车辆、巡视人员 7 个图层为主的业务数据，通过大事件选择，显示该事件的指标情况，实现整屏联动的效果。此外，以时间轴为导航选择查看关键时间点的调度情况，结合大事记场景的过程描述，展示某个事件各个重要时间节点进行车辆、人员等调度指挥动作，在三维 GIS 上地理分布及详细信息展示，反映该大记事的调度场景，展示对应的可调配资源情况，实现快速响应。通过各个指标统计分析，对该调度事件进行评价总结。

7. 排水管理系统

排水管理系统包含排水管网健康度管理子系统、排水管网健康度巡查子系统、排水防涝地理信息子系统、三维排水管网应用子系统、数据检查更新子系统和数据分发子系统。

排水管网健康度管理子系统主要是对排水管网健康度数据进行查看、查询、统计等操作。主要功能有健康状况评价、缺陷图层查看、历史数据展示、查询统计、数据维护等。

排水管网健康度巡查子系统主要是对排水管网进行日常巡查管理，主要功能有配置管理、计划管理、任务管理、统计报表等。

排水防涝地理信息子系统提供地图操作、图层控制、热点查询、地图标注、空间定位、空间查询、信息查询、管网统计和管网分析功能。

三维排水管网应用子系统以空间地理基础数据和二维排水管网数据为基础，建设福州市三维地下管线数据库，并综合利用三维仿真技术、3S 技术、网络通信技术，建立三维排水管网应用子系统，发挥三维化管线管理的最大效能。

排水管网数据检查更新子系统主要提供对排水管网数据进行数据检查及更新入库的功能，具体包含管网数据加载、地图浏览、检查规则配置、数据检查、数据更新入库和历史数据比对等。

数据分发子系统主要提供排水设施的数据浏览、数据编辑、数据输出和导出的数据文件加密功能。

8. 库湖闸站日常管理系统

库湖闸站日常管理系统旨在为联排联调中心提供日常值班管理、实时视频查看、实时运行状况监测等方面的信息化支撑，保障库湖处与内河闸站运行处日常及非汛期生态补水、汛期防洪排涝等各项工作的开展。同时，支撑城区内河水系生态补水工作，五四、西河片区的防洪排涝工作，内河闸站的日常维护和机组检修和安保工作以及内河闸站的日常巡检和记录工作。主要功能包含水情工情数据管理、调度指令管理、值班考勤统计、台账文件管理和信息维护，辅助提高库湖闸站运行处的工作效率和工作水平。库湖闸站日常管理系统界面如图 5.46 所示。

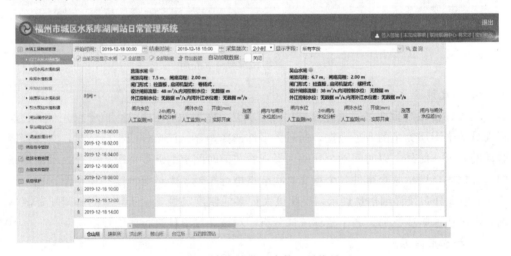

图 5.46 库湖闸站日常管理系统界面

9. 城区水质监测管理系统

城区水质监测管理系统主要支撑福州市城区水质检测管理工作。通过系统可完成定期或根据需要制定检测任务，根据任务进行样本抽样，记录水质的抽样过程、检测过程、检测结果，并生成检测报告，同时对检测异常信息进行上报。主要功能包含实时监控、统计管理、项目管理、资产管理和文件管理，可有效提高水质监测站相关工作的效率。城区水质监测管理系统界面如图5.47所示。

图5.47 城区水质监测管理系统界面

10. 水系水库大坝安全动态监控系统

共安装5个水库的安监设备，其中八一水库、登云水库、过溪水库已完成，每个水库包括渗压计9个、测量控制单元1个、蓄电池1个、太阳能板1个、太阳能充电控制器1个、信号避雷器1个、室外设备箱1个、设备立杆1套、防雷地网1套以及线缆敷设。水系水库大坝安全动态监控系统界面如图5.48所示。水系水库大坝安全动态监控系统旨在接收和存储自动监测站的水位、雨量或渗流渗压、人工置数等内容和其他工况数据，并提供数据修改和统计分析，尽可能早发现水库大坝的安全隐患，为调度决策提供数据支撑。主要功能包含数据采集和数据监控分析。

11. 物资管理系统

物资管理系统旨在对各种排水防涝、应急抢险物资的采购、储运、使用等所进行

图5.48 水系水库大坝安全动态监控系统界面

的计划、组织和控制工作，可以提高仓库管理水平、实现物资的综合利用、提高物资利用率。功能包含资产建档、采购管理、报废/续用管理、转移管理、借用管理、维修管理、盘点管理、折旧管理、入库管理、领用管理、调拨管理、分发管理、行政公告、短信平台、系统管理等。物资管理系统界面如图 5.49 所示。

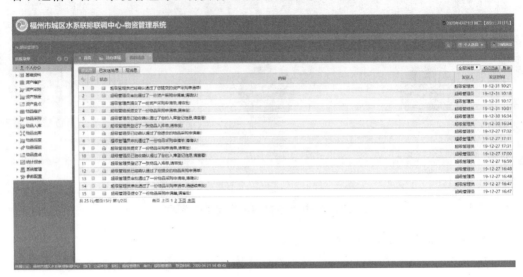

图 5.49　物资管理系统界面

12. 城区防涝移动运维办公系统

城区防涝移动运维办公系统主要面向支撑防涝工作的外业业务人员，提供事件应急处理、预警预报、日常办公的移动软件支撑服务。借助手机通信的便利，业务人员无论身处何种紧急情况下，都能高效迅捷地开展工作，尤其是对于突发事件的响应处理、应急事件的部署能提供全面、快捷、准确的信息服务。

13. 统一门户

统一门户旨在降低用户进入系统和获得各系统提供信息的难度，使得用户获取和使用信息更直接、更方便，实现信息共享、综合利用，以促进信息的应用。功能包括单点登录、个性化界面、系统导航、信息交流、预警功能、信息展现、信息发布等，为用户提供统一的业务办理、处理和审批的界面，有效降低了日常工作复杂度，提高工作效率。

　　通过上面的案例，请分析不同水系调度模型的优缺点分别是什么？水系调度系统功能上还可以在哪些方面进行拓展？

思考

5.4　TN8000 水电机组状态监测与故障诊断系统

你认为水电机组状态监测与故障诊断的关键点和难点分别是什么？目前国内外关

于水电机组状态监测与故障诊断的研究热点是什么？还存在哪些问题需要攻克？

5.4.1 引言

当前我国大中型水电厂正朝着"无人值班（少人值守）"的管理模式发展，为此各水电厂都在努力提高自身的安全经济运行管理水平和自动化程度。而机组运行的状态及其稳定性对电厂、电网的安全经济运行至关重要。及时发现机组存在的隐患和缺陷，有针对性地对机组设备进行维护保养、状态维修，建立预测性维修体制等将有助于提高电厂、电网的安全经济运行水平，给电厂、电网带来显著的经济效益。为此，在现有机组运行设备的基础上，特别是在大型水电机组上安装状态监测与故障诊断系统，对机组进行状态监测和故障诊断是迫切的、重要的。

5.4.2 实施状态监测与故障诊断的关键技术

5.4.2.1 监测点的选择与布置

监测点的选择与布置是获取机组运行状态信号的重要环节，其选择和布置是否合理将直接影响信号采集的真实性以及数据分析和故障诊断的可信度。一般来讲，测点的选择和布置取决于机组的设计运行性能、设备的结构特点和机组的运行规律。

在进行测点的选择和配置时，应该对测点进行优化，这是测点选择和布置的基本原则。从经济的角度考虑，测点应尽可能少，但同时也必须充分考虑状态监测、分析以及故障诊断的需要。在进行测点的选择时，应在满足状态监测、分析和故障诊断的基础上，选择最有代表性、最能准确捕捉运行设备状态的监测点。

测点的选择与布置要符合水电机组运行的四个特性，即水力特性、旋转机械特性、设备结构特点及发电机电气特性。

机组的水力特性：水轮发电机组的水力稳定性对机组的安全运行影响很大，这是水电机组的固有特性。这是因为水轮机及其过流部件的涡壳、顶盖、压力钢管、导水叶（含固定、活动导水叶）及尾水管存在较大的压力和压力脉动，不同的部位其压力和压力脉动的值不同。根据水电机组的这一特点，在进行测点的选择和布置时，应选择水轮机及其过流条件的最大压力脉动处作为监测点。

旋转机械特性：水电机组属于低转速旋转机械设备，因此，在监测点布置时，应考虑机组的低速旋转特点，同时考虑机组的水力和电气特性，合理准确地选择机组振动、摆度和间隙的测点位置。

设备结构特点：机组运行设备结构的变化、异常或设备失效，将影响机组的正常运行，降低机组运行效率及设备寿命。因此，在监测点布置时，应根据运行设备的结构特点、故障征兆及机组运行性能等进行正确选择。这样不仅有利于监测设备的运行状态，而且有利于分析设备运行状态的发展趋势和评估设备的寿命。

发电机电气特性：电气干扰影响水电机组的稳定运行，是监测诊断的重要参数。因此在进行监测点的选择与布置时，应充分考虑发电机电气特性。

5.4.2.2 传感器的选择和配置

传感器的可靠、准确与否，将直接影响到全套系统的正确与否。所以，在选择传感器时在充分考虑水电机组特点的基础上选择可靠的产品，使得传感器具有针对性和适用性。

选择和使用一次传感元件（包含传感器和变换器）时，应注意以下几个方面：

（1）根据水电站机组运行设备信号输出的特点，即低频随机信号的特点，选择高精度、高输出性能的低频传感器。由于机组运行转速较低，传感器的频响范围一般应控制在 $0\sim200kHz$。

（2）在筛选传感器时，尽量选择符合要求的性能好的传感器（精度、重复性、线性度、迟滞、灵敏度、零漂）。

（3）根据使用条件及周围环境选择传感器。机组运行设备在线监测要求传感器在使用时安全稳定、长久耐用，能准确可靠地反映设备运行状态。

5.4.2.3 信号的特性与分析

设备运行状态信号的取得，是设备监测和诊断技术的基本任务，通过对设备信号的采集、分析与处理，才能识别设备的运行状态，揭示设备问题的本质原因。因此如何分辩信号的性质，进行信号的分析和处理是至关重要的。

1. 机组的信号特性

水电机组运行设备状态信号是由周期信号、非周期信号和随机信号组成的，其中低频随机信号是机组运行的固有特性，由于水轮机发电机组的这一特性，加上反映机组运行设备状态周期性较长，在信号采集和处理上既有难度又有特殊性。例如，应合理选择采样周期，提高采样数据精度，以数量经济的时域数据获取准确可靠的谱分析数据，尽量减少谱线泄漏，避免栅栏效益。为此应对机组振动、摆度和压力脉动信号进行整周期采样。为了分析到较低次谐波，需在软件上实现整周期细化功能，来提高谱分析范围；在数据采集速度上，在提高 A/D 板数据转换和数据传输速度的基础上要采取先进的数据处理技术；在信号处理上，应注意低频随机信号的处理，同时还要采用和加强低频滤波、相关滤波以及混合滤波技术。

2. 机组的信号分析

由于运行设备的结构特点和性能不一样，反映其设备的信号、特征、征兆也就不相同，设备信号分析的基本功能也是有差异的。通常通用机械设备的系统信号分析基本功能包括时域、幅值域、频域、时差域、传递特性等信号分析。通用机械设备的系统信号分析既适用确定性信号（含周期信号及非周期信号）的分析，又适用于随机信号的分析。

水轮机发电机组属于旋转机械设备，又具有自己的固有特性，在系统信号分析中，不但包括通用机械设备的信号分析功能，而且还具有机组独特信号的分析功能，如机组轴系系统、过渡过程、发电机气隙、油膜厚度、温度趋势、线棒绝缘，以及润滑油质等信号分析功能。

5.4.2.4 特征信号的提取与故障类型

1. 机组特征信号的提取

机组运行设备状态特征信号的获取是故障诊断的基础，特征信号获取的正确与否，直接影响到预测诊断的效果。实施机组状态监测与诊断就是通过监测机组运行设备各种运行方式下的信号和各种状态参数来识别机组运行状态，获取和分析机组运行的特征信号，提取征兆，才能对机组运行设备和性能进行诊断、维护与管理。

机组运行状态特征信号一般有两种表现形式：①以能量方式表现出来的特征信号；②以物态形式表现出来的特征信号。对于能量形式的特征信号（台振动、摆度、压力、温度、位移、电压、电流等），可以在时域中提取征兆，也可以在频域、幅值域或相位域提取征兆；对于物态形式的特征信号（裂纹、烟雾、油质等），可以采用特定的物理或化学分析方法（台探伤分析、超谱分析等）提取征兆。通常水电机组特征信号是以能量形式表现为主的，以频率作为运行设备结构的重要特征。

2. 机组故障类型的确定

由于机组运行故障的复杂性、多样性及层次性，预测诊断时，必须研究故障类型、表现形式及产生原因。在故障机理分析的基础上应准确决策故障类型和性质，有利于系统故障诊断模型的建立，形成专家系统，实施机组运行设备的监测诊断维护与管理。

5.4.3　TN8000 水电机组的参数与特性

TN8000 水电机组状态监测与故障诊断系统是由北京华科同安监控技术有限公司与清华大学热能系流体机械与流体工程研究所（原水电系水轮机教研室）合作开发的。它可对水电机组的振动摆度、压力脉动、能量与空化、机组轴承动负荷、发电机空气间隙、发电机磁场强度、发电机局部放电、变压器油色谱进行监测与分析，涵盖水轮机、发电机、变压器的状态监测与故障诊断。整个系统基于全开放分布式在线监测系统的网络结构，将运行设备的监测、分析、诊断、维护和管理有机集成，实现远程诊断与维护管理。

5.4.3.1　系统监测参数

TN8000 系统可以监测反映水电机组运行状态的各种参数，包括与机组稳定性有关参数、与水轮机能量特性有关参数、与水轮机压力脉动特性有关参数、与发电机运行状态有关参数、与主变运行状态有关参数及其他设备（励磁系统、调速系统和辅助系统）有关的参数。数据服务器结构如图 5.50 所示。

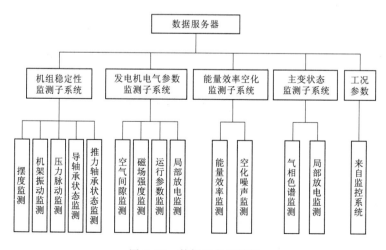

图 5.50　数据服务器结构

1. 机组稳定性运行状态参数

机组稳定性运行状态参数包括振动摆度、导轴承状态和推力轴承状态等。

（1）振动摆度监测。振动摆度是表征机组稳定性的直接信号和稳定与否的判据。TN8000 系统可以同时采集多达 32 路的振动摆度信号（上导、下导、水导摆度，上机架、顶盖、下机架、定子各向振动等），用户可以根据最高感兴趣的频率和低频涡带频率灵活设置和调整采样频率。

主要监测参数有波形、频域值、轴心轨迹、平均峰峰值、最大和最小峰峰值。

（2）导轴承状态监测。导轴承是转子的约束，其状态直接决定转子的边界条件。监测导轴承状态的目的是了解和控制润滑和冷却系统故障向转子轴承系统传递，分辨附属系统对转子稳定性的影响。

监测参量包括摆度、润滑油进出口温度、冷却水进出口温度、瓦温、油位、水压等。

由以上监测参量可以计算和判别润滑系统是否存在故障以及何种故障，其结论可为转子稳定性故障的确认奠定基础，可以提高机组日常检修的针对性。

（3）推力轴承状态监测。推力轴承状态监测参数包括油膜厚度、抬机量、推力瓦瓦温、润滑油进出口温度、冷却水进出口温度等。

监测推力轴承状态的以上信号，结合润滑油油质的定期检查，主要用于机组的延长大修决策，为其提供机组健康与否的根据。

2. 发电机空气间隙与磁场强度监测参数

发电机空气间隙与磁场强度监测参数包括各磁极实时空气间隙、最小空气间隙及其磁极号、发电机定子不圆度、发电机转子不圆度、转子中心与定子中心偏移量。各磁极磁场强度实时波形及最大磁场强度，各磁极空气间隙及磁场强度变化曲线。

3. 水轮机能量特性监测参数

测量得到的物理参数有水轮机有效出力（功率）、水轮机蜗壳测流断面上的压差水头、水轮机蜗壳进口水头、水轮机尾水管出口水头、水轮机有效水头。

通过上述参数可以计算得到水轮机过机流量、水轮机效率、水轮机耗水率等参数。

4. 压力脉动参数

水轮机的稳定性问题很大程度上是由水力方面的原因造成的。应监测的压力脉动参数包括蜗壳进口压力、尾水管进出口压力脉动、导叶进出口压力脉动、顶盖下压力脉动。机组状态监测典型测点配置见表 5.14。

表 5.14　　　　　　　　　机组状态监测典型测点配置

参数	配　　置
摆度	上导 X/Y 向摆度、下导 X/Y 向摆度、水导 X/Y 向摆度
振动	上机架水平振动、上机架垂直振动、下机架水平振动、下机架垂直振动、顶盖水平振动、顶盖垂直振动
压力脉动	蜗壳进口压力脉动、尾水管进出口压力脉动、导叶进出口压力脉动、顶盖下压力脉动
空气间隙	$+X$，$+Y$，$-X$，$-Y$ 四个方向空气间隙
磁场强度	$+X$ 方向磁场强度

通过压力脉动参数监测，可以全面掌握机组的水力特性，预测指导机组运行。

上述所有参数均可由 TN8000 系统提供的智能数据采集箱进行数据采集。

5. 工况参数

为了全面分析和监测机组的状态，对机组的性能进行评估，对机组的异常和故障及时进行分析诊断和预测预报，我们认为应从监控系统中引入相关的参量（下面以某一机组为例，不同机组具体参数会有所不同），各参数见表 5.15～表 5.18。

表 5.15　　　　　　　　　　　　导 轴 承 工 况 参 数

序号	参　数	信号来源
1	上导轴承瓦温	与监控系统通信
2	下导轴承瓦温	与监控系统通信
3	水导轴承瓦温	与监控系统通信
4	上导冷却水进水水温	与监控系统通信
5	上导冷却水出水水温	与监控系统通信
6	下导冷却水进水水温	与监控系统通信
7	下导冷却水出水水温	与监控系统通信
8	水导冷却水进水水温	与监控系统通信
9	水导冷却水出水水温	与监控系统通信
10	上导润滑油油温	与监控系统通信
11	下导润滑油油温	与监控系统通信
12	水导润滑油油温	与监控系统通信
13	上导冷却水流量	与监控系统通信
14	下导冷却水流量	与监控系统通信
15	水导冷却水流量	与监控系统通信
16	上导润滑油流量	与监控系统通信
17	下导润滑油流量	与监控系统通信
18	水导润滑油流量	与监控系统通信
19	油位信号	与监控系统通信
20	油混水信号	与监控系统通信

表 5.16　　　　　　　　　　　　推 力 轴 承 工 况 参 数

序号	参　数	信号来源
1	推力轴承冷却水进水水温	与监控系统通信
2	推力轴承冷却水出水水温	与监控系统通信
3	推力轴承冷却水流量	与监控系统通信
4	推力瓦瓦温	与监控系统通信
5	润滑油温度	与监控系统通信
6	润滑油流量	与监控系统通信

表 5.17 发电机运行参数

序号	参数	信号来源
1	有功功率	与监控系统通信*
2	无功功率	与监控系统通信*
3	定子三相电流	与监控系统通信
4	定子三相电压	与监控系统通信
5	励磁电流	与监控系统通信*
6	励磁电压	与监控系统通信*
7	定子线棒温度	与监控系统通信
8	定子铁芯温度	与监控系统通信

* 为满足现场各种试验和全面状态监测的要求，使本系统能更好地为水电站启动试验、试运行以及长期运行发挥更大作用，如果现场具备条件，建议有功功率、无功功率、励磁电流、励磁电压、导叶开度/桨叶开度、水头、机组流量（蜗壳差压）等参数以 4～20mA 方式从现场变送器硬接线到 TN8000 系统。

表 5.18 其他参数

序号	参数	信号来源
1	导叶开度	与监控系统通信*
2	桨叶开度	与监控系统通信*
3	水头	与监控系统通信*
4	上下游水位	与监控系统通信

* 为满足现场各种试验和全面状态监测的要求，使本系统能更好地为水电站启动试验、试运行以及长期运行发挥更大作用，如果现场具备条件，建议有功功率、无功功率、励磁电流、励磁电压、导叶开度/桨叶开度、水头、机组流量（蜗壳差压）等参数以 4～20mA 方式从现场变送器硬接线到 TN8000 系统。

5.4.3.2 智能数据采集箱特性

TN8000 智能数据采集箱各采集模块具体特性如下。

1. 摆度模块

摆度模块负责采集摆度信号。摆度信号可从传感器直接接入，包括信号预处理单元、低通跟踪抗混频滤波器及单片机系统，采集方式采用同起点整周期采样，在任意转速下系统的采样频率均为工频的 256 倍频，保证了采样的整周期性。

其性能指标如下：

● 采样速率：200kHz

● 通道数：每块 8 路

● 输入信号：电涡流传感器

● 采集方式：同起点整周期采样

● 测量精度：峰值误差≤1μm

相位误差≤3°

间隙误差≤0.1V

2. 振动模块

振动模块负责采集各种振动信号。振动信号可从传感器直接接入，包括信号预处理单元、低通跟踪抗混频滤波器及单片机系统，采集方式采用同起点整周期采样，在任意转速下系统的采样频率均为工频的 256 倍频，保证了采样的整周期性，每组数据连续采集 32 周期，可采集到 1/32 转频的低频信号，满足水轮机组。

其性能指标如下：

- 采样速率：200kHz
- 通道数：每块 8 路
- 输入信号：速度、加速度传感器
- 采集方式：同起点整周期采样
- 测量精度：峰值误差 $\leqslant 1\mu m$

　　　　　　相位误差 $\leqslant 3°$

　　　　　　间隙误差 $\leqslant 0.1V$

3. 键相模块

键相模块是一块智能键相信号处理板，它由单片机进行智能控制，具有测速、整周期采样控制、触发低通跟踪抗混频滤波器等功能。键相板采用新颖的阈值电平自动跟踪电路，从根本上克服了必须经常调整阈值电平的麻烦。其性能指标如下：

- 通道数：每块 1 路
- 输入信号：电涡流传感器、光电信号
- 测量范围：$1\sim1000r/min$
- 测量精度：转速误差 $\leqslant 0.1r/min$

4. 压力（脉动）模块

压力（脉动）模块负责采集压力脉动信号。压力脉动信号从压力脉动变送器输出端接入。压力（脉动）模块包括信号预处理单元、低通跟踪抗混频滤波器及单片机系统，采集方式采用同起点整周期采样，在任意转速下系统的采样频率均为工频的 256 倍频，保证了采样的整周期性。其性能指标如下：

- 采样速率：200kHz
- 通道数：每块 8 路
- 输入信号：$4\sim20mA$ 信号
- 采集方式：同起点整周期采样、等时间间隔采样
- 测量精度：误差 $\leqslant 0.1\%$

5. 空气间隙模块

空气间隙模块负责采集空气间隙和磁场强度信号，采集方式采用同起点整周期采样，采样频率可根据磁极数进行设定。其性能指标如下：

- 采样速率：200kHz
- 通道数：每块 2 路
- 输入信号：$4\sim20mA$ 或 $0\sim5V$ 信号
- 采集方式：同起点整周期采样
- 测量精度：误差 $\leqslant 0.1\%$

6. 开关量模块

开关量模块用于采集开关量信号，由专门的单片机进行控制，其单个事件的分辨率小于 1ms，它不仅能捕捉连锁开关的动作，而且能准确获取开关动作的时间和顺序。其性能指标如下：

- 通道数：每块 32 路
- 输入信号：有源开关信号或无源触点信号
- 分辨率：≤1ms

7. 模拟量输出模块

系统采集到的所有模拟量信号除可在就地显示器或各工作站上进行显示外，均可通过模拟量输出模块向外输出 4～20mA 模拟量信号供其他系统使用，各通道的对应量程和对应模拟量通道均可通过设置菜单进行设置。其性能指标如下：

- 通道数：每块 24 路
- 输出信号：4～20mA
- 输出精度：误差≤0.1%

8. 继电器输出模块

继电器输出模块负责输出报警信号或保护动作信号。其性能指标如下：

- 通道数：每块 8 路
- 输出方式：无源触点信号
- 输出接点容量：220VDC，2A
- 继电器动作时间：≤1ms

9. 系统板

系统板负责协调各采集模块工作，并实时对采样数据进行分析处理，提取特征参数，得到机组状态数据，完成机组故障的预警和报警，同时在不丢失故障信息的前提下压缩数据容量，最后将数据通过系统板内的以太网络接口传至状态数据服务器或其他外设，供进一步的状态监测分析和诊断。系统板内带一个 10/100Mbit/s 网络接口和两个串行通信接口。其性能指标如下：

- 连接方式：232、422 或 485
- 波特率：2400、4800、9600 或 19200
- 协议：Modbus 或其他

10. 串行通信模块

通过串行通信接口，系统可以获得局部放电和绝缘监测数据及发电机气相色谱监测数据。其性能指标如下：

- 连接方式：232、422 或 485
- 波特率：2400、4800、9600 或 19200
- 协议：Modbus 或其他

11. 以太网通信模块

通过 10/100Mbit/s 以太网通信模块，系统可以通过 TCP/IP 方式与其他系统通信。

12. 存储模块

存储模块用于存储数据采集箱有关程序和部分机组状态数据，容量为 40G。
TN8000 数据采集箱性能指标如下：

输入电源要求：$47\sim63\mathrm{Hz}$，$180\sim264\mathrm{V_{AC}}$

静态电流：任意输入电压下最大 3A

整机功耗：$<200\mathrm{W}$

尺寸：$423\mathrm{mm}\times266.5\mathrm{mm}\times162\mathrm{mm}$

工作温度：$0\sim50℃$

5.4.4　TN8000 - STA 水电机组稳定性监测分析系统

5.4.4.1　概述

振动、摆度与压力脉动是表征机组稳定性的直接信号和稳定与否的判据。强烈的振动将影响水轮机组的正常运行，且降低机组和一些零部件的使用寿命；当引起厂房、压力管道的共振时，机组则无法正常运行，因而振动、摆度与压力脉动成为评价机组运行状态的重要指标。我国也相应制定了多部国家和行业标准，从机组基本技术条件、机组安装、启动、运行和现场测试等方面对机组振动的要求和等级做出了详细规定，如《水轮发电机基本技术条件》（GB/T 7894—2009）、《水轮发电机组安装技术规范》（GB 8564—2003）、《水力机械（水轮机蓄能泵和水泵水轮机）振动和脉动现场测试规程》（GB/T 17189—2017）、《在非旋转部件上测量和评价机器的机械振动　第 5 部分：水力发电厂和泵站机组》（GB/T 6075.5—2002）、《旋转机械转轴径向振动的测量和评定　第 5 部分：水力发电厂和泵站机组》（GB/T 11348.5—2008）、《水轮机运行规程》（DL/T 710—2018）、《水轮发电机组启动试验规程》（DL/T 507—2014）等。

当前我国大中型水电厂正朝着"无人值班（少人值守）"的管理模式发展，为此各水电厂都在努力提高自身的安全经济运行管理水平和自动化程度。而机组运行的状态及其稳定性对电厂、电网的安全经济运行至关重要。及时发现机组存在的隐患和缺陷，有针对性地对机组设备进行维护保养，实施状态维修，建立预测性维修体制等将有助于提高电厂、电网的安全经济运行水平，给电厂、电网带来显著的经济效益。为此，在现有机组运行设备的基础上，特别是在大型水电机组上安装状态监测与故障诊断系统，对机组进行状态监测和故障诊断是迫切的、重要的。由于振动、摆度与压力脉动是表征机组稳定性的直接信号和稳定与否的判据，因此，对水轮机组的振动、摆度和压力脉动进行实时监测和分析诊断是水电机组实现状态监测的重要组成部分，也是水电机组开展状态检修的前提条件。

5.4.4.2　系统构成

TN8000 - STA 水电机组稳定性监测分析系统是专门针对水电机组特点设计的稳定性监测系统，既可以作为一个独立的系统运行，也可以作为水电机组状态监测与故障诊断系统的一个子系统运行。它可以实时同步采集水电机组的机架振动、大轴摆度、压力脉动和相关工况信号，并进行信号分析与处理，同时提供各种专业的分析手段，为机组状态评价和状态检修提供有力的技术保证。

TN8000-STA 水电机组稳定性监测分析系统由传感器、智能数据采集箱和分析软件组成，该系统可以通过以态网络与电厂状态监测和故障诊断系统实现集成。现场传感器过来的信号通过多芯屏蔽电缆连接到 TN8000 系统的振动摆度输入接线端，再通过专用的 9 芯电缆传送到振动和摆度采集模块，由采集模块进行预处理和采集，转换成数字信号，再通过总线传送到系统板，然后进行大量的在线信号处理和加工，得到反映机组运行状态的各种特征参数和部分原始数据。智能数据采集箱一方面根据状态参数进行故障预警和报警，另一方面可将数据通过网络传送给 MIS 系统或状态监测故障诊断系统，供网络客户对机组状态做监测分析和诊断。

5.4.4.3　监测点选择与布置

监测点的选择与布置是获取机组运行状态信号的重要环节，其选择和布置是否合理将直接影响信号采集的真实性以及数据分析和故障诊断的可信度。一般来讲，测点的选择和布置取决于机组的设计运行性能、设备的结构特点和机组的运行规律。

在进行测点的选择和配置时，应该对测点进行优化。从经济的角度考虑，测点应尽可能少，但同时也必须充分考虑状态监测、分析以及故障诊断的需要。在进行测点的选择时，应在满足状态监测、分析和故障诊断的基础上，选择最有代表性、最能准确捕捉运行设备状态的监测点。

测点的选择和布置要符合水电机组运行的四个特性，即水力特性、机械特性、设备结构特点及电气特性。

以混流式水轮机组为例，如图 5.51 所示，针对机组特点，通常在机组三部导轴承处（上导、下导和水导）按 X、Y 向布置 2 个测点监测导轴承摆度，在上下机架、定子机架和顶盖处，按 X、Y、Z 向分别布置 3 个振动测点，考虑到承受机架（下机架）将承受整个机组运行时转动部件重量和水推力，可以在垂直方向按 X、Y 向布置 2 个测点。为监测定子铁芯振动，需在定子铁芯外壳水平呈 90°方向布置 2 个测点，在定子垂直方向的齿压板布置 1 个测点。为监视机组的抬机量，需布置 1~2 个测点。为掌握机组的水力特性，还需对水轮机各过流段的压力脉动进行监测分析，主要测点

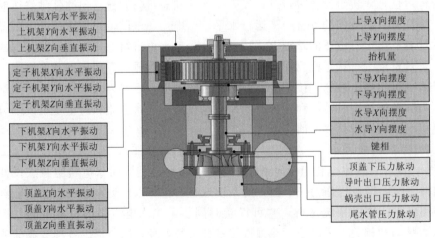

图 5.51　混流式水轮机测点图

包括蜗壳进口压力（脉动）、尾水管进出口压力脉动、顶盖下压力脉动和导叶进出口压力脉动，具体安装测点要根据现场条件确定。针对状态监测系统的需要，机组上还需配置一个键相传感器对所有信号进行同步。

5.4.4.4　传感器选型

传感器的可靠、准确与否，将直接影响机组稳定性监测系统的可信度。所以，在选择传感器时应在充分考虑水电机组特点的基础上选择可靠的产品，使得传感器具有针对性和适用性。

水电机组稳定性监测系统最主要的传感器有摆度传感器、机架振动传感器、压力脉动传感器等。

根据美国石油学会标准《振动、轴向位置和轴承温度监测系统》（API670）和我国电力行业标准《水轮发电机组振动监测装置设置导则》（DL/T 556—2016）的要求，测量大轴摆度的传感器一般应采用电涡流传感器。实际上，世界上从事旋转机械振动监测的公司无一例外均采用涡流传感器来测量轴的径向振动，在中国电力行业都有大量的应用。因此，一般机组摆度测量传感器采用电涡流传感器，但对于某些机组，上导摆度的测量由于受到上导测量部位励磁引线的影响，电涡流传感器输出信号存在严重失真现象，为此在该部位摆度的测量必须采用抗电磁干扰强的电容传感器。摆度传感器建议采用国外高性能的传感器，同比国内或国外杂牌传感器，其具有精度高、互换性好、线性度高、零漂温漂小和可靠耐用的优点。

对于水轮机组来说，低频振动是其固有的特性，所以，水轮机组的固定部件的低频振动测量一直是个难点，其传感元件选择不当将直接影响测量效果。用于测量水轮机组固定部件振动的传感器有加速度传感器和速度传感器两种。加速度传感器尽管其频响下限很低，但是由于水轮机组固定部件振动的加速度很小，导致加速度传感器的信号输出极其微小，导致无法分辨信号与干扰，造成很大测量误差，从很多采用加速度测量机架振动的水电厂反馈信息来看也基本如此，故水电厂一般不宜采用加速度传感器来测量机架振动。加速度传感器一般应用于频率较高或有较大冲击的地方，如定子铁芯振动的测量。因此机架振动测量一般需采用速度传感器，而国外从事机组振动监测的几家主流厂家生产的速度传感器，其频响下限都比较高，一般在 4Hz 以上，不能满足低频测量的要求。国内部分厂家针对水电机组特点生产的低频振动传感器，其低频特性较好，并且已在国内众多的水电工程上应用，实践证明其性能稳定可靠。因此，机架振动的测量建议采用国产低频速度传感器，而不能一味强求采用进口传感器。

压力脉动传感器通常采用压力变送器，不同于一般的压力测量，压力脉动的测量不仅要求所选变送器具有很高的测量精度，而且要求具有良好的动态特性以满足实时监测的要求。同时，由于部分测点存在负压，所选变送器必须满足负压区的压力及脉动测量。

5.4.4.5　智能数据采集单元

智能数据采集单元为 TN8000 数据采集箱（图 5.52），根据水电厂机组的测点配置情况，确定 TN8000 数据采集箱的测量模块配置。通过 TN8000 数据采集箱的数据采集，系统可以得到不同工况下信号各频段范围内的准确可靠的实时数据，为后续分析和故障诊断提供可信的状态数据。

图 5.52 TN8000 数据采集箱

TN8000-STA 水电机组稳定性监测分析系统测量模块主要有机架振动模块、摆度模块、压力脉动模块和键相模块。机架振动模块、摆度模块和压力脉动模块包括信号预处理单元、低通跟踪抗混频滤波器及单片机系统，采集方式采用同起点整周期采样，在任意转速下系统的采样频率均为工频的 256 倍频，最高分析频率可达 128 倍转频。稳定运行工况下连续采集 16 个周期，频率分辨率为 1/16 倍转频，可保证低频涡带频率的准确采集。在过渡过程时可实现长时间的数据连续采集，实现海量数据存储，最长时间可达 10 分钟，可确保过渡性过程和异常运行状态下稳定性信号的准确采集和分析。

键相模块是一块智能键相信号处理板，它由单片机进行智能控制，具有测速、整周期采样控制、触发低通跟踪抗混频滤波器等功能。键相板采用新颖的阈值电平自动跟踪电路，从根本上克服了必须经常调整阈值电平的麻烦。

5.4.4.6 系统功能

TN8000-STA 水电机组稳定性系统可以通过系统配置的各采集模块实时准确地采集机组的各种稳定性信号，并以多种图谱的方式实时动态显示所监测的信息。对于系统存储的各种历史数据，系统提供完善的分析功能。

1. 实时显示

TN8000 数据采集箱对机组的振动、摆度、压力脉动以及相关的过程量参数进行实时、并行、整周期采样，并进行相应的处理、计算和特征提取，在数据采集站液晶显示器以及网络所联的有关工作终端上以结构示意图、棒图、数据表格、导轴承状态、机架振动、实时趋势等形式实时动态显示所监测的数据和状态。界面丰富直观，机组信息和状态一目了然，如图 5.53～图 5.56 所示。

通过系统配置的模拟量输出模块，可将所有监测的振动摆度值转成对应的 4～20mA 模拟量信号供电站 LCU 使用。

2. 报警预警

当振动、摆度或压力脉动测量值超过报警定值或出现异常时，液晶显示器上以颜色加以明显的提示。报警定值和报警逻辑通过软件可以方便地进行组态设置。通过系统配置的继电器输出模块，当振动摆度报警时可输出无源接点信号至电站 LCU。

3. 数据管理功能

TN8000 水电机组可根据机组运行状态的变化形成不同的数据库：实时数据库、历史数据库、开停机数据库、事件数据库、试验数据库和备份数据库。

实时数据库存储机组当前的所有数据，供实时监测使用。

历史数据库用来存储机组正常运行的数据，供用户分析机组长期运行后机组的状

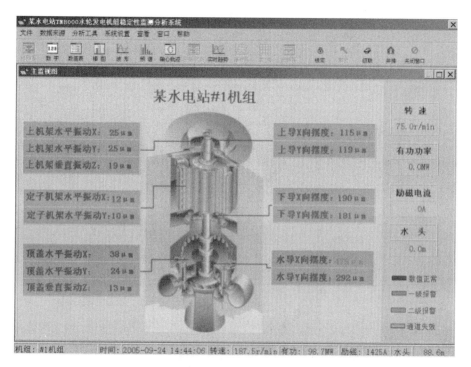

图 5.53 主监视图

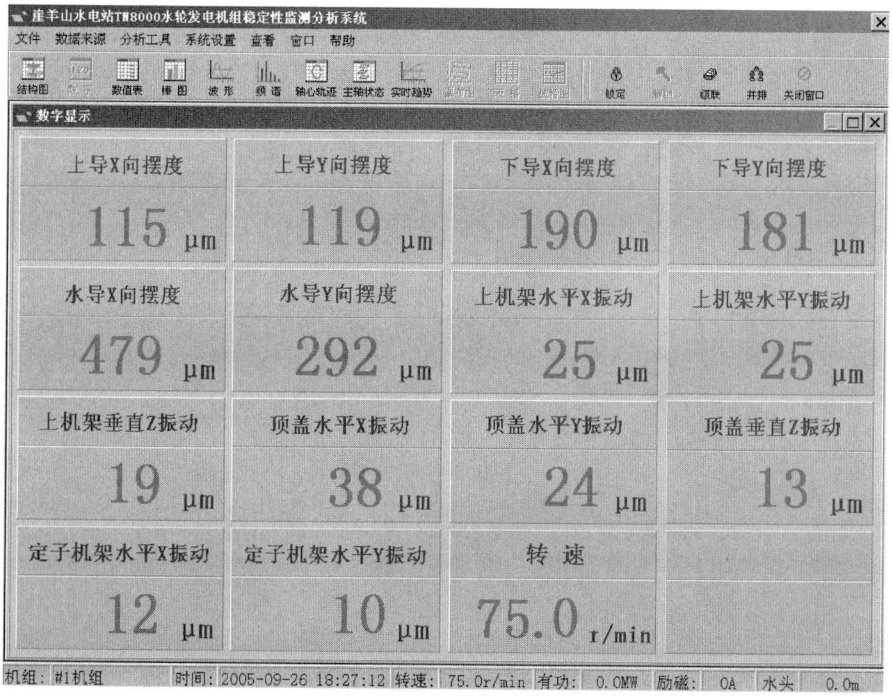

上导X向摆度	上导Y向摆度	下导X向摆度	下导Y向摆度
115 μm	119 μm	190 μm	181 μm
水导X向摆度	水导Y向摆度	上机架水平X振动	上机架水平Y振动
479 μm	292 μm	25 μm	25 μm
上机架垂直Z振动	顶盖水平X振动	顶盖水平Y振动	顶盖垂直Z振动
19 μm	38 μm	24 μm	13 μm
定子机架水平X振动	定子机架水平Y振动	转 速	
12 μm	10 μm	75.0 r/min	

机组: #1机组　时间: 2005-09-26 18:27:12　转速: 75.0r/min　有功: 0.0MW　励磁: 0A　水头: 0.0m

图 5.54 数字

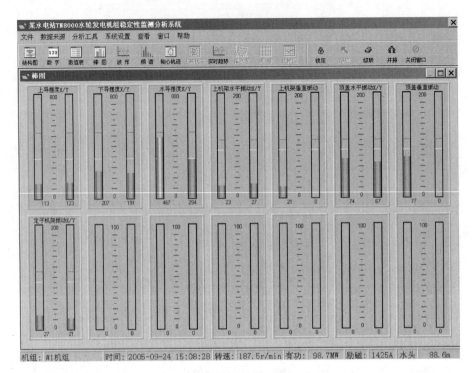

图 5.55　棒图

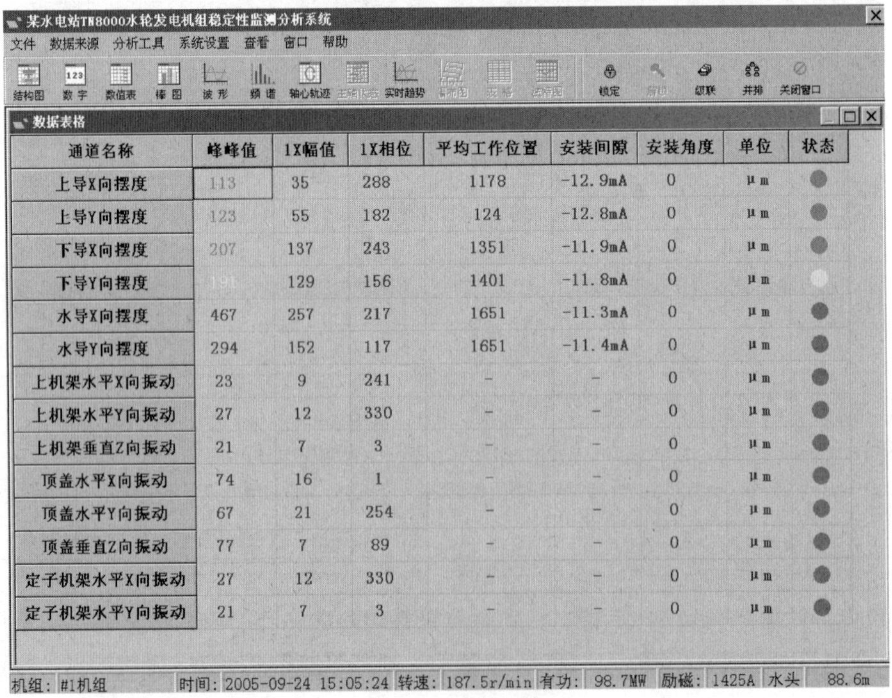

通道名称	峰峰值	1X幅值	1X相位	平均工作位置	安装间隙	安装角度	单位	状态
上导X向摆度	113	35	288	1178	-12.9mA	0	μm	●
上导Y向摆度	123	55	182	124	-12.8mA	0	μm	●
下导X向摆度	207	137	243	1351	-11.9mA	0	μm	●
下导Y向摆度	191	129	156	1401	-11.8mA	0	μm	○
水导X向摆度	467	257	217	1651	-11.3mA	0	μm	●
水导Y向摆度	294	152	117	1651	-11.4mA	0	μm	●
上机架水平X向振动	23	9	241	—		0	μm	●
上机架水平Y向振动	27	12	330	—		0	μm	●
上机架垂直Z向振动	21	7	3	—		0	μm	●
顶盖水平X向振动	74	16	1	—		0	μm	●
顶盖水平Y向振动	67	21	254	—		0	μm	●
顶盖垂直Z向振动	77	7	89	—		0	μm	●
定子机架水平X向振动	27	12	330	—		0	μm	●
定子机架水平Y向振动	21	7	3	—		0	μm	●

机组：#1机组　　时间：2005-09-24 15:05:24　转速：187.5r/min　有功：98.7MW　励磁：1425A　水头　88.6m

图 5.56　数据表格图

态变化。历史数据库以等时间间隔的方式进行存储，存储时间间隔和存储容量可由用户根据需要灵活设置。

开停机数据库用来存储机组开停机过程数据，供用户分析机组开停机过程的状态变化。

事件数据库记录监测参数出现异常时（参数越限报警）前后 30min 的详细数据，存储间隔为不间断存储。事件数据库可用于对事故前后的参数进行追忆和回放。

试验数据库用于记录机组各种试验数据。

备份数据库用来存储用户备份的数据。

4. 数据分析

关于分析系统的函数设置，其考虑的出发点是：水轮机其振动部位广泛，其主要激振源分别来自机械激振、电磁激振、水力激振，还有机组间和辅机间互相传递的激振。其信号类型有周期信号、随机信号。它反映了机组由于电磁、转子、水流所引起的多种激振源的强迫振动，亦可能有自激振动。为实现对机组状况的系统性研究，向现场工作技术人员提供一套完整的分析工具，对系统监测信息进行深入、全面的分析，找出机组潜在问题原因实质之所在，信号分析模块根据机组结构部件划分为导轴承状态、过流部件、结构振动、推力轴承部件，分别向用户全方位提供既有通用分析工具又有专用分析工具的若干种分析方法，达到利用各种方法、从各种角度对系统的运行状况及各倍频信号进行灵活分析的目的，而且还可根据用户的具体要求，为不同的机组部件增加新的信号分析方法。

分析系统对机组稳定运行工况和过渡过程工况数据提供各种使用的分析工具。

（1）稳态数据分析。稳态数据主要指机组运行工况（转速、有功、无功、励磁、导叶开度）维持不变时的数据，它记录了机组在各个不同运行工况下稳定运行时机组的所有状态数据，通过对这些数据的分析，可以了解机组在长期运行过程中状态的变化。TN8000 水电机组提供了一套完整的专业化的数据分析工具。通过 TN8000 水电机组自动积累的机组在不同稳定工况下的运行数据的分析，可寻找振动产生的主要原因，分析水力、机械、电气等各种影响因素对机组运行状态的影响。综合分析机组各点振动、摆度、压力脉动等，可评估机组各部分（发电机、水轮机、尾水管、主轴及各轴承）运行状态。

图 5.57 为某电站 3 号机组水导摆度的功率瀑布图，图 5.58 为某电站 3 号机组在有功 100MW 出现尾水涡带时的导轴承状态图。由图中可清晰地看到机组不稳定工况区及发生涡带的频率为 1/3 倍转频。

（2）过渡过程分析。过渡过程指机组开机、停机、超速、甩负荷等过程。TN8000水电机组针对水轮机组过渡过程的特点，可连续高密度采集过渡过程数据，并进行回放和分析。为分析和评价机组在过渡过程中的状态变化，提供了如下分析手段：

● 过渡过程波形和频谱变化分析

● 过渡过程轴心位置变化

● 级联图：比较某一监测量在过渡过程中频率成分的变化

● 空间轴线图：分析过渡过程中主轴姿态的变化

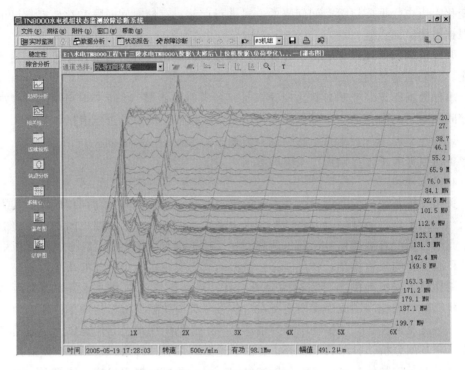

图 5.57 功率瀑布图

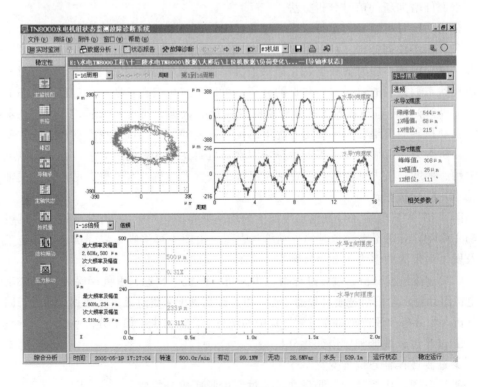

图 5.58 导轴承状态图 (出现涡带)

◉ 相关性分析：分析监测量随过程量（转速、负荷、励磁等）的变化情况

◉ 伯德图、起停机曲线等

5. 相关趋势分析

相关趋势分析功能用于分析某段时间里任意两个或多个参数之间的相互关系，如振动摆度和转速、负荷、水头、励磁电流、励磁电压之间的相互关系，为了解机组特性和查找故障原因提供直接依据。利用相关趋势分析功能，用户可制作机组的各种特性曲线，监测机组性能变化，及时发现机组故障及缺陷可以分析任意两个或多个参数之间的相互关系，如振动摆度和转速、负荷、水头、励磁电流之间的相互关系，为查找故障原因提供直接依据。

利用 TN8000 系统提供的相关趋势分析功能，用户可方便地制作以下特性曲线：①机架振动、摆度、压力脉动随负荷变化曲线；②机架振动、摆度、压力脉动随转速变化曲线；③机架振动、摆度随励磁电流变化曲线。

6. 通信与网络功能

TN8000 系统稳定性监测分析系统可以与计算机监控系统进行通信，获得相关的工况参数，也可以通过 TCP/IP 协议与电厂 MIS 系统或 TN8000 机组状态监测故障诊断系统进行数据交换。

7. 其他功能

TN8000 系统提供强大的预览、打印功能。用户可以根据需要，选取界面中的任意区域进行预览和打印；系统提供在线帮助功能，帮助的内容除了软件操作指南外，还包含状态监测系统领域的相关知识。

系统还提供设置功能，可对各监测通道的有关参数进行设置，如通道名称、量程、灵敏度、传感器类型、报警限值等。

思考

上面介绍了 TN8000 水电机组状态监测与故障诊断系统，你认为还可以在哪些方面进行改进？功能上还可以在哪些方面进行拓展？

5.5 科学与工程研讨

2021 年 11 月 29 日，水利部发布《关于大力推进智慧水利建设的指导意见》（以下简称"意见"）。指出推进智慧水利建设是推动新阶段水利高质量发展的六条实施路径之一，需要按照"需求牵引、应用至上、数字赋能、提升能力"要求，以数字化、网络化、智能化为主线，以数字化场景、智慧化模拟、精准化决策为路径，以构建数字孪生流域为核心，全面推进算据、算法、算力建设，加快构建具有预报、预警、预演、预案（以下简称"四预"）功能的智慧水利体系。

意见要求，到 2025 年，通过建设数字孪生流域、"2＋N"水利智能业务应用体系、水利网络安全体系、智慧水利保障体系，推进水利工程智能化改造，建成七大江

河数字孪生流域，在重点防洪地区实现"四预"，在跨流域重大引调水工程、跨省重点河湖基本实现水资源管理与调配"四预"，N 项业务应用水平明显提升，建成智慧水利体系 1.0 版。到 2030 年，具有防洪任务的河湖全面建成数字孪生流域，水利业务应用的数字化、网络化、智能化水平全面提升，建成智慧水利体系 2.0 版。到 2035 年，各项水利治理管理活动全面实现数字化、网络化、智能化。

试就智慧水利相关科学技术在我国重大水利工程中的应用及其发展趋势展开研讨。

课 后 阅 读

［1］《考虑无线传输损耗的农业物联网节点分布规划算法研究》，谢家兴、梁高天、高鹏等，《农业机械学报》，2022 年。

［2］《西咸新区海绵城市建设对沣河洪水特性影响模拟研究》，纪亚星、同玉、侯精明等，《水资源与水工程学报》，2021 年。

［3］ *A survey of fault diagnosis and fault-tolerant techniques—part Ⅱ：fault diagnosis with knowledge-based and hybrid/active approaches.* Gao Zhiwei, Cecati Carlo, Ding Steven X. *IEEE Transactions on Industrial Electronics*，2015.

［4］《基于振动信号的水电机组状态劣化在线评估方法研究》，刘东、赖旭、胡晓等，《水利学报》，2021 年。

［5］《基于无监督特征学习的水电机组健康状态实时评价方法》，胡晓、肖志怀、刘东等，《水利学报》，2021 年。

［6］《融合 PCA 与自适应 K-Means 聚类的水电机组故障检测在线方法》，徐雄、林海军、刘悠勇等，《电子测量与仪器学报》，2022 年。

［7］《融合改进符号动态熵和随机配置网络的水电机组轴系故障诊断方法》，陈飞、王斌、周东东等，《水利学报》，2022 年。

［8］《基于改进多目标粒子群算法的平原坡水区水资源优化调度》，王文君、方国华、李媛等，《水资源保护》，2022 年。

［9］ *Modified multiscale weighted permutation entropy and optimized support vector machine method for rolling bearing fault diagnosis with complex signals.* Wang Zhenya, Yao Ligang, Chen Gang, et al. *ISA Transactions*，2021.

［10］《基于时移多尺度注意熵和随机森林的水电机组故障诊断》，陈飞、王斌、刘婷等，《水利学报》，2022 年。

［11］ *Bayesian networks in fault diagnosis.* Cai Baoping, Huang Lei, Xie Min. *IEEE Transactions on Industrial Informatics*，2017.

［12］ *Advanced fault diagnosis for lithium-ion battery systems：a review of fault mechanisms, fault features, and diagnosis procedures.* Hu Xiaosong, Zhang Kai, Liu Kailong, et al. *IEEE Industrial Electronics Magazine*，2020.

［13］ *Smart water grid：a review and a suggestion for water quality monitoring.* BHARANI Baanu B, JINESH Babu K S. *Water Supply*，2022.

［14］ *Review of agricultural IoT technology.* XU Jinyuan, GU Baoxing, TIAN Guangzhao. *Artificial Intelligence in Agriculture*，2022.

［15］ *IoT based smart water quality monitoring system.* Lakshmikantha V, Hiriyannagowda A,

Manjunath A，et al. *Global Transitions Proceedings*，2021.

课 后 思 考 题

（1）农业水利物联网智能管控系统主要包括哪几个部分？它们的作用是什么？

（2）水电机组状态监测与故障诊断的关键技术是什么？

参 考 文 献

[1] 梅宴标. Router OS 软件路由器在局域网中的应用 [J]. 电脑编程技巧与维护，2013（4）：47-49.

[2] 崔北亮. Router OS 全攻略 [M]. 北京：电子工业出版社，2010：11-16.

[3] 石晓东. 基于 ROS 的高校图书馆服务器网络安全策划研究 [J]. 制造业自动化，2010，32（9）：212-214.

[4] 付静，詹全忠，唐燕. 水利网络与信息安全事件应急预案解析 [J]. 中国水利，2008（19）：13-15.

[5] 蔡阳，周维续，詹全忠，等. 水利信息系统运行保障平台研究与应用 [J]. 中国水利，2010（3）：27-29.

[6] 付静，周维续，曾焱. 水利信息系统运维体制与机制建设的几点思考 [J]. 水利信息化，2016（4）：53-58.

[7] 中华人民共和国水利部. 水利信息系统运行维护定额标准（试行）[M]. 北京：中国水利水电出版社，2009.

[8] 张和喜，王永涛，李军. 山区现代水利自动化与信息化系统 [M]. 北京：中国水利水电出版社，2017.

[9] 刘同，娄艳兵，王益民. 黄河信息化典型系统研究 [M]. 郑州：黄河水利出版社，2011.

[10] 刘昌明. 水与可持续发展——定义与内涵 [J]. 水科学进展，1997，2（3）：378-379.

[11] 丛沛桐，王瑞兰，李艳，等. 数字抗旱预案情景分析技术 [M]. 北京：中国水利水电出版社，2009.

[12] 顾颖，戚建国，李国文，等. 信息同化融合技术在旱情评估预警中的作用 [M]. 郑州：黄河水利出版社，2015.

[13] 唐波，张敏，陈锋. 通过移动端系统整合水利信息化系统的探索 [J]. 江苏水利，2014，（1）：13.

[14] 梁建，张志强，路伟亭. 基于 Android 的农水规划简便信息采集可靠性研究 [J]. 中国农村水利水电，2017（8）：58-61.

[15] 林奕霖，黄本胜，陈亮雄，等. 基于微信公众平台的水利工程监管技术研究 [J]. 人民长江，2018，49（1）：103-106.

[16] 吴中如. 高新测控技术在水利水电工程中的应用 [J]. 水利水运工学报，2001（1）：13-21.

[17] 芮晓玲，吴一凡. 基于物联网技术的智慧水利系统 [J]. 计算机系统应用，2012，21（6）：161-164.

[18] 刘仲刚，陈辉，黄章羽，等. 云技术在水利地理信息服务平台建设中的应用 [J]. 水利信息化，2014（2）：15-19.

[19] 董静. 遥感技术在水利信息化中的应用综述 [J]. 水利信息化，2015（1）：37-41.

[20] 钟登华，王飞，吴斌平，等. 从数字大坝到智慧大坝 [J]. 水力发电学报，2015，34（10）：1-13.

[21] 许静，朱利，姜建，等. 基于 HJ-1B 与 TM 热红外数据的大亚湾核电基地温排水遥感监测 [J]. 中国环境科学，2014，34（5）：1181-1186.

［22］ 聂娟，邓磊，郝向磊，等. 高分四号卫星在干旱遥感监测中的应用［J］. 遥感学报，2018，22（3）：400－407.

［23］ 侍昊，李旭文，牛志春，等. 基于微型无人机遥感数据的城市水环境信息提取初探［J］. 中国环境监测，2018，34（3）：141－147.

［24］ 倪建军，杜嘉宸，徐绪堪，等. 智慧河湖长制信息化系统建设实践［J］. 水利信息化，2018（3）：24－27.

［25］ 陈德清，马建威，崔倩. 高分三号卫星水利应用及示范应用系统设计开发［J］. 卫星应用，2018（6）：22－27.

［26］ 李纪人. 与时俱进的水利遥感［J］. 水利学报，2016，47（3）：436－442.

［27］ 王国杰，齐道日娜，王磊，等. 基于风云三号气象卫星微波亮温资料反演东北地区土壤湿度及其对比分析［J］. 大气科学，2016，40（4）：792－804.

［28］ 谷鑫志，曾庆伟，谌华，等. 高分三号影像水体信息提取［J］. 遥感学报，2019，23（3）：555－565.

［29］ 陈晶，贾毅，余凡. 双极化雷达反演裸露地表土壤水分［J］. 农业工程学报，2013，29（10）：109－115，298.

［30］ 刘拓. 智慧水库灌区信息系统建设技术研究及应用［D］. 西安：西安理工大学，2017.

［31］ 胡彦华. 现代水利信息科学发展研究［M］. 北京：科学出版社，2016.

［32］ 赵英时. 遥感应用分析原理与方法［M］. 北京：科学出版社，2003.

［33］ 刘彦祥. ADCP 技术发展及其应用综述［J］. 海洋测绘，2016，36（2）：46－49.

［34］ 许笠，王延乐，华小军. 雷达水位计在水情监测系统中的应用研究［J］. 人民长江，2014，45（2）：74－77.

［35］ 范伟，苟尚培，吴文玉. 应用气象卫星 MODIS 识别薄云覆盖下的水体［J］. 大气与环境光学学报，2007，2（1）：73－77.

［36］ 丁峰，陈宏尧，周秀骥. 用卫星和雷达资料进行大范围降水估计［J］. 应用气象学报，1992，3（增刊）：74－81.

［37］ GALINA Kamyshova，ALEKSEY Osipov，SERGEY Gataullin，et al. Artificial neural networks and computer vision's － based phytoindication systems for variable rate irrigation improving［J］. IEEE Access，2022，10：8577－8589.

［38］ 郑泰皓，王庆涛，李家国，等. 基于深度学习的高分六号影像水体自动提取［J］. 科学技术与工程，2021，21（4）：1459－1470.

［39］ DEEPAK Gupta，VAIBHAV Kushwaha，AKARTH Gupta，et al. Deep Learning based Detection of Water Bodies using Satellite Images［C］// 2021 International Conference on Intelligent Technologies（CONIT）. Hubli，India：IEEE，2021.

［40］ 张铭飞，高国伟，胡敬芳，等. 基于卷积神经网络的遥感图像水体提取［J］. 传感器与微系统，2022，41（1）：72－88.

［41］ 邵琥翔，丁凤，杨健，等. 基于深度学习的黑臭水体遥感信息提取模型［J］. 长江科学院院报，2022，39（4）：156－162.

［42］ 李丽敏，温宗周，王真，等. 基于自学习 Pauta 和 Smooth 的地下水位异常值检测和平滑处理方法［J］. 2018，32（5）：604－608.

［43］ 廖赟，段清，刘俊晖，等. 基于深度学习的水位线检测算法［J］. 计算机应用，2020，40（S1）：274－278.

［44］ 吴婷，褚泽帆，陈城，等. 基于灰度拉伸的图像水位识别方法研究［J］. 高技术通讯，2021，3l（3）：327－332.

［45］ ALI Omran Al － Sulttani，MUSTAFA Al － Mukhtar，ALI B Roomi，et al. Proposition of new ensemble data – Intelligence models for surface water quality prediction [J]. IEEE Access, 2021, 9: 108527 - 108541.

[46] AJAYI Olasupo O, BAGULA Antoine B, MALULEKE Hloniphani C, et al. Water net: a network for monitoring and assessing water quality for drinking and irrigation purposes [J]. IEEE Access, 2022, 10: 48318 - 48337.

[47] TALLURU Tejaswi, CHALLAPALLI Manoj, PEPELLA Venkata Daivakeshwar Naidu, et al. Nexus of water quality prediction by ANN [C] //2022 International Conference on Innovative Computing, Intelligent Communication and Smart Electrical Systems (ICSES). Chennai, India: IEEE, 2022.

[48] 李伟, 宋庆斗. 雨量标准装置技术 [J]. 气象水文海洋仪器, 2007, 4: 1 - 5.

[49] 东高红, 刘黎平. 雨量计密度对校准雷达估测降水的影响及单点对校核的贡献 [J]. 气象, 2012, 38 (9): 1042 - 1052.

[50] 周怀东, 彭文启, 杜霞, 等. 中国地表水水质评价 [J]. 中国水利水电科学研究院学报, 2004, 2 (4): 255 - 264.

[51] 《中国水利年鉴》编纂委员会. 中国水利年鉴 (2004) [M]. 北京: 中国水利水电出版社, 2004.

[52] 包为民, 洪水预报信息利用问题研究与讨论 [J]. 水文, 2006 (2): 18 - 21.

[53] 瞿思敏, 包为民, 等. AR 模式误差修正方程参数抗差估计 [J]. 河海大学学报, 2003, 31 (5): 497 - 500.

[54] 长江水利委员会. 水文预报方法 [M]. 北京: 水利电力出版社, 1993.

[55] 葛守西. 现代洪水预报技术 [M]. 北京: 水利电力出版社, 1989.

[56] 张恭肃, 等. 洪水预报技术 [M]. 北京: 水利电力出版社, 1989.

[57] 包为民, 钟平安, 王船海, 等. 水库洪水调度系统预报子系统关键技术与功能开发 [J]. 中国水利, 2001 (4): 43 - 44.

[58] 包为民, 瞿思敏, 李清生, 等. 遥测系统降雨观测误差估计方法研究 [J]. 水利学报, 2003 (4): 30 - 34.

[59] 梁吉业, 冯晨娇, 宋鹏. 大数据相关分析综述 [J]. 计算机学报, 2016 (1): 1 - 18.

[60] 陈军飞, 邓梦华, 王慧敏. 水利大数据研究综述 [J]. 水科学进展, 2017 (4): 146 - 155.

[61] 曹东. 水利大数据建设与应用的路径思考 [J]. 东北水利水电, 2018, 36 (4): 64 - 65.

[62] 李学龙, 龚海刚. 大数据系统综述 [J]. 中国科学: 信息科学, 2015, 45 (1): 1 - 44.

[63] 樊冰, 张联洲, 赵志刚, 等. 基于大数据驱动的山东水利信息高效管理系统建设研究 [J]. 中国水利, 2017 (10): 55 - 58.

[64] 杨太萌. 基于大数据的城市防汛决策支持系统研究 [D]. 杭州: 浙江大学, 2016.

[65] 程晖. 水利信息化建设中大数据技术分析 [J]. 低碳世界, 2016 (28): 121 - 122.

[66] 杨熙鑫, 李海涛, 唐功友, 等. 水利信息预报与监测系统的开发研究 [J]. 青岛大学学报 (工程技术版), 2011, 26 (4): 34 - 38.

[67] 王富强, 霍风霖. 中长期水文预报方法研究综述 [J]. 人民黄河, 2010, 32 (3): 25 - 28.

[68] 张建云. 中国水文预报技术发展的回顾与思考 [J]. 水科学进展, 2010, 21 (4): 435 - 443.

[69] 万蕙, 黄会勇, 袁迪, 等. 水利工程影响下的洪水预报研究进展 [J]. 人民长江, 2017, 48 (7): 11 - 15.

[70] 纪勇, 曹军. 水利防灾减灾信息分析系统建立与研究 [J]. 中国西部科技, 2011, 10 (34): 4 - 5.

[71] 葛瑛芳, 徐群飞, 朱勇, 等. 基于大数据应用的水利数据中心机房建设 [J]. 浙江水利科

技，2021，49（4）：78 - 81.

[72] 彭震. 利用大数据云计算提升贵州省防汛抗旱指挥决策支撑系统［J］. 中国防汛抗旱，2016，26（3）：16 - 17.

[73] 孔维华. 浅析灌区水利信息自动化［J］. 山西农经，2018（4）：120 - 121.

[74] 茆智，李远华，李会昌. 实时灌溉预报［J］. 中国工程科学，2002（5）：24 - 33.

[75] 魏文秋，张利平. 水文信息技术［M］. 武汉：武汉大学出版社，2003.

[76] 魏守平，卢本捷. 水轮机调速器的 PID 调节规律［J］. 水力发电学报，2003（4）：112 - 118.

[77] 陈一飞，吕辛未，罗玉峰. "互联网＋"智慧灌溉平台开发与应用［J］. 水利信息化，2017（2）：46 - 48.

[78] 史源，魏志斌，白美健，等. 无人机遥感技术在灌区信息化建设中的应用探讨［J］. 水利信息化，2016（9）：43 - 44，57.

[79] 中国灌溉排水发展中心. 大型灌区信息化建设技术指南［M］. 北京：中国水利水电出版社，2012.

[80] 张穗，杨平富，李喆. 大型灌区信息化建设与实践［M］. 北京：中国水利水电出版社，2015.

[81] 寇继虹. 我国水利信息化建设现状及趋势［J］. 科技情报开发与经济，2007（1）：89 - 90.

[82] 许航. 关于我国水利信息化建设现状及发展趋势的思考［J］. 内蒙古科技与经济，2008（13）：101 - 102.

[83] 陈志明，陈祖梅. 漳河水库信息化建设探索与实践［C］//中国水利学会. 中国水利学会2016 学术年会论文集（上册）. 南京：河海大学出版社，2016.

[84] 吉海，曾庆彬. 水库信息化建设的实践与思考［J］. 水利信息化，2011（2）：62 - 66.

[85] 周惠成，何斌，梁国华. 防汛会商系统集成化管理研究及应用［J］. 水科学进展，2006（2）：283 - 287.

[86] 李通，侯小丽，梁勇. 数字灌区研究综述［J］. 测绘通报，2012（S1）：730 - 732.

[87] 贾方，王照环. 水利信息网运行监控系统的设计与实现［J］. 数字技术与应用，2016（3）：160 - 162.

[88] 中华人民共和国水利部. 水土保持信息管理技术规程：SL/T 341—2021［S］. 北京：中国水利水电出版社，2022.

[89] 中华人民共和国水利部. 水利科技信息数据库表结构及标识符标准：SL 458—2009［S］. 北京：中国水利水电出版社，2010.

[90] 赵乐，李黎. 水利工程基础信息的存储与管理［M］. 郑州：黄河水利出版社，2007.

[91] STRASSBERG Gil，JONES Norman L，MAIDMENT David R. 水利 GIS：地下水地理信息系统［M］. 李娜，丁志雄，刘之平，等译. 北京：中国水利水电出版社，2015.

[92] 冯敏. 现代水处理技术［M］2 版. 北京：化学工业出版社，2012.

[93] 潘维峰，王向明，张德全. 水库信息化工程及供水工程节能分析［M］. 北京：中国水利水电出版社，2015.

[94] 谢平，窦明，朱勇，等. 流域水文模型——气候变化和土地利用/覆被变化的水文水资源效应［M］. 北京：科学出版社，2010.

[95] 姜文来. 水利绿色发展［M］. 北京：中国水利水电出版社，2018.

[96] 余明，艾廷华. 地理信息系统导论［M］. 北京：清华大学出版社，2009.

[97] 郝振纯，李丽，王加虎，等. 分布式水文模型理论与方法［M］. 北京：科学出版社，2010.

[98] 宋孝忠. 中国水利高等教育发展史［M］. 北京：中国水利水电出版社，2017.

[99] 杨胜天，王志伟，赵长森，等. 遥感水文数字实验——EcoHAT 使用手册［M］. 北京：科学出版社，2015.

[100] 黄耀欢，江东，王建华. 基于蒸散的水资源利用效率与效益评价 [M]. 北京：气象出版社，2012.

[101] 张细兵，崔占峰，张杰，等. 河流数值模拟与信息化应用 [M]. 北京：中国水利水电出版社，2014.

[102] 张峰. 水文信息采集与处理 [M]. 合肥：合肥工业大学出版社，2013.

[103] JOHN C Crittenden. 水处理原理与设计：水处理技术及其集成与管道的腐蚀 [M]. 刘百仓，等，译. 上海：华东理工大学出版社，2016.

[104] 张人权，梁杏，靳孟贵，等. 水文地质学基础 [M]. 6 版. 北京：地质出版社，2011.

[105] 田国良. 热红外遥感 [M]. 北京：电子工业出版社，2006.

[106] 陈健飞. 地理信息系统导论 [M]. 北京：科学出版社，2006.

[107] 邓凯. 现代信息技术基础教程 [M]. 北京：中国水利水电出版社，2007.

[108] 卢小平，王双亭. 遥感原理与方法 [M]. 北京：测绘出版社，2012.

[109] 严宝文，程建军. 工程地质及水文地质 [M]. 北京：中国农业出版社，2017.

[110] 刘庆娥，杨芳，郑冬燕. 水信息技术 [M]. 北京：中国水利水电出版社，2013.

[111] 辽宁省水利厅. 辽宁省水利基础信息集 [M]. 北京：中国水利水电出版社，2013.

[112] 中华人民共和国水利部. 水利信息分类与编码汇总：SL/T 701—2021 [S]. 北京：中国水利水电出版社，2022.

[113] 中华人民共和国水利部. 水利信息系统运行维护规范：SL 715—2015 [S]. 北京：中国水利水电出版社，2015.

[114] 中华人民共和国水利部. 水利信息公用数据元：SL 475—2010 [S]. 北京：中国水利水电出版社，2010.